国家出版基金项目
"十三五"国家重点出版物出版规划项目

近感探测
与毁伤控制技术丛书

近感光学探测技术

Proximity Optical Detection Technology

宋承天　王克勇　刘　欣　李吉利　著

北京理工大学出版社
BEIJING INSTITUTE OF TECHNOLOGY PRESS

内 容 简 介

本书以北京理工大学和相关研究所、兵工企业十余年在近感光学探测方面的科研成果为基础，结合光引信技术的新发展、新成果，介绍了近感光学探测的理论、方法与技术。

全书主要包括光引信特性及发展、光电探测器与激光器特性分析、典型器件介绍、脉冲激光引信、连续波激光引信、红外成像引信、激光成像引信、成像引信智能目标识别技术等内容，每部分都从探测理论、结构系统设计、建模仿真、信号处理及目标识别等方面进行系统和详细的叙述。

本书适用于从事近感光学探测与武器系统等相关学科和领域的科学工作者与工程技术人员，也可供高等院校相关专业的研究生参考。

图书在版编目（CIP）数据

近感光学探测技术 / 宋承天等著. —北京：北京理工大学出版社，2019.4（2019.12 重印）
（近感探测与毁伤控制技术丛书）
国家出版基金项目 "十三五"国家重点出版物出版规划项目
ISBN 978-7-5682-6960-5

Ⅰ. ①近…　Ⅱ. ①宋…　Ⅲ. ①近炸引信-光探测　Ⅳ. ①TJ43

中国版本图书馆 CIP 数据核字（2019）第 075197 号

出版发行 / 北京理工大学出版社有限责任公司
社　　址 / 北京市海淀区中关村南大街 5 号
邮　　编 / 100081
电　　话 / （010）68914775（总编室）
　　　　　（010）82562903（教材售后服务热线）
　　　　　（010）68948351（其他图书服务热线）
网　　址 / http://www.bitpress.com.cn
经　　销 / 全国各地新华书店
印　　刷 / 北京地大彩印有限公司
开　　本 / 787 毫米×1092 毫米　1/16
印　　张 / 17.5　　　　　　　　　　　　　　　　　　　责任编辑 / 陈莉华
字　　数 / 336 千字　　　　　　　　　　　　　　　　　文案编辑 / 陈莉华
版　　次 / 2019 年 4 月第 1 版　2019 年 12 月第 2 次印刷　责任校对 / 周瑞红
定　　价 / 86.00 元　　　　　　　　　　　　　　　　　责任印制 / 李志强

近感探测与毁伤控制技术丛书

编委会

总序

　　引信是武器系统终端毁伤控制的核心装置，其性能先进性对于充分发挥武器弹药系统的作战效能，并保证战斗部对目标的高效毁伤至关重要。武器系统对作战目标的精确打击与高效毁伤，对弹药引信的目标探测与毁伤控制系统及其智能化、精确化、微小型化、抗干扰能力与实时性等性能提出了更高要求。

　　依据这种需求背景撰写了《近感探测与毁伤控制技术丛书》。丛书以近炸引信为主要应用对象，兼顾军民两大应用领域，以近感探测和毁伤控制为主线，重点阐述了各类近感探测体制以及近炸引信设计中的创新性基础理论和主要瓶颈技术。本套丛书共9册：包括《近感探测与毁伤控制总体技术》《无线电近感探测技术》《超宽带近感探测原理》《近感光学探测技术》《电容探测原理及应用》《静电探测原理及应用》《新型磁探测技术》《声探测原理》和《无线电引信抗干扰理论》。

　　丛书以北京理工大学国防科技创新团队为依托，由我国引信领域知名专家崔占忠教授领衔，联合航天802所等单位的学术带头人和一线科研骨干集体撰写，总结凝练了我国近炸引信相关高等院校、科研院所最新科研成果，评述了国外典型最新装备产品并预测了其发展趋势。丛书是展示我国引信近感探测与毁伤控制技术有明显应用特色的学术著作。丛书的出版，可为该领域一线科研人员、相关领域的研究者和高校的人才培养提供智力支持，为武器系统的信息化、智能化提供理论与技术支撑，对推动我国近炸引信行业的创新发展，促进武器弹药技术的进步具有重要意义。

值此《近感探测与毁伤控制技术》丛书付梓之际，衷心祝贺丛书的出版面世。

序

现代引信的正常工作是实施武器装备末端毁伤效应的基本保障，其中光学近感目标探测方法是近炸引信技术迫切需求的一门理论与技术，它是光机电技术融为一体的集中体现，由于涉及学科门类众多，也是现代武器系统高效毁伤与精确打击的主要瓶颈技术之一。

光学近感探测包括红外近感探测、激光近感探测和基于红外、激光近感探测的目标成像探测是各类武器系统引爆控制技术的重要研究方向与应用领域，对于提高现代战争中武器效能，特别是提高对各类目标的精确毁伤能力有重要作用。

本书作者及其所在团队，从事光学近感探测系统和相关技术的基础与应用的研究，至今已有 20 年的历史，在长期的科研和教学实践中，积累了丰富的经验，形成了自己独特的风格和特色，该书是他们长期工作的结晶。

本书基于北京理工大学及有关单位多年来在光学近感探测、智能信息处理方面科研成果及有关理论、技术的新发展，介绍了近感光学探测及其信息处理的原理、方法与应用技术。随着人工智能理论与应用的快速发展，本书特别介绍了近感光学成像探测的智能目标识别技术，应用人工神经网络技术实现对弹目交会的方位识别、对目标的部位识别以及引战配合对目标的最佳起爆控制,提出了成像探测的仿真建模与神经网络应用软件包的设计,进而为实现光学近感目标识别的智能化打下基础。

我衷心祝贺,这套内容丰富、资料翔实、思维缜密、结构合理的专著得以出版,必将推动近感光学探测技术的研究!

本书可作为高等学校武器系统工程与近感目标探测专业的学生及研究生教材,也可作为从事相关专业的科技人员参考。

前　言

　　《近感光学探测技术》是《近感探测与毁伤控制技术丛书》9 分册之一。按照丛书"反映近感探测与毁伤控制领域最新研究成果，涵盖新理论、新技术和新方法，展示该领域技术发展水平的高端学术著作"的总定位，本书立足于光学近感探测理论与技术，强调光学在近感探测技术和工程应用中的经验凝练与总结。

　　随着半导体技术和光学技术的飞速发展，光学近感探测已成为近感探测与毁伤控制的重要分支之一。本书在作者多年教学、科研工作经验与成果基础上，对光学在近感探测应用方面的理论和技术进行提炼和整理，对不同光学近感探测手段的设计理论、方法、工程实现应用进行了详细描述。

　　本书内容涉及光电探测、脉冲激光探测、连续波激光探测、红外成像探测、激光成像探测和光成像探测智能目标识别技术。全书共分 7 章。第 1 章为绪论，介绍了光学探测的定义、军事需求；第 2 章为光的产生与光电探测器，介绍了光的产生和激光光源、光电探测器原理与分类、光的大气传播特性；第 3 章为脉冲激光探测，介绍了脉冲激光探测的发射、接收、光学、信号处理等子系统的设计方法；第 4 章为连续波激光探测，给出了连续波激光探测方案以及发射系统、接收系统的设计与实现方法，建立了连续波气溶胶后向散射信号计算模型，针对气溶胶干扰环境介绍了抗干扰和精确定距方法；第5章为简易红外成像探测与控制，介绍了其成像探测原理，建立了典型目标的红外辐射和成像探测模型，针对成像探测的目标部位识别，给出了识别策略和精确起爆控制模型；第6章为激光成像探测与控制，介绍了激光成像探测原理，给出了两种激光成像探测方案，阐述了典型目标的激光成像图像库仿真建模方法，以为后续信号处理提供数据；第7章为光成像探测智能目标识别技术，介绍了成像探测目标图像的特征提取方法和多种用于图像识别的神经网络方法，设计了基于上述方法的成像探测交会分类识别软件包。

本书由北京理工大学宋承天、王克勇和淮海工业集团刘欣、李吉利共同编著。在具体章节内容方面，第1、2、4、5章由宋承天撰写；第6、7章由王克勇撰写；第3章由刘欣、李吉利撰写。本书中的连续波激光探测信号时域处理内容得到了北京理工大学潘曦副教授的支持，在此向潘曦老师表示诚挚的谢意！

本书由北京理工大学郑链教授主审，郑链教授对本书进行了认真细致的审查，提出了许多宝贵的修改意见，并在红外成像探测、光成像探测智能目标识别等章节内容方面提供了他的研究成果供参考，在此表示诚挚的谢意！

参与本书成稿工作的还有刘博虎、庞志华、朱凌飞、崔莹、潘立志、叶静等硕士、博士，在此一并表示衷心的感谢！

本书不仅可作为高等院校探测、制导与控制专业或引信技术专业大学生、研究生的教学参考书，也可供探测与控制、引信及相关行业的科研与工程技术人员参考。

由于本书内容涉及的知识较广，作者水平及经验有限，书中难免存在一些疏漏和不足之处，恳请广大读者和专家批评指正。

作　者

目 录

CONTENTS

第1章 绪 论

近炸引信起源于 20 世纪 30 年代，它的出现大大提高了弹药的毁伤威力，普遍应用于现代各种弹药系统。光近炸引信包括被动式、半主动式和主动式等方式，它在预定距离内探测目标，并在最佳炸点位置起爆战斗部。

1.1 电磁波与光辐射

麦克斯韦证明任何电磁波在真空中的速度在理论上可以表示为 $c_0 = 1/\sqrt{\varepsilon_0 \mu_0} = 2.997\,924\,58 \times 10^8$ m/s；在介质中的传播速度为 $c = 1/\sqrt{\varepsilon \mu}$，这里 ε、μ 分别表示介质的介电常数、磁导率，下标 0 表示介质为真空。类比的结果：光是电磁波的一种表现形式。

电磁波包括的范围很广，从无线电波到光波，从 X 射线到 γ 射线，都属于电磁波的范畴，波长覆盖很宽。可以按照频率或波长的顺序把这些电磁波排列成表，称为电磁波谱，见表 1-1，光辐射仅占电磁波谱的极小波段。

表 1-1 电磁波谱

波段		波长
γ射线		小于 0.001 nm
X 射线		0.001～10 nm
紫外线		10 nm～0.38 μm
可见光（0.38～0.76 μm）	紫	0.38～0.43 μm
	蓝	0.43～0.47 μm
	青	0.47～0.50 μm
	绿	0.50～0.56 μm
	黄	0.56～0.59 μm
	橙	0.59～0.62 μm
	红	0.62～0.76 μm

续表

波段		波长
红外波段 0.76～1 000 μm	近红外	0.76～3 μm
	中红外	3～6 μm
	远红外	6～15 μm
	超远红外	15～1 000 μm
微波		1 mm～1 m
无线电波	超短波	1～10 m
	短波和中波	10～3 000 m
	长波	大于 3 000 m

光子是传递电磁相互作用的一种基本粒子，具有能量。光以电磁波形式非接触地传播，它可以被光学元件反射、成像或色散，可以被光电换能器探测出来，这种能量及其传播过程称为光辐射。一般认为光波长为 10 nm～1 mm，或频率在 $3×10^{11}$～$3×10^{16}$ Hz 范围内。光按辐射波长被分成 3 个波段：紫外辐射、可见光和红外辐射。

可见光是电磁波谱中人眼可以感知的部分。一般认为，可见光的波长在 390～770 nm 范围内；当可见光进入人眼时，依波长从长到短使人眼形成红色、橙色、黄色、绿色、青色、蓝色和紫色的视觉。

紫外辐射比紫光的波长更短，人眼不可感知，波长范围为 10～400 nm。以可见光为参考，它可细分为近紫外、远紫外和极远紫外。由于极远紫外在空气中几乎会被完全吸收，只能在真空中传播，所以又称为真空紫外辐射。在进行太阳紫外辐射的研究中，常将紫外辐射分为 A 波段（320～400 nm）、B 波段（290～320 nm）和 C 波段（200～290 nm）。

红外辐射是介于可见红光与无线电微波之间的光学辐射，波长范围为 0.77～1 000 μm。通常分为近红外（0.77～1.5 μm）、中红外（1.5～3.0 μm）和远红外（3.0～1 000 μm）三部分。

对于光辐射的探测和计量，存在辐射度单位和光度单位两套不同的体系。后者是考虑了人眼的主观因素的相应计量学科，其适用性局限于可见光波段；前者则是对电磁辐射能量的客观计量，决定于辐射客体本身，建立在物理测量基础上，适用于整个电磁波段。

在辐射度单位体系中，辐射量（又称为辐射功率）是基本量，其基本单位是焦耳（J）或者瓦特（W）。光度单位体系中，光通量体现的是人眼感受到的功率，与光视效能有关，单位为"流明"，符号为 lm。被选作基本量的不是光通量而是发光强度，单位为"坎德拉"，符号为 cd；坎德拉不仅是光度体系的基本单位，而且是国际单位制（SI）的七个基本单位之一。

以上两类单位体系中的物理量在物理概念上是不同的，但所用的物理符号是一一对应的。为了区别起见，给对应的物理量符号标注脚标，"e"表示辐射度物理量，"v"表示光度物理量。

1.1.1　辐射量

1. 辐射能

辐射能即电磁波场中电场能量和磁场能量的综合；单个光子的能量取决于波长或频率。辐射能一般用符号 Q_e 表示，其单位是焦耳（J）。

2. 辐射通量

辐射通量 Φ_e 又称为辐射功率，定义为单位时间内流过的辐射能量，即

$$\Phi_e = \frac{dQ_e}{dt} \tag{1-1}$$

辐射通量的单位为瓦特（W）或焦耳/秒（J/s）。

3. 辐射出射度

辐射出射度简称辐出度，从辐射源表面单位面积发射出的辐射通量，其中单位波长间隔内的辐射出射度称为光谱辐出度。辐出度的定义为

$$M_e = \frac{d\Phi_e}{dS} \tag{1-2}$$

辐出度的单位为瓦特/米（W/m）。

4. 辐射强度

辐射强度 I_e 定义为点辐射源在给定方向上发射的在单位立体角内的辐射通量，即

$$I_e = \frac{d\Phi_e}{d\Omega} \tag{1-3}$$

辐射强度的单位为瓦特/球面度（W/sr）。

5. 辐射亮度

辐射亮度 L_e 定义为面辐射源在某一给定方向上的辐射通量，即

$$L_e = \frac{d\Phi_e}{dS\cos\theta} = \frac{d\Phi_e}{d\Omega dS\cos\theta} \tag{1-4}$$

辐射亮度的单位为（瓦特/球面度）·米^2 [（W/sr）·m^2]。式中 θ 为给定方向和辐射源面元法线间的夹角。

一般地，辐射体的辐射强度与空间方向有关。当辐射体的辐射强度在空间方向上的分布满足式（1-5）时，称其为余弦辐射体或朗伯体。

$$dI_e = dI_{e0} \cos\theta \qquad (1-5)$$

式中，I_{e0} 是面元 dS 沿其法线方向的辐射强度。联立式（1-5）、式（1-4），易得余弦辐射体的辐射亮度为

$$L_e = \frac{dI_{e0}}{dS} L_{e0} \qquad (1-6)$$

6. 辐射照度

辐射照度 E_e 定义为投射到接收器面元上的辐射通量 $d\Phi_e$ 与该面元面积 dA 之比。即

$$E_e = \frac{d\Phi_e}{dA} \qquad (1-7)$$

辐射照度的单位为瓦特/米^2（W/m^2）。

7. 单色辐射量

对于单色光辐射，同样可以采用上述物理量表示，只不过均定义为单位波长间隔内对应的辐射量，并且对所有辐射量 X 来说单色辐射量 $X_{e,\lambda}$ 与辐射量 X_e 之间均满足

$$X_e = \int_0^\infty X_{e,\lambda} d\lambda \qquad (1-8)$$

1.1.2 光度量

光度量单位体系是一套反映视觉明暗特性的光辐射计量单位，在光频区域光度量学的物理量可以用与辐射度学的基本物理量 $Q_e, \Phi_e, I_e, M_e, L_e, E_e$ 对应的 $Q_v, \Phi_v, I_v, M_v, L_v, E_v$ 来表示，其定义一一对应，其关系见表 1-2。

表 1-2　常用辐射量和光度量之间的对应关系

辐射度物理量				对应的光度量			
物理量名称	符号	定义或定义式	单位	物理量名称	符号	定义或定义式	单位
辐射能	Q_e		J	光量	Q_v	$Q_v = \int \Phi_v dt$	lm·s
辐射通量	Φ_e	$\Phi_e = dQ_e / dt$	W	光通量	Φ_v	$\Phi_v = \int \Phi_v dt$	lm
辐射出射度	M_e	$M_e = d\Phi_e / dS$	W/m^2	光出射度	M_v	$M_v = d\Phi_v / dS$	lm/m^2
辐射强度	I_e	$I_e = d\Phi_e / d\Omega$	W/sr	发光强度	I_v	基本量	cd
辐射亮度	L_e	$L_e = dI_e / (dS \cos\theta)$	(W/m^2)·sr	（光）亮度	L_v	$L_v = dI_v / (dS \cos\theta)$	cd/m
辐射照度	E_e	$E_e = d\Phi_e / dA$	W/m^2	（光）照度	E_v	$E_v = d\Phi_v / dA$	lx

辐射量和光度量都是波长的函数，因此当描述光谱量时，在它们的名称前加"光谱"二字，并在它们相应的符号上加波长的符号"λ"作为下标，如光谱辐射通量记为 $\Phi_{e\lambda}$ 等。

光视效能是人眼对某一波长下单位辐射通量所产生的光通量，即光视效能 K_λ 定义为同一波长下测得的光通量与辐射通量的比值，即

$$K_\lambda = \frac{\Phi_{v\lambda}}{\Phi_{e\lambda}} \qquad\qquad (1-9)$$

光视效能的单位为流明/瓦特（lm/W）。

通过对标准光度观察者的试验测定，白天在辐射波长 555 nm（夜晚则为 507 nm）处，K_λ 有最大值，其数值为 $K_m = 683$ lm/W。单色光视效率是 K_λ 用 K_m 归一化的结果，其定义为

$$V_\lambda = \frac{K_\lambda}{K_m} = \frac{1}{K_m}\frac{\Phi_{v\lambda}}{\Phi_{e\lambda}} \qquad\qquad (1-10)$$

1.2 引信的功能及组成

引信作为各种弹药终端毁伤效能的控制系统，在现代战争中越发显示出其重要的地位。从 20 世纪 90 年代的"海湾战争""科索沃战争"到后来的"伊拉克战争"均充分体现了精确打击武器和灵巧弹药的威力，而这一切毁伤结果的最终控制者正是引信。

引信是一种特殊产品，它定义为能够利用目标、环境、平台和网络等信息，按预定策略起爆或引燃战斗部主装药，并可选择起爆点、给出续航或增程发动机点火指令以及毁伤效果信息的控制系统。引信经受的环境恶劣和物理场多，既要担负弹药从生产、储存、运输到发射的高安全控制，又要实现弹药终点高效毁伤的高作用可靠性。引信已从机械、机电、近炸发展到灵巧与智能产品，其内涵在原有功能的基础上扩展成为多个输入和多个输出，输入为环境与目标信息、平台信息、网络信息、多维坐标控制信息、其他引信交联信息，输出信息为起爆战斗部信息、续航/增程发动机点火信息、反馈起爆时机用于毁伤评估信息、反馈给弹上多维坐标信息，如图 1-1 所示。

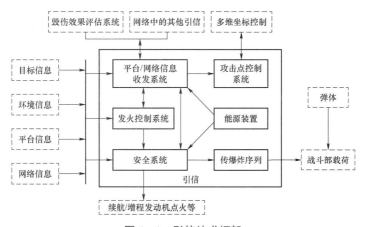

图 1-1 引信技术框架

其中发火控制系统包括信息感受装置、信号处理装置和执行装置。它起着发现目标、抑制干扰、确定最佳起爆位置的作用。传爆炸序列是指各种火工元件按它们的敏感程度逐渐降低而输出能量逐渐增大的顺序排列而成的组合，其作用是引爆战斗部主装药。安全系统包括保险机构、隔爆机构等。保险机构使发火控制系统平时处于不敏感或不工作状态，使隔爆机构处于切断传爆炸序列通道的状态，这种状态称为安全状态或保险状态。能源装置包括环境能源（由战斗部运动所产生的后坐力、离心力、摩擦产生的热、气流的推力等）及引信自带的能源（内储能源），其作用是供给发火控制系统和安全系统正常工作所需要的能量。

引信的作用过程是指引信从发射开始到引爆战斗部主装药的全过程。引信在勤务处理时的安全状态，一般来说就是出厂时的装配状态，即保险状态。战斗部发射或投放后，引信利用一定的环境能源或自带的能源完成引爆前预定的一系列动作而处于待爆状态（又称待发状态），这时一旦接收到从目标直接传来的或由感应得来的起爆信息，或从外部得到起爆指令，或达到预先装定的时间，就能引爆战斗部。从引信功能的分析和定义可知，引信的作用过程主要包括解除保险过程、发火控制过程和引爆过程，如图 1−2 所示。

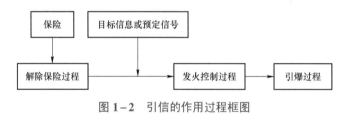

图 1−2　引信的作用过程框图

引信首先由保险状态过渡到待发状态，此过程称为解除保险过程。已进入待发状态的引信，从获取目标信息开始到输出火焰或爆轰能的过程称为发火控制过程。将火焰或爆轰能逐级放大，最后输出一个足够强的爆轰能使战斗部主装药完全爆炸，此过程称为引爆过程。

第 2 章　光的产生与光电探测器

2.1　光　的　产　生

2.1.1　光的辐射

光辐射有平衡辐射和非平衡辐射两大类。平衡辐射是炽热物体的光辐射，所以又称为热辐射。它起因于物体温度，只要物体的温度高于绝对零度，这个物体就处在该温度下的热平衡状态，并发出相应于这一温度的热辐射。物体的温度比较低时，只辐射红外光；随着物体温度的升高，发出的光波的波长逐渐向可见光区扩展。热辐射光谱只取决于辐射体的温度及其发射能力，是连续光谱。非平衡辐射是在某种外界作用的激发下，物体偏离原来的热平衡态而产生的光辐射。

光是从实物中发射出来的，因为实物是由大量的各种带电粒子组成的，粒子在不断地运动，当它们的运动受到骚扰时就可能发射出电磁波。在此用比较简单的孤立原子来说明这个问题。原子内有若干个电子围绕原子核运动，其运动有各种可能状态，不同状态对应不同能量，即形成能级。在原子内，这些能级的能量是不连续的，或者说是一系列分立的能级，能量大的称为高能级，能量小的则称为低能级，最低能级称为"基态"。在正常情况下，电子总是处在能量最低的运动状态。

激发是一个能量转移过程，一个系统在被激发时便从激发源得到能量，由低能态 E_1 跃迁到高能态 E_2；电子受激励跃迁到较高能级只能维持很短的一段时间，很快就要回到低能级。这个从激发态向下回到低能级的过程中，必然释放出多余的能量。由于能量必须守恒，故多余的能量便可能以光的形式释放出来，这就是激光。激光发光的波长取决于系统在高低能态时的能量差，即 $\Delta E = E_2 - E_1$。ΔE 正是发射出的光子所具有的能量。

任何一块很小的物体，采用适当的激励，都可以升华成蒸气，气态中的原子都是互不相关的，可以看成许多孤立的原子。受激励的每个原子都可能发射出光子，光子的总和即是肉眼能看到或仪器所能测量到的电磁辐射。各个原子发射光子的过程基本上是相互独立的，即使是完全相同的两个能级之间的跃迁，光子发射的时间也有先后。原子在发射光子时取向也有各种可能，因而光子可以向各个方向发射，其电场的振动方向也有各种可能。因此，发射出来的光没有单一的发射方向。也就是说，光子发射的时间、方向、电场相位、偏振方向都是随机的，这样的光就是非相干的"自然光"。

按激发方式不同，常见的物体发光类型有以下几种。

1. 电致发光

电致发光是指将电能直接转换为光能的一种发光现象。物质中的原子或离子受到被电场加速的电子轰击，从被加速的电子那里获得动能，由低能态跃迁到高能态；当它由受激状态回到低能态时，就会发出辐射。这一过程就是电致发光。

（1）气体或伴随气体放电而发光，如霓虹灯和各种放电灯。

（2）加交流或直流电场于硫化锌等粉末材料产生发光，如场致发光板。

（3）在磷化镓一类半导体 P−N 结处注入载流子时的发光，如通常的发光二极管。

具有电致发光性能的材料很多，实际应用的主要是化合物半导体，包括Ⅱ−Ⅵ族，Ⅲ−Ⅴ族和Ⅳ−Ⅵ族的二元和三元化合物半导体。

2. 光致发光

物体被光直接照射或预先被照射而引起自身的辐射称为光致发光，它是由光、紫外线、X 射线等激发而引起的发光。由汞蒸气产生的紫外线激发荧光体，能高效率地转变为可见光，并使色调得到改善，这就是普遍应用的荧光灯。X 射线和 γ 射线也能产生可见光，其原理是当光照射到物体上时，光子直接与物体中的电子起作用，引起电子能态的改变，电子由高能态跃迁到低能态过程中发出辐射。

3. 化学发光

由化学反应提供能量引起的发光称为化学发光。它是由化学反应直接引起的发光，物质的燃烧属于化学反应，由这种反应引起的发光是热辐射。黄磷因氧化而自然发光就是这种例子。

4. 热发光

物体加热到一定温度时发光称为热发光，热发光只有在达到一定温度时才能发光。

热辐射是一种能达到平衡状态的辐射。所谓热平衡状态的辐射是指在热平衡条件下，热辐射体发出的辐射，总等于它所吸收的辐射。辐射的频率与强度等取决于热平衡的温度，达到热平衡时的辐射就是所谓的黑体辐射，在热辐射过程中，发出辐射的物体的内部能量并不改变，只是依靠加热来维持其温度，使辐射得以持续地进行下去。低温时辐射红外光，500 ℃左右即开始辐射暗红色的可见光，温度越高，短波长的辐射便更丰富，在 1 500 ℃时即发出白炽光，其中相当多的是紫外光。

5. 生物发光

萤火虫、发光细菌等的发光称为生物发光。

6. 阴极射线发光

由电子束激发荧光物质发光，其应用例子是电视机的显像管。

2.1.2　激光光源

激光技术兴起于 20 世纪 60 年代，激光（laser）这个词是英语 light amplification by stimulated emission of radiation 的缩写，意思是辐射的受激发射光放大。激光器作为一种新型光源，由于它突出的优点而被广泛地用于国防、科研、医疗及工业等许多领域。

与普通光源相比，激光具有亮度高，方向性、单色性和相干性好等特点。

（1）激光的方向性及高亮度：任何光源总是通过一个发光面向外发光。激光器的发光面和光的发散角很小。由于激光在空间方向集中，即使与普通光源的辐射功率相差不多，亮度也比普通光源高很多倍。再者，激光的发光时间可以很短，因此光功率可以很高。

（2）激光的单色性：同一种原子从一个高能级跃迁到一个低能级，总要发出一条频率为 ν 的光谱线。实际上光谱线的频率不是单一的，总有一定的频率宽度 $\Delta\nu$，这是由于原子的激发态所处能级有一定宽度及其他种种原因引起的。

与这个频率宽度相对应的波长宽度是 $\Delta\lambda$，一般来说，$\Delta\lambda$ 和 $\Delta\nu$ 越小，光的单色性越好。如单模稳频氦氖激光器发出波长 $\lambda_0 = 632.8$ nm 的光谱线，其 $\Delta\lambda = 10^{-8}$ nm。由此可见，激光具有很好的单色性，是理想的单色光源。

（3）激光的相干性：普通光源所发出的光子彼此是独立的，很难有稳定的相位差，因而难以获得好的相干光。激光发出的光子是相关的，可以在较长时间内具有恒定的相位差，因而具有很好的相干性，激光既具有很好的时间相干性，又具有较高的空间相干性。氦氖激光器的相干长度可达几十千米。

目前成功使用的激光器达数百种，输出波长范围从近紫外直到远红外，辐射功率从几毫瓦至上万瓦，如按工作物质分类，激光器可分为气体激光器、固体激光器、染料激光器和半导体激光器等。

1. 气体激光器

气体激光器采用的工作物质很多，激励方式多样，发射波长范围也最宽，主要有氦氖激光器、氩离子激光器和二氧化碳激光器。

1）氦氖激光器

氦氖激光器的工作物质由氦气和氖气组成，是一种原子气体激光器，在激光器电极上施加几千伏电压使气体放电，在适当的条件下两种气体成为激活的介质。如果在激光器的轴线上安装高反射比的多层介质膜反射镜作为谐振腔，则可获得激光输出。输出的主要波长有 632.8 nm、1.15 μm、3.3 μm。若反射镜的反射峰值设计为 632.8 nm，其输出功率最大，氦氖激光器可输出 1 毫瓦至数十毫瓦的连续光，波长的稳定度为10^{-6}左右，主要用于精密计量、全息术、准直测量等场合，激光器的结构有内腔式、半内腔式和外腔式三种，外腔式输出的激光偏振特性稳定，内腔式激光器使用方便。

2）氩离子激光器

氩离子激光器的工作物质是氩气，它在低气压大电流下工作，因此激光管的结构及其材料都与氦氖激光器不同，连续的氩离子激光器在大电流的条件下运转，放电管需承受高温和离子的轰击，因此小功率放电管常用耐高温的熔石英做成，大功率放电管用高导热系数的石墨或 BeO 陶瓷做成，在放电管的轴向上加一均匀的磁场，使放电离子约束在放电管轴心附近，放电管外部通常用水冷却，降低工作温度。氩离子激光器输出的谱线属于离子光谱线，主要输出波长有 452.9 nm、476.5 nm、496.5 nm、488.0 nm、514.5 nm，其中 488.0 nm 和 514.5 nm 两条谱线为最强，约占总输出功率的80%。

3）二氧化碳激光器

二氧化碳激光器的工作物质主要是 CO_2，掺入少量 N_2 和 He 等气体，是典型的分子气体激光器。输出波长分布在 9～11 μm 的红外区域，典型的波长为 10.6 μm。

二氧化碳激光器的激励方式通常有低气压纵向激励和横向激励两种。低气压纵向激励的激光器的结构与氦氖激光器类似，但要求放电管外侧通水冷却。它是气体激光器中连续输出功率最大和转换效率最高的一种器件，输出功率从数十瓦至数千瓦。横向激励的激光器可分为大气压横向激励和横流横向激励两种。大气压横向激励激光器是以脉冲放电方式工作的，输出能量大，峰值功率可达千兆瓦的数量级，横流横向激励激光器可以获得几万瓦的输出功率。二氧化碳激光器广泛应用于金属材料的切割、热处理、宝石加工和手术治疗等方面。

2. 固体激光器

固体激光器所使用的工作物质是具有特殊能力的高质量的光学玻璃或光学晶体，其中掺入了具有发射激光能力的金属离子。固体激光器有红宝石、钕玻璃和钇铝石榴石等激光器，其中红宝石激光器是发现最早、用途最广的晶体激光器。粉红色的红宝石是掺有 0.05%铬离子（Cr^{3+}）的氧化铝（Al_2O_3）单晶体。红宝石被磨成圆柱形的棒，棒的外表面经粗磨后，可吸收激励光。棒的两个端面研磨后再抛光，两个端面相互平行并垂直于棒的轴线，再镀以多层介质膜，构成两面反射镜。红宝石激光器能输出波长为 694.3 nm 的脉冲红光。固体激光器的工作是单次脉冲式，脉冲宽度为几毫秒量级，输出能量可达 1～100 J。

3. 染料激光器

染料激光器以染料为工作物质。染料溶解于某种有机溶液中，在特定波长光的激发下，能发射一定带宽的荧光。某些染料，当在脉冲氙灯或其他激光的强光照射下，可成为具有放大特性的激活介质，用染料激活介质做成的激光器，在其谐振腔内放入色散元件，通过调谐色散元件的色散范围，可获得不同的输出波长，这种激光器称为可调谐染料激光器。

若采用不同染料溶液和激励光，染料激光器的输出波长范围可达 320～1 000 nm。染料激光器有连续和脉冲两种工作方式。其中连续方式的输出稳定，线宽小，功率大于 1 W；脉冲方式的输出功率高，脉冲峰值能量可达 120 mJ。

4. 半导体激光器

半导体激光器的工作物质是半导体材料，其原理与发光二极管没有太大差异，P-N 结就是激活介质。两个与结平面垂直的晶体解理面构成了谐振腔。P-N 结通常用扩散法或液相外延法制成，当 P-N 结正向注入电流时，则可激发激光。

半导体激光器的输出光强与电流相关，注入电流只有超过最小阈值电流时，半导体激光器才会发光，阈值电流还会随温度的升高而增大。阈值电流密度是衡量半导体激光器性能的重要参数之一，其数值与材料、工艺、结构等因素密切相关。

半导体激光器体积小、质量轻、效率高，寿命超过 1.0×10^4 h，因此广泛应用于光通信、光学测量、自动控制等方面，是最有前途的辐射源之一。

2.2　光电探测器

光电探测器是利用光电效应探测光信号（光能），并将其转变成电信号（电能）的器件。在光电测试系统中，它占有重要的地位。它的灵敏度、响应时间、响应波长等特性参数直接影响光电测试系统的总体性能。

光辐射探测器按响应的方式不同，或者说器件的机理不同，一般分为热电探测器和光电探测器两大类。

热电探测器包括：热敏电阻、热电偶和热电堆、气动管（高莱管）、热释电探测器等。它们的原理是基于光辐射引起探测器温度上升，从而使与温度有关的电物理量发生变化，反映的是入射光的能量或功率和输出电量的函数关系。因为温度升高是一种热积累过程，与入射光子能量大小有关，所以探测器对光谱响应没有选择性，即从可见光到红外波段均可响应。

光电探测器已有一系列工作于紫外光、可见光、红外光波段的各种器件，是测试技术中用得最多的探测器。

2.2.1　光电探测器的种类

光电探测器把光能直接转换成电信息，它的工作原理是基于光电效应，即光电子发射效应、光电导效应、光生伏特效应及光磁电效应等。按上述工作效应的不同，把检测中常用的光电探测器件归类如下：

（1）光电子发射器件：光电管和光电倍增管，属外光电效应型。

（2）光电导器件：单晶型、多晶型、合金型的光敏电阻等，属内光电效应型。

（3）光生伏特器件：雪崩光电管、光电池、光电二极管和光电三极管等，属内光电效应型。

光电探测器也可分为单元器件、阵列器件或成像器件等。单元器件只是把投射在其光接收面元上的平均光能量变成电信号，而阵列器件或成像器件则可测出物面上的光强分布。成像器件一般放在光学系统的像面上，能获得物面上的图像信号。光电探测器还可从用途上分为：用于探测微弱信号的存在及其强弱的探测器，这时主要考虑的是器件探测微弱信号的能力，要求器件输出灵敏度高，噪声低；用于控制系统中做光电转换器，主要考虑的是光电转换的效能。

2.2.2　光电探测器的原理

光电探测器利用材料的光电效应制成。在光辐射作用下，电子逸出材料表面，产生光电子发射的称为外光电效应，或光电子发射效应；电子并不逸出材料表面的为内光电效应，光电导效应、光生伏特效应及光磁电效应均属于内光电效应。

1. 光电子发射效应

根据光的量子理论，光照到固体表面时，进入固体的光能总是以整个光子的能量 h 起作用。固体中的电子吸收了能量 h 后将增加动能。其中向表面运动的电子，如果吸收的光能除满足途中由于与晶格或其他电子碰撞而损失的能量外，尚有一定能量足以克服固体表面的势垒（或称逸出功），那么这些电子就可以逸出材料表面。这些逸出表面的电子又称光电子。这种现象称为光电子发射效应或外光电效应。

吸收光能的电子在向材料表面运动途中的能量损失无法计算。显然与其到表面的距离有关，非常接近表面且运动方向合适的电子在逸出表面前的能量损失可能很小。逸出表面的光电子最大可能的动能由爱因斯坦方程描述：

$$E_k = h\nu - w \qquad (2-1)$$

式中，E_k 为光电子的动能，$E_k = mv^2/2$，其中 m 是光电子质量，v 是光电子离开材料表面的速度；w 为光电子发射材料的逸出功，表示产生一个光电子必须克服材料表面对其束缚的能量。

光电子的动能与照射光的强度无关，仅随入射光的频率增加而增加。在临界情况下，当电子逸出材料表面后，能量全部耗尽而速度减为零，即 $v=0$、$E_k=0$，则 $\nu = w/h = \nu_0$，也就是说，当入射光频率为 ν_0 时，光电子刚刚能逸出表面；当光频 $\nu < \nu_0$ 时，则无论光通量多大，也不会有光电子产生。ν_0 称为光电子发射效应的低频限。这就是外光电效应光电探测器的光谱响应表现出选择性的物理基础。

2. 光电导效应

若光照射到某些半导体材料上时，透过到材料内部的光子能量足够大，某些电子吸收光子的能量，从原来的束缚态变成导电的自由态，这时在外电场的作用下，流过半导体的电流会增大，即半导体的电导增大，这种现象称为光电导效应。它是一种内光电效应。

光电导效应可分为本征型和杂质型两类。前者是指能量足够大的光子使电子离开价带跃入导带，价带中由于电子离开而产生空穴，在外电场作用下，电子和空穴参与导电，使电导增加，此时长波限条件由禁带宽度 E_g 决定，即 $\lambda_0 = hc / E_g$。后者是指能量足够大的光子使施主能级中的电子或受主能级中的空穴跃迁到导带或价带，从而使电导增加，此时长波限由杂质的电离能 E_i 决定，即 $\lambda_0 = hc / E_i$。因为 $E_i \ll E_g$ 所以杂质型光电导的长波限比本征型光电导的要长得多。

3. 光生伏特效应

在无光照时，P−N 结内多数载流子的漂移会形成内部自建电场 E，当光照射在 P−N 结及其附近时，在能量足够大的光子作用下，在结区及其附近就产生少数载流子（电子、空穴对）。少数载流子在结区外时，靠扩散进入结区；在结区中时，因电场 E 的作用，电子漂移到 N 区，空穴漂移到 P 区，结果使 N 区带负电荷，P 区带正电荷，产生附加电动势，此电动势称为光生电动势，这种现象称为光生伏特效应。通常，对 P−N 结加反偏电压工作时形成光电二极管。

4. 光磁电效应

半导体置于磁场中，用激光辐射线垂直照射其表面，当光子能量足够大时，在表面层内激发出光生载流子，在表面层和体内形成载流子浓度梯度；于是光生载流子就向体内扩散，在扩散的过程中，由于磁场产生的洛伦兹力的作用，电子空穴对（载流子）偏向两端，产生电荷积累，形成电位差，这就是光磁电效应。

2.2.3　光电探测器的特性参数

光电探测器种类繁多，要想判断光电探测器的优劣，以及根据特定的要求恰当地选择光电探测器，就必须找出能反映光电探测器特性的参数，做到这一点，也就为掌握光电探测器的性质及正确选择、使用光电探测器奠定了基础。下面介绍光电探测器的基本参数。

1. 量子效率 η

光电探测器吸收光子产生光电子，光电子形成电流。由光子统计理论得到光电流 I 与每秒入射的光子数（光功率 P）成正比，公式如下：

$$I = \alpha P = \frac{\eta e}{h\nu} P \qquad\qquad (2-2)$$

式中，α 为光电转换因子，$\alpha = \eta e / (h\nu)$；P 为单位时间入射到光电探测器表面的光子数；I 为单位时间内被光子激励的光电子数。

量子效率 η 定义为 $\eta = Ih\nu / (eP)$，即单位时间光电探测器传输出的光电子数与单位时间入射到光电探测器表面的光子数之比。对于理想的光电探测器，$\eta = 1$，即一个光子产生一个光电子，但对于实际光电探测器，$\eta < 1$。显然，量子效率越高越好。量子效率是一个微观参数。

2. 响应度

响应度是与量子效率相对应的一个宏观参数，指单位入射的光辐射功率所引起的反应，称为响应度（率）。它包括电压响应度和电流灵敏度。

1）电压响应度 R_u

入射的单位光功率 P 所产生的信号电压 U_s，定义为电压的响应度。即

$$R_u = \frac{U_s}{P} \tag{2-3}$$

2）电流灵敏度 S_d

入射的单位光功率 P 产生的信号电流 I_s，定义为电流灵敏度。即

$$S_d = \frac{I_s}{P} \tag{2-4}$$

规定式（2-3）和式（2-4）中 P、U_s、I_s 均取有效值。

3. 光谱响应

光谱响应是光电探测器响应度随入射光的波长改变而改变的特性，即上述三个参量 η、R_u 和 S_d 都是入射光波长的函数。把响应度随波长变化的规律画成曲线，即为光谱响应曲线。有时取曲线响应的相对变化值，并把响应的相对最大值作为1，则曲线称为"归一化光谱响应曲线"。响应度最大时所对应的波长称为峰值响应波长，用 λ_m 表示。当光波长偏离 λ_m 时，响应度就降低。当响应度下降到其峰值的 50%（有时也以 1%、10%定义，目前还不统一）时，所对应的波长 λ_c 称为光谱响应的截止波长。

4. 响应时间和频率响应

当照射光电探测器的光功率由零增加到某一值时，光电探测器的瞬时输出电流总不能完全随输入变化，同样，在光照突然停止时也是这样，这就是光电探测器的惰性，通常用响应时间 τ 来衡量。

在阶跃输入光功率的条件下，光电探测器输出电流 i_s 为

$$i_s(t) = i_\infty (1 - e^{-t/\tau}) \tag{2-5}$$

$i_s(t)$ 上升到稳态值 i_∞ 的 0.63 倍时的时间（$t = \tau$）称为探测器的响应时间。

由于光电探测器存在惰性，当用一定振幅的正弦调制光照射光电探测器时，若调制频率低，则响应度与调制频率无关；若频率高，响应度就随频率升高而降低。光电

探测器的响应度与调制频率的关系为

$$R(f) = \frac{R_0}{\sqrt{1 + (2\pi f \tau)^2}} \qquad (2-6)$$

式中，R_0 为调制频率 $f=0$ 时的响应度；f 为调制频率。

当调制频率升高时，$R(f)$ 就下降。一般规定 $R(f_c) = R_0 / \sqrt{2}$ 时的调制频率 f_c 为光电探测器的响应频率，即 $f_c = 1 / (2\pi\tau)$。由此可以看出，响应时间和响应频率是从不同角度来表征光电探测器的动态特性。

5. 等效噪声功率

当选择光电探测器时，似乎响应度越大越好，但在探测极其微弱的信号时，限制光电探测器对极微弱光辐射探测能力的不是响应度的大小，而是光电探测器的噪声。当遮断入射光时，输出端仍有电信号输出，这就是噪声的影响。噪声的存在限制了光电探测器对微弱光信号的探测能力，一般引入等效噪声功率（NEP）的概念来表征光电探测器的最小可探测功率。等效噪声功率定义为使光电探测器输出电压正好等于输出噪声电压（$U_s / U_n = 1$）时的入射光功率，即

$$\text{NEP} = \frac{U_n}{R_n} = \frac{P}{U_s / U_n} \qquad (2-7)$$

或

$$\text{NEP} = \frac{I_n}{S_d} = \frac{P}{I_s / I_n} \qquad (2-8)$$

式中的各量均取有效值。U_s / U_n 和 I_s / I_n 称为电压和电流信噪比。NEP 可认为是光电探测器的最小可探测功率。NEP 值越小，表示光电探测器的探测能力越高。一个较好的光电探测器的等效噪声功率约为 10^{-11} W。

6. 线性度

线性度是指光电探测器的输出光电流（或光电压）与输入光功率成比例的程度和范围。一般来说，在弱光照射时光电探测器的输出光电流都能在较大范围内与输入光功率（或辐照度）呈线性关系。在强光照射时就趋于平方根关系，不过这是就器件本身而言的。但是有的器件在使用中由偏置电路输出光信号电压，有时在弱光范围内也不会呈线性关系。

2.3　光的大气传输特性

光在大气中的传输性能是指光波通过大气所引起的光学特性的变化。大气对光传输的主要影响包括由于大气气体分子散射与吸收造成的辐射能量损失的大气衰减；大

气中悬浮的气溶胶粒子和各种降水粒子（如云、雾、雨、雪、霾、沙尘、烟尘等）对光波的吸收和散射效应引起的衰减；由于大气折射率随大气温度、气压和湿度等随机起伏造成的光束强度的起伏（闪烁）、光束的扩展和漂移等大气湍流效应，使得光束质量变差；以及光在大气中传输的非线性效应等。

激光在大气介质中传输时，会与大气分子、气溶胶粒子产生一系列的效应，概括起来就是吸收效应和散射效应。而对于分子的吸收和散射效应，可以统一到研究气溶胶的米耶（Mie）散射理论中，并通过米耶散射理论研究激光的单次散射效应，当大气单位体积内粒子浓度比较高时，必须考虑多次散射效应。此外，强激光作用下还会出现大气湍流现象，激光引信属于弱激光发射系统，故湍流效应不在本书讨论的范畴内。

2.3.1 大气的结构和组成

大气的组成广义上可以分为大气分子和大气气溶胶颗粒。底层大气中，大气分子除含有氮、氧、氩、氖、氦、氪等比较稳定的气体成分外，还存在含量不断变化的水汽、二氧化碳、臭氧和二氧化硫等其他气体成分和污染气体成分。

在气象学领域，通常把大气中悬浮着的各种固态和液态粒子称为气溶胶。气溶胶的半径一般为 $0.001 \sim 100\ \mu m$，从粒子谱分布来看，一般集中分布在半径小于 $10\ \mu m$ 范围内。在城市环境中的悬浮固态微粒，可达每立方厘米几十万个，尺寸在 $0.05 \sim 0.5\ mm$；水蒸气是大气中常见的气态和固态微粒，在 $3\ km$ 以下的大气环境中，水蒸气含量一般可达 4%，随着环境的变化其形态可呈现为云、雾、冰晶等形态，常见的雾滴尺寸在 $4\ \mu m$ 左右。天气现象中常见的云、雾、霾、烟尘、雨雪等都可使用气溶胶概念进行研究。

气溶胶按粒子大小可分为三类：半径小于 $0.1\ \mu m$ 的气溶胶称为埃根粒子，半径为 $0.1 \sim 1.0\ \mu m$ 的气溶胶称为大粒子，半径大于 $1.0\ \mu m$ 的气溶胶称为巨粒子。

2.3.2 激光辐射传输理论

在大气介质中传播时，光辐射一方面将被大气吸收，转化为热能等能量；另一方面则被大气散射而向各个方向辐射出去，大气的吸收和散射总效应使光强在大气介质传播途径上不断地衰减。

设光强辐射为 $I(\nu)$，在大气中传输了距离元 dz 后，则在尚未出现非线性效应的情况下，光强变为 $I(\nu) + dI(\nu)$，则有

$$dI(\nu) = -I(\nu)\gamma(\nu, z)dz \qquad (2-9)$$

式中，$\gamma(\nu, z)$ 为一个比例因子，称为衰减系数或消光系数，通常是光频 ν 和距离 z 的函数。解方程（2-9），得到

$$I(v) = I_0(v)\exp\left[-\int_{z_0}^{z}\gamma(v,z)\mathrm{d}z\right] \qquad (2-10)$$

式中，z_0 和 z 为距离 L 的两端，如果介质均匀，式（2-10）可改写为

$$I(v) = I_0(v)\exp[-\gamma(v)L] \qquad (2-11)$$

式（2-11）称为朗伯-布格尔（Lambert-bougner）定律，或称为比尔（Beer）定律。

大气透过率表示为

$$T(v) = \frac{I(v)}{I_0(v)} = \exp[-\gamma(v)L] \qquad (2-12)$$

式中

$$\tau(v) = \int_{z_0}^{z}\gamma(v,z)\mathrm{d}z = \gamma(v)L \qquad (2-13)$$

$\tau(v)$ 为光学厚度（AOD），是一个常用的无量纲参数。

大气衰减系数 γ 为大气分子衰减系数 γ_m 与大气气溶胶衰减系数 γ_a 之和，即

$$\gamma = \gamma_m + \gamma_a \qquad (2-14)$$

大气分子衰减系数，又可表示为

$$\gamma_m = \gamma_{am} + \gamma_{sm} \qquad (2-15)$$

式中，γ_{am} 和 γ_{sm} 分别为大气分子的吸收系数和散射系数。

大气气溶胶衰减系数可表示为

$$\gamma_a = \gamma_{aa} + \gamma_{sa} \qquad (2-16)$$

式中，γ_{aa} 和 γ_{sa} 分别为气溶胶的吸收系数和散射系数。

散射体的光散射特性，常用以下各个参量表征：

（1）吸收截面 σ_a，为假想的一个截面，即单位时间内照射的光被该截面遮挡部分的能量全部被吸收，并转换为热能等而不再形成散射光重新辐射出去。散射体吸收照射光的功率等于吸收截面与光强的乘积。吸收截面表征了散射体的吸收能力。

（2）散射截面 σ_s，为表征散射体散射能力的一个等效截面。

（3）衰减截面 σ_e，为散射和吸收共同作用的总效果，即

$$\sigma_e = \sigma_s + \sigma_a \qquad (2-17)$$

2.3.3　米耶散射理论

1. 分子衰减系数

根据大气理论模型，可由分子吸收光谱理论和瑞利散射理论计算大气分子的吸收

系数 γ_{am} 和散射系数 γ_{sm}。从理论上来说，当吸收谱线的强度和位置已知时，就可以计算出激光在大气介质中的吸收衰减量。然而，吸收系数随波长变化、吸收分子随气象条件变化等实际的因素使计算复杂化。

光散射理论是为了解释大气中常见的光学现象而发展起来的，1899 年，瑞利（Rayleigh）建立了分子的光散射理论，所以分子散射理论又称为瑞利散射理论。由瑞利散射理论可知

$$\gamma_{sm}(\lambda) = \frac{8\pi^3}{3} \frac{(n_r^2 - 1)^2}{N\lambda^4} \tag{2-18}$$

式中，γ_{sm} 为分子散射系数；N 为单位体积中大气分子数密度，cm^{-3}；λ 为激光波长，μm；n_r 为散射粒子的折射率。

如考虑大气分子的非各向同性带来的影响，须对大气分子的散射系数乘上一个修正因子，于是式（2-18）可改写为

$$\gamma_{sm}(\lambda) = \frac{8\pi^3}{3} \frac{(n_r^2 - 1)^2}{N\lambda^4} \frac{6 + 3\delta}{b - 7\delta} \tag{2-19}$$

式中，δ 为大气介质光散射的退偏振度。在 $\delta = 0.035$ 时，得到修正因子为 1.06，与 1 相差仅 6%，所以在简化计算时可略去修正因子。

根据 ITU-R 的建议，当频率低于 375 THz（波长大于 0.8 μm）时，大气分子的瑞利散射对信号的损耗可以忽略不计。可以证明，瑞利散射是米耶散射理论在小粒子尺寸上的近似，其与粒径尺寸参数 $x = 2\pi r/\lambda$ 有关，一般而言，光散射理论大致适用于 $x < 0.3$ 的范围。

2. 气溶胶衰减系数

米耶散射理论讨论的是各向同性的均匀球形颗粒的光散射问题，并给出了具有适当边界条件的麦克斯韦方程组的解。气溶胶吸收系数 γ_{aa} 和散射系数 γ_{sa} 的计算可以统一于米耶散射理论中。

根据米耶散射理论，当半径为 r 的球形粒子受到强度为 I_0，波长为 λ 的入射光照射时，在与散射体相距 L，与光轴 Z 成 θ 角的观察点 P 处的散射光强，是由垂直于散射体和平行于散射体的散射光强 I_φ、I_θ 共同引起的，即

$$I_s = I_\varphi + I_\theta \tag{2-20}$$

而散射面则为观察点与 Z 轴所构成的平面。

由米耶散射理论，散射光强 I_φ、I_θ 可表示为

$$I_\varphi = \frac{\lambda^2}{4\pi^2 L^2} i_1 \sin^2\varphi \tag{2-21}$$

$$I_\theta = \frac{\lambda^2}{4\pi^2 L^2} i_2 \cos^2 \varphi \qquad (2-22)$$

式中，φ 为入射光的偏振角；i_1、i_2 为强度函数，表达式为

$$i_1 = \left| \hat{s}_1 \left(m, \theta, x \right) \right|^2 \qquad (2-23)$$

$$i_2 = \left| \hat{s}_2 \left(m, \theta, x \right) \right|^2 \qquad (2-24)$$

式中，$\hat{s}_1$、$\hat{s}_2$ 为振幅函数，是由贝塞尔（Bessel）函数和勒让德（Legendre）函数组成的无穷级数。

由米耶散射理论，可得到粒子的散射效率因子 Q_s、衰减效率因子 Q_e 和吸收效率因子 Q_a，表达式为

$$Q_s \left(x, m \right) = \frac{2}{x^2} \sum_{n=1}^{\infty} \left(2n+1 \right) \left(\left| a_n \right|^2 + \left| b_n \right|^2 \right) \qquad (2-25)$$

$$Q_e \left(x, m \right) = \frac{2}{x^2} \sum_{n=1}^{\infty} \left(2n+1 \right) \mathrm{Re} \left(a_n + b_n \right) \qquad (2-26)$$

$$Q_a = Q_e - Q_s \qquad (2-27)$$

式中，Re 表示取实部运算。通过设置初始值，采用选代式法解上述方程，可得到米耶散射理论中的相关参数。

第3章 脉冲激光探测

激光是基于物质受激辐射原理而产生的一种高强度的相干光。波长从 0.24 μm 开始，包括了可见光、近红外直到远红外的整个光频波段的范围。激光和其他光源相比，具有高亮度、高定向性、高单色性等特点，而且工作在光频波段，不受电子干扰的威胁。

因此具有激光探测体制的激光引信具有以下优点：

（1）激光引信由于工作于光频波段，因而不受外界电磁场和静电感应的影响，可避免电子干扰问题。

（2）由于激光引信的激光束同向性非常强，几乎没有旁瓣，所以激光引信具有尖锐的空间方位选择性，方向性好又使引信定距精度大为提高。

（3）高亮度提高了引信灵敏度。

（4）距离选择技术可将最佳起爆位置控制得比较精确，也有利于实现可控定向起爆。

3.1 脉冲激光探测定距体制与理论

根据引信本身是否带有光源，激光近炸引信可以分为主动式和半主动式两种。半主动式激光近炸引信不含有光源，依靠外界激光照射到目标和弹体上，根据两者的时间差判定是否起爆。主动式激光近炸引信内含有激光光源，激光发射系统和接收系统根据需要分布在弹的周围。

脉冲激光引信原理框图如图 3-1 所示。振荡脉冲激励激光器产生激光，光束经发射光学系统发出后，由于光的传播特性，在目标表面发生漫反射，部分光束返回进入接收光学系统，经光电探测器转换成电信号，之后进行放大、整形、滤波后，送入信号处理模块进行目标判别，当认为是有效目标时，即启动执行机构执行起爆任务。

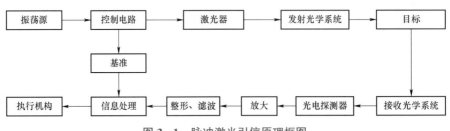

图 3-1 脉冲激光引信原理框图

目前使用的激光近炸引信中主要有几何截止（又称三角测距法）、距离选通两种定距体制；随着激光定距技术在子母弹远距离作用中的应用，出现了适合远距离定距的脉冲激光定距体制。另外，有的武器中要求近炸引信的作用高度或距离分段可调，如多用途迫弹；还有的对定距精度要求很高，如云爆弹，针对这些要求，提出了可达到更高定距精度和作用距离可调的脉冲鉴相定距体制和伪随机码定距体制。

3.1.1　几何截止定距体制

几何截止定距体制也称三角定距法，发射系统发射的激光波束与接收系统接收的回波波束在空间几何上交叉，存在一个重叠的区域，在这区域内，发射视场和接收视场都有效。可按激光近炸引信探测距离的范围要求设计这个重叠区域，仅当目标的位置在这个区域内部时，发射系统发出的激光波束才会反射进入接收系统。发射视场和接收视场在弹体法线方向小范围交叉重合，如果目标出现在重合区，光束会返回到接收光学系统，然后经过光电探测器进行光电转换、整形、滤波，其包络曲线的最大值对应于系统的作用距离，送入信号处理电路进行探测结果判定。其原理框图如图 3-2 所示。

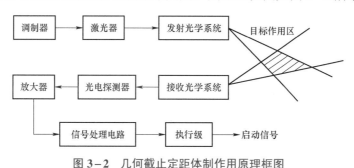

图 3-2　几何截止定距体制作用原理框图

由空间几何知识不难看出，发射、接收视场的交叉导致几何截止定距体制存在探测盲区，且靠近探测目标时会产生具有特定包络形状的回波信号，在定距精度和抗干扰能力上有着较好的表现，并且可提供 360° 的周向探测范围，电路简单。现在的导弹或其他制导武器大都有一定的近炸能力要求，要求一定作用范围内起爆，几何截止体制在这些武器上的应用非常广泛。引信的作用范围即为接收、发射视场的重叠区域范围，根据武器的实际使用要求不同，通过改变发射系统和接收系统的结构外形、光路参数等进行具体设计。常见的周视探测方式引信的作用半径为 3～9 m，截止距离精度可达到 ±0.5 m，前视探测方式引信的作用半径在 1 m 以内，截止距离精度可达到 ±0.1 m。

几何截止定距体制的缺点主要有以下三点：

（1）由于体制的原理，由几何知识不难发现，在这种定距体制下，在较远处的重叠范围比近处大很多，应用在小目标探测的时候会出现问题。

（2）如果目标表面反射特性不均匀，差别很大，那么接收光电探测器输出的脉冲包络就会变化较大，导致无法使用一个统一的阈值进行目标的判别，特别是现代战争中，目标表面的喷涂材料和技术的发展，使得这一问题更加突出。

（3）作用距离不能现场装定，因为作用距离直接决定于发射、接收之间的视场角度，一旦设计定型，产品的作用距离随之固定，无法根据战场中实际情况进行装定来改变作用距离到最佳状态。

可以看到，几何截止定距体制的优点和缺点都很明显，应用范围也相应地受到限制。

3.1.2 距离选通定距体制

弹目距离可以由测量出来的激光脉冲往返一次的飞行时间计算得到。测距原理同脉冲激光测距机，只是激光近炸引信的探测距离一般要求很近，探测时间间隔较短，而且体积和功耗受到限制。

激光测距机在距离很近的情况下，由于精度的要求，对系统时钟频率要求很高，必须采用高精度高振荡频率的晶振，需要精确计数激光脉冲的个数，硬件实现起来难度较大。

受脉冲无线电引信中常见的距离门选通方法的启发，脉冲激光定距技术也可应用在激光近炸引信上，这就是距离选通定距体制，即根据发射脉冲为接收器设定一个距离选通门，通过判断接收器是否在距离选通门内接收到了有效信号来断定是否存在目标。这种测距体制只关心目标和距离门之间的内、外定性关系，而不关心具体距离是多少，抛开了上文描述的精确测距带来的一系列问题，使得问题得到简化。其原理框图如图 3－3 所示。

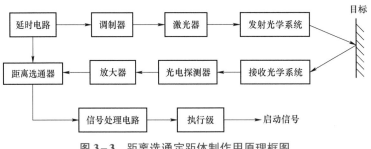

图 3－3　距离选通定距体制作用原理框图

激光近炸引信发射单元中的调试器负责产生一定频率的原始激励信号，经过电压变换和整形后加到激光器的输入端，激光器发射的波束经过发射光学系统变换后照射到目标上发生漫反射，回波波束进入接收光学系统，聚集在光电探测器的光敏面上，经放大、整形后进入距离选通器。同时，发射的原始激励信号经延时电路后作为距离选通门也进入到距离选通器中，通过比较两者的时序关系判定是否为有效目标。如果是，则认为目标有效，输出执行级动作信号，引爆战斗部，实现预定距离内起爆的功能。

距离选通定距体制的优点有以下几方面：

（1）探测距离一般很近，不会出现模糊的问题。

（2）计算简单，处理速度快，只对是否进入距离门感兴趣，而不要求精确计算出在距离门内的具体位置，简化了后面的处理单元的计算方法，提高了效率，可连续测定。

（3）延时电路的参数可由数字可编程逻辑器件改变，可根据战场实际情况进行装定，灵活方便。

（4）从时间上考虑，距离选通门占空比很小，因此只有很小一部分信号能通过。另外，从空间上考虑，距离选通门的位置信息又决定了只有空间上满足一定的弹目距离要求的信号才能进入距离选通门。

距离选通定距体制的缺点在于无法很好地克服接收视场近处的干扰，对于细小物体的分辨力不从心，需要通过其他方法来协助判别信号，否则极易产生虚警。

3.1.3　脉冲鉴相定距体制

脉冲鉴相定距体制是一种由距离选通定距体制发展而来的新的激光近炸引信定距体制，其原理框图如图 3-4 所示。首先，激励脉冲单元产生一定电压和频率的窄脉冲激励信号，控制激光器产生激光波束，波束经发射光学系统准直发散后照射到探测目标上发生漫反射，接收光学系统将接收到的回波聚焦在光电探测器的光敏面上，光电探测器输出回波脉冲信号，经后面的放大器（经常是运放）的放大和整形器（如各种门电路）的整形后，送到脉冲鉴相器。脉冲鉴相器的基准脉冲由发射的窄脉冲激励信号经精密延时器产生，然后比较回波脉冲与基准脉冲的前沿相位。当两者重合时，表明目标当前的位置即为预定距离，脉冲鉴相器输出有效信号，启动执行级信号。

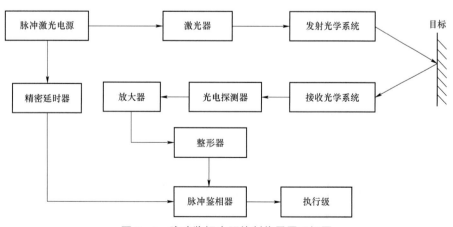

图 3-4　脉冲鉴相定距体制作用原理框图

脉冲鉴相定距体制的优点有以下几方面：

（1）从原理上来讲探测的是一个固定距离，在能精确控制内部的延时器的情况下，定距精度很高。

（2）结构简单，使用灵活，可调节精密延时器实现现场装定功能，并可自动补偿延迟，提高测距精度。

（3）脉冲鉴相定距体制可认为是距离选通定距体制的距离门所占空间范围极小、占空比极小的一种特殊情况，因此具有更好的抗干扰特性和更低的虚警率。

但是在实际应用上，这种体制有很多影响精度的因素，必须分析和降低这些因素的影响，才能提高其测距精度。重点表现在回波幅度变化及弹目相对速度产生的多普勒效应对脉冲鉴相定距体制的测距结果影响明显。

3.1.4 伪随机码定距体制

和一般激光引信不同，伪随机码定距体制将伪随机码应用在激光近炸引信中，这种码元不会被轻易干扰，接收方却容易接收且能达到相关函数的峰值。其原理框图如图 3-5 所示。

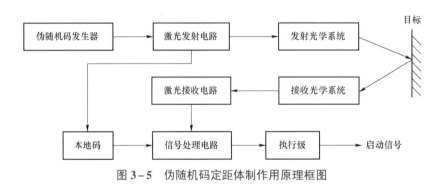

图 3-5 伪随机码定距体制作用原理框图

伪随机码定距体制的激光近炸引信要求在探测距离的中心位置处回码与本地码重合。对于一个码元而言，本地码的前沿与回码的后沿重合时，为探测的最小距离 0；本地码的后沿与回码的前沿重合时，为探测的最大距离 R，两者之间的状态则对应 $0\sim R$ 的某一距离。可见，通过调整码元长度就可控制引信的探测距离，即通过调整伪随机码发生器的时钟频率就可改变引信的探测距离。

伪随机码激光引信中激光发出的码元和一般激光引信中的不同，这种码元不容易被干扰，特别是人为的有源干扰，但是对于接收方却容易接收并且能够很容易达到相关函数的峰值。

3.2　发射系统设计

脉冲激光发射系统的主要功能是将基准脉冲信号放大，以激励激光二极管发出足够大功率的激光信号。本节将探讨设计组成激光发射电路的各个部分，包括基准脉冲信号的产生、信号的放大电路设计、开关电路的选择等。

3.2.1　激光器的选择

激光器是发射近于单色辐射的、高度平行的、强光束的光学装置，这种装置基本由三部分组成：增益介质、光学谐振腔和泵浦源。到目前为止，已经发现能产生激光的工作物质有上千种，能产生上万种不同波长的激光。根据工作介质的不同来分类，可以把激光器分为固体激光器、气体激光器、液体激光器、半导体激光器及自由电子激光器等。按激光器的工作方式的不同，其分为连续激光器和脉冲激光器。

固体激光器通常是指以均匀掺入少量激活离子的光学晶体或光学玻璃作为工作物质的激光器，真正发光的是激活离子，晶体或玻璃则作为提供一个合适配位场的基质材料，使激活离子的能级特性产生对激光运转有利的变化。

气体激光器是以气体或金属蒸气为工作物质的激光器，通常采用气体放电泵浦方式。气体的光学均匀性好，激活离子的谱线窄，使得气体激光器的方向性、单色性都远比固体激光器好。

半导体激光器是指以半导体材料为工作物质的一类激光器，亦称半导体激光二极管（SLD）。它的体积小、效率高、寿命长，可采用简单的电流注入方式来泵浦；其工作电压和电流与集成电路兼容，因而有可能与之单片集成；并且还可用高达吉赫兹（$10^9\,\text{Hz}$）的频率直接进行电流调制以获得高速调制的激光输出。随着半导体器件的发展，采用量子阱结构，做成阵列的大功率连续波激光器，可在高频率、窄脉冲宽度下工作，实现高速脉冲码调制。

由于激光近炸引信特定的工作条件，要求激光器体积小、质量轻、出光功率大、重复频率高，在不同的环境条件下输出功率稳定。对空导弹近炸引信要求激光的出光功率达到数十到上百瓦，激光重复频率达到几万赫兹。固体激光器输出功率大，但体积大、重复频率低，不宜采用。小型 CO_2 波导激光器重复频率高，体积也相对较小，但输出功率也较低。半导体激光器体积小、质量轻、量子效率高，在脉冲工作时，可以采用高重复频率，虽然单管输出功率不太高，但通过器件阵列，出光功率可达上百瓦，因此半导体激光器已经为大多数激光近炸引信所采用。

为提高引信的灵敏度，国内外正在研制新型激光器。其中宝石微激光器件（SMLD）技术对提高激光引信探测灵敏度、增大作用距离和抗气悬体干扰具有重大意义，在国内外引起了广泛关注。英国的 Lintton Airtron Synoptics 公司已研制出 TO3 封装形式的微激光器件，其结构通用，批量生产解决了性能一致性问题。Thomson Thorn 公司在联合防御评估研究机构资助的 Pathfinder 计划中对新型微激光器件的潜在应用进行了论证，以改进激光引信覆盖范围和探测分辨力。

与 SLD 相比，SMLD 发出的光脉冲更窄，脉冲宽度可达 1 ns，SLD 的一般为 100 ns，因而 SMLD 具有高距离分辨力和降低悬浮粒子后向散射能力。SMLD 具有更高的峰值功率，比 SLD 高约 50 倍，可达约 3 kW，脉冲能量约为 3 μJ，其脉冲重复频率 PRF 与 SLD 相近，约为 15 kHz。光谱特性方面，SMLD 发出的激光谱线宽度远小于 SLD 的谱线宽度，SLD 的中心波长会随温度漂移，SMLD 的中心波长几乎无温度漂移。因此，SMLD 允许使用更窄谱带的接收机，以降低探测器背景噪声，进一步降低接收机本身的噪声。在光束发散度方面，SMLD 具有小于 10 μm 的小发光区和小于 1° 的小发散角光束输出特性，光束非常窄，因此不需要准直，允许定制光束形状和光学窗口，前倾视角大。

根据目前国内的制造工艺水平，激光一般选用半导体激光器，其工作波长为 0.85～0.904 μm，能利用有效的电流注入技术进行激励。

引信的作用距离是引信的一项重要的技术指标。探测器能够探测多远的目标是由激光的发射功率决定的。激光成像引信的探测距离方程由下式表示：

$$P_{\mathrm{R}} = \frac{P_{\mathrm{T}} \tau_{\mathrm{T}} \tau_1 \rho \tau_2 \tau_{\mathrm{R}} D^2 \cos\alpha}{4R^2}$$

式中，P_{T} 为激光器的发射功率；τ_{T} 为发射光学系统总效率；τ_1 为发射机到目标间的大气透射率；ρ 为目标的反射率；τ_2 为接收机到目标间的大气透射率；τ_{R} 为接收光学系统总效率；D 为引信光学接收器的有效通光直径；R 为激光引信到目标的距离；α 为光束入射（目标）角。

由距离方程可知，接收功率与发射功率、目标反射率、入射角的余弦、接收光学系统的有效通光面积、发射及接收光学系统的透射率成正比，而与距离的平方成反比。提高接收功率的前提就是要保证有足够高的发射功率，但由于现有激光器技术的限制，目前半导体激光器的平均发射功率不能达到太高，所以采用一定周期的脉冲体制，利用低的脉冲占空比来使激光器在很短时间内发射瞬时高功率，这样并不提高平均功率。

3.2.2 基准脉冲的产生

脉冲激光发射电路的设计必须考虑到激光发射频率和单脉冲功率之间的制约关系，采用功率压缩技术，可以有效解决激光单脉冲峰值功率低的问题，所以基准脉冲的产生是发射电路的关键。

在工程应用中有多种可选择的脉冲产生方法，但总体上可分为基于可编程器件产生脉冲和基于分立或集成元件产生脉冲两种。

1. 分立元件产生基准脉冲

用分立元件设计电路也有很多种方法,利用 555 定时器构成的多谐振荡器,产生符合要求的脉冲,便是一种典型的实现方法,电路如图 3-6 所示。

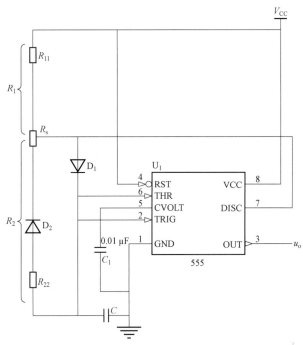

图 3-6　利用 555 定时器产生基准脉冲电路

要获得所要求的频率和占空比的矩形脉冲,只需调节电阻 R_s 的值以及电容 C 的值即可,使用非常方便。但是用分立元件产生基准脉冲的电路稳定性差,而且由于器件本身的原因,产生非常窄的脉冲有一定的困难。另外,基于分立元件的电路占用的空间比较大,且与可编程电路相比,其可修改性差,因而不适合在实际中使用。

2. 可编程器件产生基准脉冲

有多种器件可在编写的程序控制下产生符合要求的基准脉冲,如简单的单片机、复杂可编程器件(CPLD)或现场可编程门阵列(FPGA)等。在现代集成电路技术的推动下,此类集成芯片系统的性能、功能、体积和电源消耗不仅得到了显著改善,而且价格在不断降低。而且采用 FPGA 和 CPLD 实现可编程逻辑片上系统(system on a programmable logic chip)成为当今的一个发展方向。在设计中选择 FPGA,一方面是因为其实现起来比较简单,而且可重构性比较好;另一方面是因为在进行激光的回波信号处理时还要用到可编程逻辑器件。可通过编写 Verilog HDL 程序来实现设计中所需要的各种脉冲信号,如占空比非常小的窄脉冲信号,如图 3-7 所示。

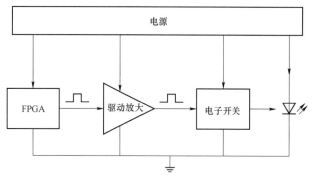

图3-7 激光发射电路结构示意图

3.2.3 信号驱动放大电路

激光二极管驱动电路是激光发射电路中重要的组成部分。激光二极管的特性与普通二极管类似,在正常导通时其导通电流与加在其上的电压呈线性关系。要使激光二极管在短时间内产生很大的电流,其驱动电路应是一种具有足够大脉冲幅值的窄脉宽开关控制电路。激光二极管在开关打开后,其泵浦电流脉冲的宽度和上升沿受开关器件速度和电路寄生参数的影响非常大,因而放大后的信号的性能好坏直接影响到激光二极管的转换效率,其主要指标有脉冲的幅值和脉冲前沿陡直性。另外,激光二极管驱动电路因激光二极管不同而不同,每一种激光二极管必须有与其相适应的驱动电路。对于脉冲激光二极管而言,其泵浦电流脉宽不能超过半导体激光二极管所允许的脉宽,而且泵浦电流的脉冲前沿越陡越好。

半导体激光器的伏安特性与普通二极管类似,正向偏置时,近似于线性的部分是工作区,这一区域内的动态电阻很小,约为 $0.3\ \Omega$ 以下。

要使半导体激光器输出激光,必须满足两个条件,即粒子数反转条件和阈值条件。前者是必要条件,它意味着处于高能态的粒子数多于低能态的粒子数。满足此条件时,有源工作物质就具有增益。后者是充分条件,它要求达到由于粒子数反转所产生的增益能克服有源介质的内部损耗和输出损耗,此后增益介质就具有净增益。由于半导体激光器是直接注入电流的电子-光子转换器件,因此其阈值常用电流密度或电流来表示。正常工作时泵浦电流应高于阈值电流。半导体激光器输出光功率与泵浦电流的关系,也不是线性的,只有通过阈值电流的一段近似为线性,可以看作输出光功率与泵浦电流成正比。

从 FPGA 传输过来的信号不足以驱动后面的开关电路,必须经过功率放大,因而选择合适的驱动放大器是设计电路的关键。由于后面的开关器件选用的是功率

MOSFET，所以要选择能驱动 MOSFET 的专用放大器。

选择 MOSFET 驱动器时，在考虑功率放大因素的前提下，主要是考虑要很好地驱动后面的 MOSFET 开关器件。若其输出电流过小就不足以驱动 MOSFET，若驱动器虽然功率很大但同时发出很大的热量时还会造成 MOSFET 驱动输入端电压的漂移。MOSFET 输入端表现为容性负载，而且其一般都连接着感性负载，会产生较强的反向冲击电流，因而 MOSFET 驱动器要能够承受足够的反向电流而不损坏，而且性能要不受影响。另外，也必须考虑 MOSFET 驱动器的瞬间短路电流承受能力，瞬间短路电流的产生通常是由于驱动电平脉冲的上升或下降过程太长，或者传输延时过大，这时高压侧和低压侧的 MOSFET 在很短的时间里处于同时导通的状态，在电源和地之间形成了短路，瞬间短路电流会显著降低激光电源的效率，所以在选择 MOSFET 驱动器时除考虑必需的性能参数外，还应该考虑以下两个因素：驱动脉冲的上升时间和下降时间应尽可能相等，并且尽可能缩短；驱动脉冲的传播延迟应尽可能短。

可选用美国 ELANTEC 公司生产的功率 MOSFET 驱动器 EL7104 作为 MOS 管驱动器件。该器件的特点主要有：匹配的上升和下降时间，低时钟抖动，输入电容和输出阻抗低，噪声抑制能力强，功耗低，能减小时钟漂移以及良好的时间响应等。EL7104 的输出采用了差分输出，因而决定了其具有很强的驱动能力，在实际电路中将该差分输出设计成推拉式电路，可使其具有稳定而高效的驱动能力。

EL7104 的输出电阻仅有 1.5～2 Ω，输出脉冲峰值电流可达 4 A，而且 EL7104 具有很宽的工作电压范围，而且开启和关断的时间也很小，需要强调的是，EL7104 的操作时间与其驱动的负载有很大的关系，同时与其工作的电压和工作的温度都有关系。

3.2.4　开关电路

脉冲信号经过前面的驱动电路放大后可以达到足够强的驱动能力，在这一驱动下需要选择很好的开关器件，前面已经提到开关器件选择 MOSFET，在此将重点对开关器件及开关电路进行阐述。

开关电路的等效电路如图 3−8 所示。电子开关的控制信号由前级放大电路提供。图中电容 C 作为储能元件，开关断开时，电源通过电阻 R 给 C 充电，充电的时间由 RC 时间常数决定；开关闭合后，C 上储存的电量通过 R_L 释放，R_L 为激光二极管所在支路的总的等效电阻，放电的时间由放电时间常数决定。激励激光二极管产生窄脉冲光束的脉宽主要由高速开关来决定。所以选择合适的开关器件是设计激光驱动电路中开关电路的关键。

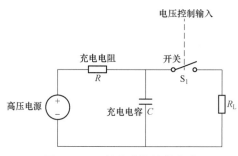

图 3-8 开关电路的等效电路

在电路设计中有多种开关器件可供选择，一般常用的有晶闸管、晶体管、MOS 管等，这三类开关器件的时间特性见表 3-1。

表 3-1 三类开关器件的时间特性

开关器件	脉冲幅度/V	脉冲宽度/ns	脉冲前沿/ns	重复频率/kHz
晶闸管	小于 100~200	1 000	15~30	20
晶体管	5~10，20~50（高功率）	10~300	1~20	100
MOS 管	1~100	不受限制	2~150	1 000

从表 3-1 的对比中可以看出 MOSFET 的性能相对来说有很大的优势，目前，开关器件中 MOSFET 是应用得最多的。而且，MOS 管作为开关器件使用时，实际上是一个电压控制的开关器件，工作时的通断仅取决于输入的电压，几乎没有电流流过栅极，输出的电流幅值仅取决于加到漏极和源极的电压以及其间的电阻，所以 MOSFET 具有很高的直流增益。另外，MOSFET 具有较好的过载保护能力，作为开关使用时功耗也比较小。

MOSFET 的工作组态有共源极、共栅极和共漏极三种，其中共源极组态最简单，控制起来也比较简单，MOS 管共源极组态及其等效电路如图 3-9 所示。

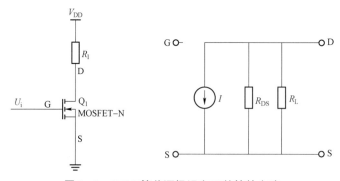

图 3-9 MOS 管共源极组态及其等效电路

MOFFET 的栅极输入端相对于前面的驱动电路来说是容性负载，作为电压控制型器件，其特点是输入阻抗高，静态时几乎不需要输入电流，但是 MOSFET 作为高速开关使用时，开通和关断过程中仍需要一定的驱动电流来给栅极输入电容充放电，下面将分析原因。由于 MOS 管的输入端存在电容，因此为了使它导通，必须对栅极电容进行充电，为了关断它，必须使该电容放电，这就要求驱动电路在器件开通和关断的瞬间提供一定幅值的电流。可粗略地计算 MOS 管在开关工作时应该提供多大电流。设 MOS 管的栅极输入电容 $C_{iss} = 900$ pF，在开通时要求在 20 ns 内充电到 3 V，忽略 Miller 效应的影响，则要求的脉冲电流是

$$I_{o1} = \frac{C_{iss}V_{GS}}{\Delta t} = \frac{900 \times 10^{-12} \times 3}{20 \times 10^{-9}} = 0.135 \text{（A）}$$

在 MOSFET 开通时，除了电容充电外，漏栅电容还要放电，设 $C_{DG} = 90$ pF，在开通前漏极电压为 15 V，若要求在 20 ns 内放电完毕，则脉冲电流为

$$I_{o2} = \frac{C_{DG}V_{DS}}{\Delta t} = \frac{90 \times 10^{-12} \times 15}{20 \times 10^{-9}} = 0.067\,5 \text{（A）}$$

这样可以计算在 MOS 管开通瞬间，前级的驱动电路应当提供的脉冲电流为

$$I_o = I_{o1} + I_{o2} = 0.135 + 0.067\,5 = 0.2025 \text{（A）}$$

当然，MOS 管只在开通和关断的瞬间要求驱动电路提供推拉电流。对照前面介绍的 EL7104 的参数可知，EL7104 的驱动输出脉冲峰值电流可达到 4 A，完全可满足驱动要求。

可选择 Philips Semiconductors 公司的 IRF540 作为开关器件。IRF540 是 N 沟道增强型 MOS 管，其特点主要有快速开关时间、低导通电阻、低热阻、大输出电流等。表 3-2 和表 3-3 示出了 IRF540 的一些特性。

从表 3-2 中可以看出，IRF 的耐压值可达到 100 V，其输入也有很宽的电压范围，其输出可提供高达 23 A 的连续电流，或者是 92 A 的脉冲峰值电流。

表 3-2　IRF540 的极限参数

符号	参数名称	条件	最小值	最大值	单位
V_{DSS}	最大漏源电压	$T_j = 25 \sim 175$ ℃	—	100	V
V_{DGR}	最大漏栅层电压	$T_j = 25 \sim 175$ ℃；$R_{GS} = 20$ kW	—	100	V
V_{GS}	最大栅源电压		—	±20	V
I_D	最大漏源电流	$T_{mb} = 25$ ℃；$V_{GS} = 10$ V		23	A
		$T_{mb} = 100$ ℃；$V_{GS} = 10$ V		16	A
I_{DM}	最大脉冲漏源电流	$T_{mb} = 25$ ℃	—	92	A
P_D	最大耗散功率	$T_{mb} = 25$ ℃		100	W
T_j	最大工作结温		−55	175	℃
T_{stg}	贮存温度				

表 3 – 3　IRF540 的电气特性（T_j=25 ℃）

符号	参数	最小值	典型值	最大值	单位	条件
$V_{(BR)DSS}$	漏源击穿电压	100	—	—	V	V_{GS}=0 V，I_D=250 μA
$R_{DS(on)}$	漏源通态电阻	—	—	44	mΩ	V_{GS}=10 V，I_D=16 A
$V_{GS(th)}$	栅极门限电压	2.0	—	4.0	V	V_{DS}=V_{GS}，I_D=250 μA
I_{DSS}	饱和漏源电流	—	—	25	μA	V_{DS}=100 V，V_{GS}=0 V
		—	—	250		V_{DS}=80 V，V_{GS}=0 V，T_j=150 ℃
I_{GSS}	栅源驱动电路	—	—	100	nA	V_{GS}=20 V
		—	—	−100		V_{GS}=−20 V
Q_g	栅极总充电电量	—	—	71	nC	I_D=16 A
Q_{gs}	栅源充电电量	—	—	14		V_{DS}=80 V
Q_{gd}	栅漏充电电量	—	—	21		V_{GS}=10 V
$t_{d(on)}$	导通延时时间	—	11	—	ns	V_{DD}=50 V
t_r	上升时间	—	35	—		I_D=16 A
$t_{d(off)}$	关断延时时间	—	39	—		R_G=5.1 Ω
t_f	下降时间	—	35	—		V_{GS}=10 V
C_{iss}	输入电容	—	1 960	—	pF	V_{GS}=0 V
C_{oss}	输出电容	—	250	—		V_{DS}=25 V
C_{rss}	反向传输电容	—	40	—		f=1.0 MHz

从表 3 – 3 中可看出，IRF540 的阈值电压典型值仅 3 V，而且其导通电阻仅有 49 mΩ，其开启延迟时间仅 8 ns，栅极输入电容在 V_{DS} 为 25 V 时的值仅 890 pF，而且栅极输入电容与漏源电压几乎成反比关系。

3.3　接收系统设计

激光接收系统是整个激光探测系统中的重要组成部分，在整个系统中起着关键作用。因为如果没有探测到激光信号，前面的设计就没有意义，而如果没有把信号进行放大或转换成标准的电平信号，后面的 FPGA 的信号处理部分也就不能实现其功能。本节将着重探讨组成激光接收电路中的各个部分，包括光电转换电路、前置放大电路、主放大电路和比较电路等。

3.3.1　激光探测接收系统概述

接收电路的作用是将从目标反射回来的激光回波信号转变为电信号，再经过信号预处理电路，把从光电转换器输出的微弱电信号放大成具有一定幅度、脉冲宽度和信噪比的电信号，最后将该放大后的信号转换成 FPGA 输入的 LVTTL 标准信号。在激光发射电路发射的激光信号功率一定的情况下，由于激光信号的能量在传播过程中会衰减，使得光电探测器探测到的信号能量大大降低，提高接收电路的灵敏度就成为提高探测距离的一种非常重要的手段。接收电路包括光电探测转换电路、前置放大电路、功率放大电路、阈值比较电路，激光探测接收系统框图如图 3-10 所示。从目标反射回的光信号经过接收光学系统会聚后照射到光电探测器上，光电探测器将该光信号转换成电流信号，电流信号经过简单电路处理后转换成微弱的电压信号，该电压信号经过前置放大器放大后可达毫伏级甚至百毫伏级水平，主放大器将该百毫伏级信号放大到伏级，经过固定阈值比较器比较后输出 LVTTL 电平信号给后续的 FPGA 处理使用。

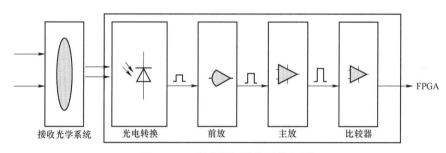

图 3-10　激光探测接收系统框图

3.3.2　光电探测器的选择

对于激光引信探测的目标，在弹目近距离相对运动时，目标尺度比激光波束的尺度大得多。随着激光波束扫过目标，其散射性质将在散射型和镜面型之间的较大范围内变化。目标表面可看成粗糙表面，散射性质基本上是漫射型的，并且是去偏振的。激光引信发射波束一般都有一定的前倾角，且为一窄波束的情况，再加上弹目交会角的存在，多数情况下入射波束方向不会接近垂直于目标，这样目标局部的平滑部位的镜面反射就不能被探测，所以镜面反射不能作为探测的主要基础。由此，目标回波信号主要来自目标的漫反射，而非镜面反射。选择适当的激光辐射功率与探测灵敏度成了决定引信探测性能的重要指标。

从提高激光引信的测距性能方面看，提高对目标回波的接收灵敏度比提高激光发射功率更有效，因为提高接收灵敏度不会增加系统的体积、质量和功耗；而提高激光发射功率将使它们大大增加。要满足激光引信系统体积小、质量轻，且又能实现较远测程的要求，除了采用新技术设计激光发射器外，提高光电转换器的接收灵敏度也是一条很重要的途径。

根据计算的探测灵敏度确定所选用的光电转换器的类型和参数。激光引信常用的光电转换器采用的是硅光电二极管。硅光电二极管的优点是有较高的量子效率和低的暗电流，结构简单坚实，近红外响应度较高，其峰值响应波长在 0.9 μm 左右，正好与砷化镓激光的中心波长相吻合，有利于提高接收灵敏度。同时硅光电半导体还有响应速度快、响应度均匀等特点。在小视场下，暗电流是硅光电半导体最主要的噪声源，但并不严重，试验证明，即使在大视场、大接收光学通光面情况下，背景噪声增加不多，而有用信号却可大幅度地增加。这种特性为适当提高接收光学系统增益提供了必要的前提条件，故激光引信常选用硅光电半导体作光电转换器。其光谱响应范围为350～1 150 nm，峰值响应波长为 860 nm，最小探测功率为 30 nW，输出阻抗为 50 Ω，供电电压为 15 V，最大输出电压峰值为 2 V，且具有频带宽、噪声低、响应度高的特点。该组件集成度高、体积小、金属化封装、性能稳定，基本上能够满足要求。

3.3.3 激光接收电路设计

3.3.3.1 前置放大器设计

光电探测器接收到的光信号通常是很微弱的，各种噪声的干扰直接影响到有用信号的测量精度，这就要求光电探测器在所应用发射光源的发射波长范围内具有高响应度、小的附加噪声、快的响应速率且能处理所需要的数据率的足够带宽。另外，为了得到快的响应速度，将光信号有效地转换成电信号，光电探测器应当加足够的反向偏置电压。同时，与光电探测器相连的前置放大器也应当合理设计，以获得较大的动态范围和较高的信噪比。

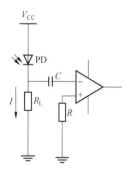

图 3－11　PIN 光电二极管反偏电路示意图

光电二极管具有恒流源特性，内阻很大，且饱和光电流与输入光通量成正比，采用高阻负载有利于获得大的信号电压。但如果将反向偏置状态下的光电二极管直接接到实际的负载电阻上，则因阻抗的失配而削弱信号的幅度，因此需要将高阻抗的电流源信号变换成低阻抗的电压信号，然后再与后级负载相连。一味靠增加偏置电路中的负载电阻来获得高的电压信号是不合理的，因为由于偏置电路中的时间常数的约束，直流负载电阻选得太大时会降低光电探测器的响应度。如图 3－11 所示偏置电路中的时间常数为 $\tau = R_{L}C \approx R_{L}(C_{PD} + C)$，其中 C_{PD} 是光电探测器的内部结电容。

前置放大器的选择主要依据前面的电信号的频率和直流源电阻的大小，直流源电阻的大小根据实际电路的情况选择，一般在几百欧到几百千欧之间，在设计中可根据实际电路的情况选择电阻大小。前置放大器的作用就是对原始微弱信号进行初步放大，在其发挥放大器的作用的同时也给电路引入了噪声，该噪声直接影响了放大后信号质量的好坏。

前置放大器常用的有源器件有集成运算放大器和分立半导体元件。普通运算放大器的内部噪声很严重，即使是低噪声运算放大器其噪声系数也很难达到用分立半导体元件专门设计的低噪声放大器的指标。所以在设计前置放大器时，一般很少选用集成运算放大器，以选用分立半导体元件居多。而用于设计前置放大器的分立半导体元件中主要有晶体管和场效应管，与晶体管相比，场效应管的低频噪声系数要小得多。其在中频范围内也较小，而在高频段的高端部分，两者的噪声系数相近，而且其最佳源电阻也要比晶体管的高得多，故在前置放大器中得到广泛应用。在中频段，场效应管都具有很低的噪声系数，很高的源电阻，但在低频段，结型场效应管的噪声不到 MOS 场效应管的 1/10，故前置放大器的输入级最好采用结型场效应管来设计。基于以上分析，选择结型场效应管来设计前置放大器。另外，也有较好的设计方案是将光电二极管与前置放大器做成厚膜集成电路或单片集成电路，即 PIN–FET 混合集成光电接收器。

例如，可选择日本 SONY 公司生产的 2SK152 JFET 作为整个激光接收电路中的第一级放大器件。其主要电气特性为栅漏电压变化最小范围值为−15 V，栅源电压变化最小范围值为−15 V，栅极漏电流在栅源电压为−7 V 时仅为−2 nA，漏极电流在栅源电压为 0 V、漏源电压为 5 V 的条件下的值最大可达 42 mA，栅源关断电压最小值为−0.55 V，最大值为−2 V，输入电容 C_{iss} 典型值为 7.2 pF，其功率放大倍数为 15 dB，噪声放大倍数为 1.8 dB，等效噪声电压在漏源电压为 5 V、漏极电流为 10 mA 时的值仅为 $1.2\ \text{nV}/\sqrt{\text{Hz}}$。

根据前面分析，用 2SK152 设计的前置放大器示意图如图 3–12 所示。图中的 R_4、C_4 既构成了高通滤波电路 $\left(\text{截止频率为} \dfrac{1}{R_4 C_4}\right)$，又起到隔直的作用。

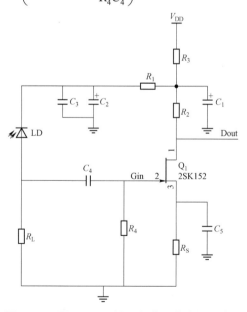

图 3–12　用 2SK152 设计的前置放大器示意图

3.3.3.2 主放大电路设计

信号经过一级放大后已经达到百毫伏级水平，此时需要靠功率放大器将其放大到伏级水平，以提供给后面的比较电路。选择功率放大器时主要考虑的限制因素包括转换速率、带宽、输入阻抗和增益。假设回波脉冲的宽度是 35 ns，由此可得带宽不能小于 30 MHz，否则放大后的波形会出现失真，造成测量上的误差。放大器的输入阻抗越大，驱动这一级放大器所需的电流就越小，低电流工作显然有利于功耗的降低。放大倍数取决于接收到的脉冲的能量，而接收到的脉冲能量又取决于发射光的能量、大气损耗、反射特性、光斑面积、接收面面积、光电转换效率等。另外还须注意的是小型化和温度稳定性等。选择时应注意：在保证输出信号基本不失真的前提下，要将主放大器的频响带宽加以控制，以降低热噪声和散粒噪声；电源应进行良好的稳压和滤波，使通过电源引入的噪声电平不高于输入端引入的噪声电平。

可选用 MAXIM 公司生产的运算放大器 MAX4107。MAX4107 集成放大器转换速率在输出幅值绝对值小于 2 V 时，高达 500 V/μs；在负载等效电阻为 100 Ω 时其信号建立时间仅为 13 ns，上升时间和下降时间更是仅有 6 ns 和 1 ns；工作频带宽，−3 dB 带宽为 300 MHz；输入阻抗为 1 MΩ，输入电容仅 2 pF，输出电阻在信号频率为 10 MHz 时仅为 0.7 Ω。

在放大相同倍数时，输入信号越小，MAX4107 的响应速度越快；在输入信号相同时，放大倍数越小，MAX4107 的响应速度越快，响应曲线越陡峭。

运算放大器使用单电源供电后，只能放大对地电压为正（信号同相端输入）或为负（信号反向端输入）的直流信号。如果输入信号对地为交流，负半波（信号同相端输入）或正半波（信号反向端输入）时会因为运算放大器的输出级用于负电源放大的发射结反偏截止而无法放大，使输出波形严重失真。因此为了获得不失真的交流放大信号，需要对输入端叠加一个固定的直流偏置电压。实际上，在电路中运算放大器输入端的有效信号就是交流负相的脉冲信号，所以为了不失真地稳定工作，设计中对 MAX4107 人为地加了偏置电压。根据后级电路对信号的要求和前级信号的幅值，设计中利用电阻分压获得偏置电压。MAX4107 运算放大电路如图 3 – 13 所示。

图 3 – 13 中的电阻 R_3 和 R_4 构成了偏置电路，使得输入信号叠加了一个约 0.8 V 的直流电压，电阻 R_1 和 R_2 构成负反馈放大，放大的倍数理论值为 10 倍。实际中的放大倍数会因信号频率的大小而变化，一般会小于理论值。

3.3.3.3 阈值比较电路设计

信号经过 MAX4107 放大后已经达到伏级的水平，可以直接使用，但是放大后的信号中包含了大量的噪声信号，这些噪声信号频率丰富但幅值很小，而且由于信号处理用的 FPGA 是全数字器件，并且其输入输出电平值在设计中均是 LVTTL 的标准电平，所以需要通过设置一个固定阈值的比较器来将放大后的信号转换成 LVTTL 标准信号，供 FPGA 分析使用。另外，增加一级阈值比较器对信号进行规范处理，可以在很大程度上降低由于噪声干扰引起的虚警率，提高接收机的可靠性和作用精度。

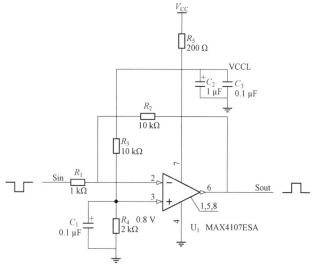

图 3-13　MAX4107 运算放大电路

　　比较器阈值电压主要是依据上一级电路输出信号的幅度来确定的。从 MAX4107 输出的信号实际上是一个叠加了直流电平的信号，在进入比较器之前可以选择用电容对其进行隔除，也可以根据放大后的信号，选一定的阈值电压来消除这个直流带来的影响。MAXIM 公司的 TTL 精密比较器是单端输入单端输出的，采用了 SOT23 封装，仅有 6 个引脚，体积非常小，对减小电路体积有很大帮助。MAX9011 是高精度、高速比较器，具有低功耗、转换速率快和温度特性好等特点，工作电压范围为 4.5～5.5 V，典型工作电压为 5 V，输出高电平电压为 3.3 V，低电平电压为 0.3 V；传输延迟时间只有 5 ns，输出波形上升沿为 3 ns，下降沿为 2 ns，并具有锁存输入允许控制功能。

　　阈值电压的产生有许多种方法，如采用电阻分压、运放电压跟随器、射极电压跟随器等，也可以采用电源标准芯片来产生固定阈值电压。采用电源标准芯片产生电压的好处是提供的电压非常精确，而且温漂也非常小，工作性能非常稳定，长时间工作时，输出电压信号也不会漂移或漂移很小。

　　MAXIM 公司的 MAX6061 是一款基准阈值电压产生器件。MAX6061 的标准输出电压是 1.25 V，其上下浮动仅有 0.001 V；其输入的电压范围很宽，支持 2.5～12.6 V 的宽电压输入；MAX6061 的输出电压非常稳定，其温漂仅有 6 ppm/℃，即温度每改变一摄氏度，电压仅变化百万分之六，其持续工作稳定性为 62 ppm/1 000 h；另外，MAX6061 输出的电压也比较纯，几乎不含噪声，在芯片稳定工作时的噪声电压仅有 13 μV。可以说 MAX6061 的性能是很高的。当然，电源基准芯片的型号很多，MAX6061 只是代表性器件之一。

利用 MAX9011 和 MAX6061 设计的阈值比较器电路示意图如图 3-14 所示。

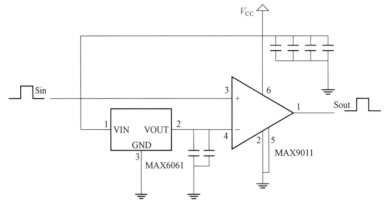

图 3-14　阈值比较器电路示意图

3.4　收发光学透镜系统

　　激光发射器、接收光电转换器只是电/光、光/电转换器件，而发射与接收的方向问题则主要由光学透镜系统来解决。激光器发光，需要将光束准直成的窄光束照射目标，每个光电探测器需要光学透镜系统将能量聚焦到光敏面上。

3.4.1　发射光学透镜

　　本书所采用的半导体砷化镓激光器的发光区为一个 $150\,\mu m \times 3\,\mu m$ 的矩形阵列区域，其平行 P-N 结面的束散角为 $20°$，垂直 P-N 结面的束散角为 $40°$，其发射示意图如图 3-15 所示。现要将其准直为小于 $2°\times2°$ 的窄光束，如图 3-16 所示。

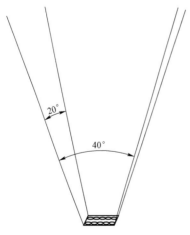

图 3-15　准直前激光器发射光束

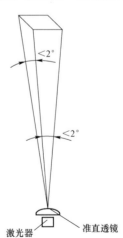

图 3-16　准直后发射光束

半导体激光器发出的光是一种高斯光束，这种光束发出后，其边界并不是理想的直线，而是分别向外扩展的两条弧线，此两条弧线距离最近处所对应的曲率半径称为光束的束腰 ω_0，这种高斯光束有两条渐近线，如图 3-17 所示，渐近线与高斯光束对称轴的夹角可以用来代表高斯光束的孔径角 θ。设激光波长为 λ，则孔径角 θ 与束腰半径 ω_0 之间的关系为：

$$\tan\theta = \lambda/\pi\omega_0$$

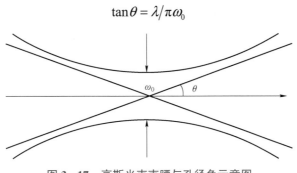

图 3-17　高斯光束束腰与孔径角示意图

激光引信设计中的准直镜常采用一片单透镜，要使入射高斯光束的束腰与光学系统的前焦平面重合，则经透镜变换后所输出光束的束腰最大值由以下公式给出：

$$\omega'_{0\max} = \frac{\lambda f}{\pi\omega_0}$$

式中，f 为透镜焦距；$\omega'_{0\max}$ 为从透镜出射的激光光束束腰的最大值。

为了使出射光束具有更高的方向性，准直性好，光束边界近似于直线，就要求光束束腰尽量大。这样必须要有大的 f 值，所以使用单透镜准直必须使用长焦距透镜。经透镜准直后的出射光光束的孔径角 θ' 和准直前光束的孔径角 θ 之间有如下关系：

$$\theta'/\theta = \frac{\pi\omega_0^2}{f\lambda}$$

$2\theta'$ 就是所需要的准直后激光光束发散角。

经透镜变换后的光束发散角与变换后出射光束束腰成反比，变换后出射光束束腰与单透镜焦距成正比，所以透镜焦距越长，出射光束的发散角越小，光束的方向性越好。但焦距增大将导致准直系统尺寸增大。引信要受空间体积的限制，光学系统不可能无限扩大。再有，单透镜变换能力有限，一般不适于准直区域很大的变换。根据探测原理的需求、引信实际的体积和工程上可允许的误差，确定出如下数值：发射透镜曲率半径 10.6 mm，焦距 17 mm，透镜口径 10 mm，透镜中心厚度 3.2 mm。最终将激光光束准直为 2°×1.13° 的发散角。

发射光学系统结构如图 3-18 所示。

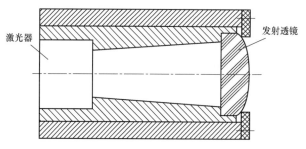

图 3−18　发射光学系统结构

3.4.2　接收光学透镜

引信设计选用的激光接收光电转换器为硅光电二极管，其最小探测功率为 30 nW，光敏面直径为 2 mm。接收透镜要将接收范围内任意角度入射到透镜上的激光回波会聚到光敏面上，理想接收透镜工作原理示意图如图 3−19 所示。

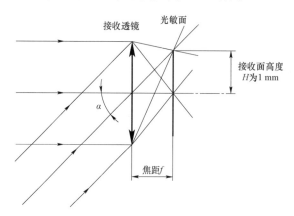

图 3−19　理想接收透镜工作原理示意图

图 3−19 中 f 为焦距，α 为入射光线与透镜轴线间的夹角。假设负责 90° 的接收，则其极限角度为 45°，接收面高度 H 为光敏面的半径，即 1 mm。则焦距 f 与 α 有如下关系：

$$f = H \times \cot\alpha = 1 \times \cot\alpha = \cot\alpha$$

光敏面距接收透镜的距离就为出射距离 $L = f = \cot\alpha$。出射距离决定了接收器与接收透镜的机械装配位置，焦距决定了接收透镜的曲率半径，根据图 3−19，由相应的几何关系可以推出：

90° 范围接收情况下的接收透镜，在理想情况下，出射距离为 $L = 1 \times \cot45° = 1\ \mathrm{mm}$，接收透镜焦距为 $f = 1 \times \cot45° = 1\ \mathrm{mm}$。

60° 范围接收情况下的接收透镜，在理想情况下，出射距离为 $L = 1 \times \cot30° = 1.732\ \mathrm{mm}$，接收透镜焦距为 $f = 1 \times \cot30° = 1.732\ \mathrm{mm}$。

45° 范围接收情况下的接收透镜，在理想情况下，出射距离为 $L = 1 \times \cot22.5° = $

2.414 mm ，接收透镜焦距为 $f = 1 \times \cot 22.5° = 2.414\ \text{mm}$ 。

15° 范围接收情况下的接收透镜，在理想情况下，出射距离为 $f = 1 \times \cot 7.5° = 7.596\ \text{mm}$ ，接收透镜焦距为 $f = 1 \times \cot 7.5° = 7.596\ \text{mm}$ 。

由以上推导可看出，接收视场越小，出射距离和接收透镜焦距越大，越有利于机械装配和接收透镜加工。并且大角度接收透镜存在如下问题。

首先，实际接收透镜与理想接收透镜相比存在像差，球面单透镜的像差更为严重，引信系统要求在某个角度范围内光线可以接收，视场外的光线不能接收，这对应到光学设计中，是对某个角度入射的光线在像面上的像点大小（弥散斑大小）和位置有一定要求。弥散斑如果比较大，则系统的分辨能力就相应不高。

在光学设计中，像差校正的好坏与透镜的相对孔径 D/f 有很大的关系（ D 为透镜有效口径，即真正符合聚光效果部分的直径， f 为透镜焦距）。一般来讲，简单的单透镜相对口径都在 1:5 以下，所以在焦距 f 一定的情况下，单透镜的有效口径 D 就受到限制。

其次，单片透镜的焦距公式为：

$$1/f = (n-1)(1/r_1 - 1/r_2) + (n-1)^2 d/(n r_1 r_2)$$

式中， r_1 、 r_2 分别是透镜前后两个球面的曲率半径； n 是透镜材料的折射率； d 为在透镜光轴处透镜的厚度。

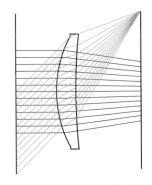

从上面公式可知，在透镜焦距比较小时，接收透镜的半径也比较小，如图 3－20 所示是一个 90° 范围完全接收的透镜，有效口径为 $\phi 1\ \text{mm}$ ，两个面的半径分别为 1.4 mm 和 6.629 mm，透镜的最大口径只能做到 $\phi 1.6\ \text{mm}$ 。

最后，实际透镜的出射距离要比理想情况下的距离短，如图 3－20 所示透镜的出射距离为 0.82 mm 。

图 3－21 是可以接收 15° 范围内的光线的透镜，有效口径为 $\phi 6\ \text{mm}$ ，15° 范围内的光线可以完全接收；图 3－22 是可以接收 30° 范围内的光线的透镜，有效口径为 $\phi 4\ \text{mm}$ ；图 3－23 是可以接收 45° 范围内的光线的透镜，有效口径为 $\phi 2\ \text{mm}$ 。

图 3－20　90° 接收透镜示意图

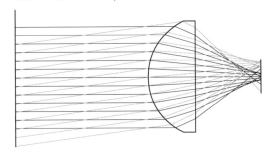

图 3－21　15° 接收透镜示意图

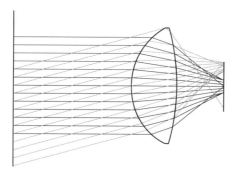

图 3－22　30°接收透镜示意图

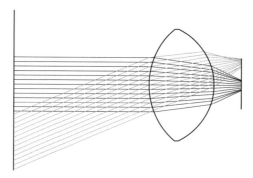

图 3－23　45°接收透镜示意图

从图中可看出，接收视场越宽，极限角度光束会聚的光斑偏离光敏面中心越远，而光敏面面积有限，这使得光能量不能完全被转化。总之在大角度接收情况下，有效通光面积很小，使用球面透镜不能有很好的像质，即不能有很好的能量利用率。

以上几种方案存在的问题是随着接收角度的增大，透镜有效通光面积减少；而且透镜半径较小，这就限制了透镜的最大口径，透镜口径很小，在加工和装配调试时会有问题。本系统对能量也有一定要求，口径小，接收的能量就少，从而导致系统不能很好地实现功能。所以球面单透镜不能很好地实现既定目标。

球面单透镜因为其可以优化的变量有限（在透镜玻璃材料确定的情况下只有两个半径 r_1、r_2 和中心厚度 d 可以进行调节），所以不能很好地达到要求；使用非球面镜可以提高系统的性能。采用菲涅耳透镜来实现的接收光学系统示意图如图 3－24 所示。

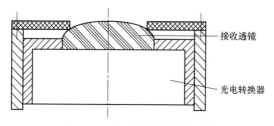

图 3－24　接收光学系统示意图

3.5　信号处理系统设计

信号处理电路的基本功能之一，就是获取反射物与引信之间的距离信息。我们知道，激光往返于弹目之间有一定的时间差，因为光速一定，所以每一个固定的时间间隔都表征一个固定的距离值。信号处理电路正是通过测量这个时间间隔，来提取距离信息的。

在使用高速数字电路测量时间间隔的时候，一般使用脉冲填充法。而脉冲填充法所得到的结果是脉冲的个数，它又是如何与时间间隔相对应的呢？脉冲填充法的核心器件是计数器，它由一定频率的脉冲驱动，在时钟允许端（Clock Enable）有效的时间段里，对脉冲的个数进行计数，由此将时间信息转化为数值信息，其转化关系如下：

$$t_0 = NT_c$$

式中，t_0 为被测的时间间隔；N 为计数值；T_c 是计数脉冲的周期。通过以上两个一一对应的转化关系，距离信息变成了个数信息。数字信号处理电路不需要将个数信息还原成距离信息，而直接处理个数信息，即可达到处理距离信息的效果。

3.5.1　信号处理方案设计

图 3 – 25 所示为数字信号处理电路的总体框图。

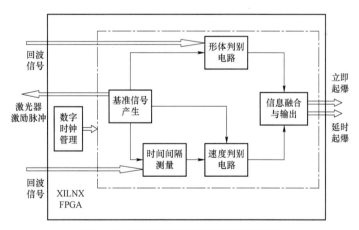

图 3 – 25　数字信号处理电路的总体框图

图 3 – 25 中，按照功能将信号处理的电路划分为 6 个模块：数字时钟管理、基准信号产生、时间间隔测量、速度判别电路、形体判别电路、信息融合与输出。其中数字时钟管理模块为系统内其他模块提供时钟输入。它们都集成在 FPGA 内部。

系统的输入输出有：来自接收机的回波信号输入、激光器激励脉冲输出、立即起爆和延时起爆。回波信号输入是被接收器模拟电路展宽了的回波信号。激光器激励脉冲输出信号提供给激光器 20 ns 宽、周期为 10 kHz 的周期脉冲。立即起爆、延时起爆信号二者同时只有一个有效，哪个有效决定于弹目距离：如果弹目距离小于或等于引信定炸距离，马上起爆，否则输出需要延时的距离信息，供执行机构延时起爆。

3.5.2　距离准则及距离信息获取

可采用的距离准则为：来自探测距离以外物体的回波信号，不对信号处理电路的判断和输出产生影响。若引信设计的探测距离为 50 m，由公式计算得激光往返 50 m 需时 $t_0 = 333$ ns。

如何屏蔽掉 333 ns 后的回波信号呢？传统的方法是使用距离门，其原理是将发射信号展宽（宽度为最大距离回波时间间隔），然后与回波窄脉冲信号做逻辑与，如果窄脉冲在规定时间之后到来，将被滤去。传统距离门原理示意图如图 3-26 所示。

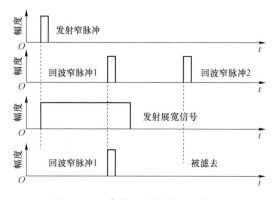

图 3-26　传统距离门原理示意图

但是使用脉冲填充计数法来测量时间间隔时，该方法用发射信号上升沿启动计数器，不论有没有回波信号，计数器都会工作产生计数数值；速度判别电路是对这些计数值进行处理，但是无法知道是否有回波信号。这时滤去回波信号便失去了意义。

另一个问题是：信号的上升沿不能直接控制计数器的开关。使用脉冲填充计数法测量时间间隔时，使用一个宽脉冲（其宽度包含时间间隔信息）控制计数脉冲的开关，这个宽脉冲，需要由发射信号和回波信号合成。常用的方法，是用沿检测电路，检测出发射、回波信号的上升沿后给出两个高电平，然后相与。但是沿检测电路的时钟频率要求非常高，应该起码是时间间隔测量电路频率的 2 倍，而一般的时间间隔测量电路频率已经是器件的极限，无法再提高。因此，无法使用传统的沿检测电路。

使用以下方法，可同时解决以上两个问题，即设置基准信号模块参数。设定激励延时信号 start_wide 的宽为 340 ns，并在 FPGA 外部将回波窄脉冲展宽为 340 ns，通过逻辑运算得到宽脉冲信号 ce_oirginal。当回波信号来自 50 m 内，便能形成表征该距离信息的宽脉冲信号。而若回波信号来自 50 m 以外时，虽然也能形成 ce_oirginal，但其宽度不随物体距离变化，始终为 340 ns。340 ns 时间间隔对应的距离信息是 51 m，大于所需要的 50 m，由此速度判别电路就可以知道该回波信号不是来自探测范围内，因而可不对其做处理。而形体判别电路不使用测得的时间间隔信息，只要在合适的时间对回波展宽信号进行采样，就可以排除 50 m 以外物体的回波信号。具体过程如图 3－27、图 3－28 所示。

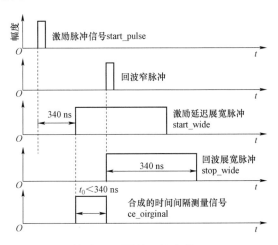

图 3－27　时间间隔测量信号的合成（$t_0 \leqslant 340$ ns）

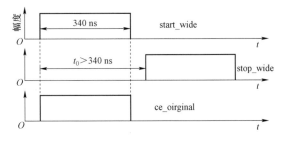

图 3－28　时间间隔测量信号的合成（$t_0 > 340$ ns）

时间间隔测量使用脉冲填充计数法，其基本单元是计数器。计数器的时间测量精度取决于时钟频率，理论上时钟频率越高精度越高。时间精度 τ 的计算公式如下：

$$\tau = 1/f$$

式中，f 为计数器时钟频率，Hz。但是实际中，因为器件性能不同和计数器的算法不同，其能承受的最大时钟频率是有限的。

3.5.3　提高时间测量精度的方法

本节将介绍移相多时钟计数器法，在使用现有器件的前提下将精度翻倍。

图 3－29 所示为单路计数器测量的误差原理示意图。

图 3-29　单路计数器测量的误差原理示意图

从中可见由于首尾的采样时钟没有和宽脉冲的两端对齐，有一定"空隙"，因此产生测量误差。空隙宽度是不定的，但是它有一定的范围——其绝对值小于采样时钟的周期。提高测量精度的本质是提高采样时钟频率。一路计数器的采样时钟有限，而如果采用两路或多路计数器采样，彼此始终错开一定的相位，就可以达到采样时钟翻倍的效果。这便是移相多时钟计时器方法，如图 3-30 所示。

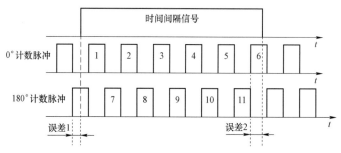

图 3-30　移相多时钟计时器方法误差原理示意图

比较两图可得，误差 2 不变，但是误差 1 减小了。这时最大误差绝对值为单路计数器采样时钟周期的 1/2。同理，使用 0°、90°、180°、270° 四路计数器，理论上能达到 4 倍精度。

但是实际上，器件的承受能力是有限度的。时序逻辑的异步输入端有一定的建立时间（t_s）和保持时间（t_h），异步信号在时钟有效沿前 t_s、在有效沿之后 t_h 时间内保持稳定，时序电路才能正常工作，否则其输出将是浮动的，亦即不确定的（用 X 表示）。本器件的 $t_s = 603$ ps，$t_h = 381$ ps，采样周期减去 $t_s + t_h$ 所得到的时间就是宽脉冲信号可以变化的时间窗口。若四路移相，单路频率为 150 MHz，则采样周期 = 1/600 = 1.667 ns，窗口时间不足 1 ns，这造成很多计数结果都是 X。反复调试试验的结果表明，使用两路移相计数器，每路工作在 150 MHz，相位相差 180° 时，计数结果为 X 的概率大大降低，此时精度达到单路 300 MHz 的效果。

第4章　连续波激光探测

在实际的战场环境中，由于复杂的电磁干扰和烟雾干扰，导致目前装备的无线电体制的引信和采用脉冲体制的激光引信存在一些问题。

本章旨在采用连续波调制光束对激光进行幅度调制，幅度调制时包含单频幅度调制和调频幅度调制，测定调制光往返引信和目标间的相位延迟或频率差，根据相位延迟或频率差可测算出目标距离。连续波激光调制引信具有以下突出优点：

（1）测距精度高。目标距离与相位差一一对应，只要获得相位差，即可获得目标的距离信息。随着技术的发展，基于数字技术的鉴相器或鉴频器具有很高的精度，满足激光引信测距精度的要求。

（2）较强的抗干扰能力。由于以激光为载波，所有的环境干扰仅影响目标回波信号的光强而不会影响包含距离信息的频率，目标距离信息隐含在反射回的调制光波的相位信息中，避免了脉冲激光引信受传输介质影响的问题，较脉冲测距激光引信抗干扰能力有所提高。

（3）接收机较窄的信号处理带宽。经过混频，将信号降低到中频，大大降低了信号处理带宽，降低了接收系统实现的难度。

4.1　连续波激光探测定距体制与理论

连续波激光引信可采用连续波调频（Frequency Modulated Continuous Wave，FMCW）激光定距和连续波调幅（Amplitude Modulated Continuous Wave，AMCW）激光定距两种方式。

连续波调频激光定距，利用其输出在时间上按照三角波调制电压规律变化，利用回波信号和发射信号之间的频率差可以确定定距系统和目标之间的距离。

连续波调幅激光定距是通过对激光的光强进行调制，测量调制信号在待测距离上往返传播所产生的相位变化量，再结合调制光波的波长来计算激光的飞行时间，从而来确定待测距离。

4.1.1　连续波调频激光定距原理

目前使用的脉冲体制的激光引信存在距离盲区的缺点，而采用连续波体制的激光引信能连续测距，具有不存在距离盲区的优势。通常的线性调频方式有锯齿波调频、三角波调频和梯形波调频，三种调频方式的基本工作原理是相同的，但在具体的分析方式上存在不同。当探测运动目标时，由于存在多普勒效应，采用三角波调频可以通过上下扫频段多普勒频率的方向性去除速度/距离耦合现象，而在信号处理部分，采用梯形波调频能直观地检测到信号的起止时间，研究系统的固定误差，便于信号处理算法精确测距的实现。

下面主要分析采用三角波调频的激光引信工作原理。

三角波调频方式在周期 T 内调制信号从起始频率点到终止频率点线性调频，通过比较发射信号和目标回波信号的差频频率来计算目标信息。图 4-1 和图 4-2 说明了在静止目标和运动目标情况下测量三角波上下扫频的差频原理。

1. 静止目标差频分析

对于一个静止目标，由于接收信号不存在多普勒频移的影响，发射信号可以表示为式（4-1），其频率的变化可以表示为式（4-2）：

$$v_{t1}(t) = \cos\left(2\pi f_0 t + \frac{\pi B}{T} t^2\right) \tag{4-1}$$

$$f_{t1}(t) = \exp\left[j2\pi\left(f_0 t + \frac{1}{2}kt^2\right)\right] \tag{4-2}$$

在经过 τ_0 时间延迟后，目标回波信号的频率变为式（4-3）：

$$f_{r1}(t) = \exp\left\{j2\pi\left[f_0(t-\tau_0) + \frac{1}{2}k(t-\tau_0)^2\right]\right\} \tag{4-3}$$

将发射信号与目标回波信号混频之后滤除高频信号，就得到了差频信号或中频信号。对于静止目标，可以看出在上扫频和下扫频阶段得到的差频信号频率是相同的。

$$f_{b1}(t) = f_{t1}(t) \otimes f_{r1}(t) = \exp\left\{j2\pi\left[f_0\tau_0 + kt\tau_0 - \frac{1}{2}k\tau_0^2\right]\right\} \tag{4-4}$$

将携带目标距离信息的差频信号的相位求导，得到上下扫频的瞬时频率为

$$f_{up1} = \frac{d\left(f_0\tau_0 + kt\tau_0 - \frac{1}{2}k\tau_0^2\right)}{dt} = k\tau_0 \tag{4-5}$$

由此可以得到静止目标上下扫频的差频频率相等，可以表示为

$$f_{up1} = f_{down1} = k\tau_0 = k\frac{2r}{c} \tag{4-6}$$

式中，r 表示目标的距离；c 表示光速；k 为扫频频率的变化率。通过对称的三角波扫频得到的上下扫频的差频信号频率，可以得到目标距离为

$$r = \left(\frac{f_{up1} + f_{down1}}{2}\right) \times \frac{c}{2k} \tag{4-7}$$

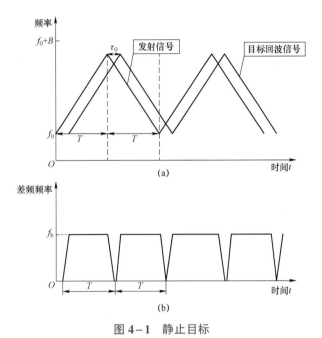

图 4−1　静止目标

（a）三角波调频发射信号和目标回波信号；（b）静止目标的差频信号

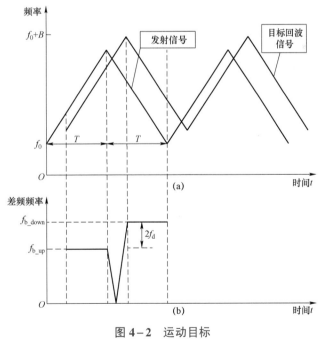

图 4−2　运动目标

（a）三角波调频发射信号和目标回波信号；（b）运动目标的差频信号

图 4-1、图 4-2 中：

f_{b_up} 是上扫频的差频频率；

f_{b_down} 是下扫频的差频频率；

f_b 是差频频率；

τ_0 是目标回波延迟时间；

f_d 是多普勒频率；

f_0 是起始频率；

B 是信号工作带宽；

T 是扫频周期。

另外，在分析中用到的几个参数如下：

$f_t(t)$ 是发射信号；

$f_r(t)$ 是接收信号；

$k = B/T$ 是扫频的变化率。

2. 运动目标差频分析

对于一个运动目标，需要考虑到目标移动时两者之间产生的相对速度 v_r，引信与目标之间的相对速度就产生了多普勒频移，大小为 $2f_0 v_r/c$。对于运动目标的分析，其发射信号与静止目标的相同，但在接收信号中包含了发射、接收来回产生的两倍多普勒频移，在这段时间内的接收频率变为

$$f_{r2}(t) = \exp\left\{ j2\pi\left[f_0(t - \tau_0) + \frac{1}{2}k(t - \tau_0)^2 + 2f_0\frac{v_r}{c}(t - \tau_0) \right] \right\} \quad (4-8)$$

将发射信号同含有多普勒频移的目标回波信号混频后得到的上扫频的差频频率变为

$$f_{b\_up}(t) = \exp\left\{ j2\pi\left[f_0\tau_0 + \left(k\tau_0 + 2f_0\frac{v_r}{c} - 2k\tau_0\frac{v_r}{c} \right)t - \frac{1}{2}\tau_0^2 k + 2\frac{k}{c}\left(v_r - \frac{v_r^2}{c} \right)t^2 \right] \right\}$$
$$(4-9)$$

在差频瞬时频率的表达式中求取差频频率，去除常量，忽略变量的二次方项，对相位的变化求导，得到在上扫频阶段的差频频率瞬时表达式为

$$f_{up2} = \frac{d\left[\left(k\tau_0 + 2f_0\frac{v_r}{c} - 2k\tau_0\frac{v_r}{c} \right)t \right]}{dt} = k\tau_0 + 2f_0\frac{v_r}{c} - 2k\tau_0\frac{v_r}{c} \approx k\tau_0 + f_d \quad (4-10)$$

上扫频周期内差频的近似取值是由于 $2k\tau_0\dfrac{v_r}{c} = 2k\dfrac{2r}{c}\dfrac{v_r}{c} = 4kr\dfrac{v_r}{c^2} \ll 1$，相对于调制带宽的量级可以忽略。

对于下扫频周期来说，由于调制斜率为负值，其产生的多普勒频移也为负值，此时，下扫频周期内的差频频率表达式为

$$f_{b\_down}(t) = \exp\left\{ j2\pi\left[f_0\tau_0 + \left(k\tau_0 - 2f_0\frac{v_r}{c} - 2k\tau_0\frac{v_r}{c} \right)t - \frac{1}{2}\tau_0^2 k + 2\frac{k}{c}\left(v_r - \frac{v_r^2}{c} \right)t^2 \right] \right\}$$

$$（4-11）$$

通过相位对时间求导，得到瞬时频率变化的表达式为

$$f_{down2} = \frac{d\left[\left(k\tau_0 - 2f_0\frac{v_r}{c} - 2k\tau_0\frac{v_r}{c} \right)t \right]}{dt} = k\tau_0 - 2f_0\frac{v_r}{c} - 2k\tau_0\frac{v_r}{c} \approx k\tau_0 - f_d \quad （4-12）$$

通过对三角波调频上下扫频周期内的频率变化式分析得到

$$f_{up2} + f_{down2} = k\tau_0 + f_d + k\tau_0 - f_d = 2k\tau_0 = 2k\frac{2r}{c} \qquad （4-13）$$

因此，距离表达式可以写为

$$r = \frac{f_{up2} + f_{down2}}{2} \times \frac{c}{2k} \qquad （4-14）$$

相对速度 v_r 可以通过上下扫频周期的频率变化式中多普勒频移推导出来，即

$$f_{up2} - f_{down2} = k\tau_0 + f_d - (k\tau_0 - f_d) = 2f_d = 4f_0\frac{v_r}{c} \qquad （4-15）$$

结果可以得到相对速度 v_r 为

$$v_r = \frac{f_{up2} - f_{down2}}{4} \times \frac{c}{f_0} \qquad （4-16）$$

4.1.2　连续波调幅激光定距原理

连续波调幅激光定距是通过对激光的光强进行调制，测量调制信号在待测距离上往返传播所产生的相位变化量，再结合调制光波的波长来计算激光的飞行时间，从而来确定待测距离。连续波调幅激光定距通常适合近距离测量，可达到毫米量级。

由于光波本身的频率高达 10^{11} Hz 以上，直接测量如此高频率的信号是十分困难的，因此在采用连续波调幅激光定距时通常对激光进行调制。假设调制频率为 f，波长为 λ，调制波形为正弦波。设 B 点为接收位置，A 点是发射位置，在实际情况中 A、B 为同一点，$AC = CD$，$AD = 2D$，激光经过 AD 后发生的相移为 $\Delta\varphi$，激光的飞行时间为 t，连续波调幅激光定距原理如图 4-3 所示。

由上分析可得待测距离 D 为

$$D = \frac{1}{2}ct = \frac{c}{2} \cdot \frac{\varphi}{2\pi f} = \frac{c}{2f} \cdot \frac{2\pi m + \Delta\varphi}{2\pi}$$

$$= \frac{\lambda}{2}(m + \Delta m) = D_s(m + \Delta m) \qquad （4-17）$$

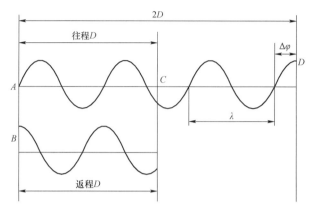

图 4-3　连续波调幅激光定距原理

式中，D_s 为半波波长，称为测尺长度；m 为光波飞行过程中的整周期数；Δm 为不足 2π 的余数；待测距离 D 等于调制波波长的一半乘以整波数与余波数之和。在实际的测量中，调制波的整周期数 m 是无法知道的，被称为模糊距离。只能测定长度为 $D < \lambda/2$ 的距离，也就是说只能测量余角 $\Delta\varphi$。因此，要测量大于半波波长的距离需要多个测尺频率测量，即采用较低频率的测尺来测量整数周期的个数 m，再采用一个较高频率的测尺来确定尾数 $\Delta\varphi$，这样就解决了高精度与大量程之间的矛盾。

　　对于短程测距，一般采用分散的直接测尺频率方式，即只需设定粗测和精测两个测尺频率，其中用粗测测尺保证测距距离，精测测尺保证测距精度。测尺频率对应的测距方程组为

$$D = \frac{1}{2}c\left(\frac{m_1}{f_1} + \frac{\Delta m_1}{f_1}\right) \qquad (4-18)$$

$$D = \frac{1}{2}c\left(\frac{m_2}{f_2} + \frac{\Delta m_2}{f_2}\right) \qquad (4-19)$$

在测程范围内，$m_2 = 0$，则有

$$\frac{m_1}{f_1} + \frac{\Delta m_1}{f_1} = \frac{\Delta m_2}{f_2} \qquad (4-20)$$

所以

$$m_1 + \Delta m_1 = \frac{f_1}{f_2}\Delta m_2 \qquad (4-21)$$

　　系统可以测量出确定的 Δm_1 和 Δm_2，因此由式（4-21）可以确定唯一的 m_1 值，由此可以得到完整的测量结果。例如，测量 586.74 m 的距离时，选用测尺频率为 150 kHz、测尺长度为 1 000 m 的调制激光作为粗尺，测出不足 1 000 m 的尾数 586 m，选用测尺频率为 15 MHz、测尺长度为 10 m 的调制激光作为精尺，测出不足 10 m 的尾数 6.74 m，综合两者可得最终测量结果为 586.74 m。

对于中长程的测距，采用集中的间接测尺频率方式，需进一步扩展测程，而精度又要保持不变，就需要两个以上的测尺频率。一般情况下，测尺的组合有以下两种方法。

（1）直接测尺测量：即测尺长度和调制频率直接对应的测距方法。例如，调制频率为 15 MHz、1.5 MHz、150 kHz、15 kHz，它们分别对应的测尺长度为 10 m、100 m、1 km、10 km，可以看出最高调制频率是最低调制频率的 10^3 倍，这种方式由于高低频率相差比较悬殊，使得硬件电路难以保证各调制频率具有相同的增益和相移稳定性。

（2）间接测尺测量：就是采用一组接近的调制频率，间接获得各个测尺的一种方法。利用两个测尺频率 f_1 和 f_2 分别测量同一距离，所得的相位尾数差为 $\Delta\varphi$，即（$\varphi_1-\varphi_2$）与用调制频率为（f_1-f_2）测量这一距离所得的相位差尾数 $\Delta\varphi$ 相同。例如，用 $f_1=15$ MHz，$f_2=13.5$ MHz 的调制频率测量同一距离的相位差尾数与用 $f=f_1-f_2=1.5$ MHz 的调制频率测量该距离得到的相位差尾数相同，利用这种方法就解决了因调制频率相差悬殊而造成复杂的硬件电路设计问题，保证了电路系统各部分能获得相近的增益和相移的稳定性。

表 4-1 给出了间接测尺频率、相当测尺频率、测尺长度和精度之间的关系，可见间接测尺频率方式的各间接频率相当接近，最高调制频率和最低调制频率仅差 1.5 MHz，五个间接测尺频率都集中在比较窄的频带范围内，这样就能统一各个调制频率的振荡器。

表 4-1　间接测尺选择

间接测尺频率	相当测尺频率	测尺长度	精度
$f=15$ MHz	15 MHz	10 m	1 cm
$f_1=0.9f$	1.5 MHz	100 m	10 cm
$f_1=0.99f$	150 kHz	1 km	1 m
$f_1=0.999f$	15 kHz	10 km	10 m
$f_1=0.9999f$	1.5 kHz	100 km	100 m

在相位式激光测距中，无论如何选择测尺频率，在信号处理时都要采用差频测相原理测量相位。由于信号频率越高对于相位测量误差越大，对于 A/D 采集芯片的要求也越高，所以采用差频测相原理可以将高频信号转化为中频或低频信号进行相位测量。信号频率变低后，信号的周期扩大了几十倍甚至几千、几万倍，同时对接收器件的频率响应要求也相应降低。

连续波调幅激光定距方法的特点是距离分辨率比较高，通常相位分辨率达到一个周期（2π）的 1/1 000 是非常容易的。由连续波调幅激光定距的原理可以知道，只要调制频率变高，相应的相位的分辨率也会提高。例如，调制频率为 300 MHz 的正弦波，其相位的分辨率可达到 1/4 000，由式（4-18）可知距离分辨率为 0.12 mm。对于相位式激光测距，当调制频率提高时，一方面它的测距量程会变短，另一方面对调制频率信号源要求也会提高，因此测量距离和测量精度在相位式激光测距中是一对矛盾。要实现高精度和大量程两个技术指标，就必须用不同频率的测尺相互配合，这样就增加了电路的复杂程度。

4.2 连续波激光探测系统方案设计

4.2.1 连续波调幅激光探测系统总体方案设计

连续波调幅激光探测系统主要由激光调制发射电路、激光探测接收电路、信号处理电路组成。激光调制发射电路主要由调制信号生成电路、半导体激光器和激光调制电路构成。激光探测接收电路由雪崩光电二极管（APD）光电探测器和跨导放大器构成；信号处理电路主要由混频电路、滤波电路、自动增益电路（AGC）和数字鉴相电路构成。连续波调幅激光探测系统总体框图如图 4-4 所示。

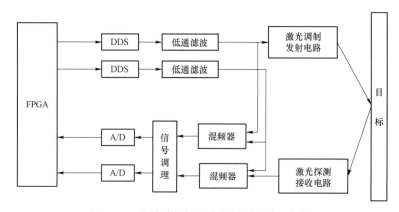

图 4-4 连续波调幅激光探测系统总体框图

FPGA 控制两路 DDS（直接数字式频率合成器）分别产生主振和本振信号，主振信号经过低通滤波器进入激光调制发射电路产生调制光，同时主振信号和本振信号进行混频得到中频的参考信号，该参考信号主要用于与中频的回波信号进行比较得到相位差。调制光经过目标反射进入激光探测接收电路，回波信号和本振信号进行混频得到中频的回波信号。中频参考信号和中频回波信号进入信号调理电路之后，经 A/D 采集进入 FPGA 进行数字鉴相。

4.2.2 连续波调频激光探测系统总体方案设计

连续波调频激光探测系统，主要包括这几个部分：激光调制发射模块、激光回波接收模块、发射接收光学系统，以及最终的信号处理模块。其方案框图如图 4-5 所示。

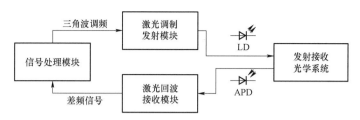

图 4-5　连续波调频激光探测系统总体框图

在模块方案确定以后，第一步需要设计连续波调频信号发生器，将产生的调频信号作用于半导体激光二极管上，调制激光光强，同时，还需设计激光发射光学系统，将发散的半导体激光二极管发光光束进行准直；调制激光在遇到目标后产生漫反射，漫反射回波经过激光接收光学系统聚集后进行光电转化，通常得到一个微弱的信号，必须经过前置放大。采用调频连续波的工作原理，将发射的本振信号与经过一定时间延迟的目标回波信号混频输出差频信号，这个差频信号就包括了目标的距离信息，经过滤波和自动增益的进一步调整，保证信号输出的稳定性后，由模/数转换芯片采样，将离散的差频信号进行数字信号处理，测量频率，由调频连续波的测距公式计算得到最终的目标距离，在达到预定的炸高后，输出起爆控制信号，引爆战斗部。具体的实施方案如图 4-6 所示。

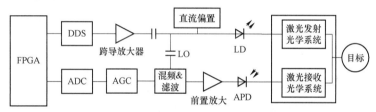

图 4-6　连续波调频激光探测系统总体方案设计

根据引信小型化发展的要求，在系统设计时需要兼顾系统的性能及尺寸。考虑到在抗干扰方面的信号算法实现的复杂性，选择大规模逻辑可编程器件 FPGA 做信号处理平台芯片，同时，发挥控制可靠性方面的优势，可以为 DDS 设计调频信号发生器提供控制字输出。

采用 5 mW 小功率半导体激光二极管，由于半导体激光器的体积小、结构简单、输入能量低、寿命较长、易于调制且价格低廉，半导体激光二极管在一定的范围内由电流注入工作，因此需要固定的直流偏置使之工作在发光状态。同时，DDS 输出的调频信号经过跨导放大器转换为调制电流，以改变激光二极管的光强。

通过设计一定指标的光学系统，完成激光二极管发射光束的准直，并将照射目标的回波进行聚焦后转化为光电流信号，通常得到的微安级别的微弱光电流需要由跨导放大器放大到几百毫伏的电压信号，通过将发射信号同接收信号混频后输出携带了距离信息的差频信号，对含有高频杂波的差频信号滤波，并采用自动增益电路提高系统的动态范围。

得到的差频信号经过模/数转换器采样量化后由 FPGA 读取存入内部的存储器中，通过测得频率值就可以计算出目标距离信息。

4.3 发射系统设计

连续波激光发射子系统主要产生强度受线性信号调制的激光信号，并经过准直后发射。发射子系统由 FPGA 通过控制接口对 DDS 芯片进行配置产生振荡信号或者三角波调频信号，线性信号通过由跨导放大器构成的激光驱动电路进行压流转换以驱动半导体激光二极管，实现对激光载波的强度调制，同时把这个信号作为本振信号传送给接收系统，经调制后的激光光强信号通过发射光学系统准直后发射到空间中，如图 4-7 所示。

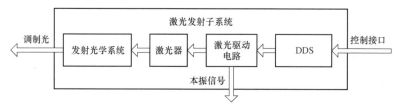

图 4-7 激光发射模块结构

4.3.1 线性信号发生器

信号发生器利用 FPGA 来完成 DDS 芯片 AD9954 的初始化配置。内部的线性扫频模式只需要对五个控制参数就能进行控制，可以产生三角波调制的线性调频信号和单频的正弦信号，输出信号最大峰峰值为 1 V。

AD9954 芯片利用外部频率为 25 MHz 的晶体作为 DDS 参考时钟，通过片内锁相环倍频 16 倍得到 400 MHz 的系统时钟，可以输出最大 160 MHz 的波形。通过接口 IO_UPDATE、PS0、SDIO、SCLK、CS-、IOSYNC、RESET 可以方便地配置芯片的线性扫频模式。线性扫频模式控制字见表 4-2。

表 4-2 线性扫频模式控制字

寄存器	地址指示位	数据位
CFR1	0X00	0X00200000
CFR2	0X01	0X000084
FTW0	0X04	0X06666666
FTW1	0X06	0X46666662
NLSCW	0X07	0X010001A36F
PLSCW	0X08	0X010001A36F

利用 FPGA 产生的频率控制字控制 AD9954，产生调频范围为 10～110 MHz、调频周期 200 μs 的三角波线性调频信号，输出信号最大峰峰值为 1 V，如图 4-8 所示，通道 1 为三角波调频信号的周期同步信号，通道 2 为三角波调频信号时域波形，可以看出调频信号幅度平坦度受到一定的影响。

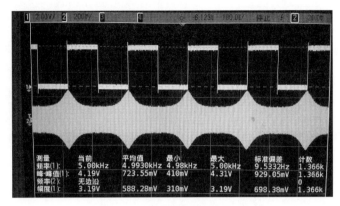

图 4-8　线性调频信号时域波形

对 DDS 正确配置后，输出的差分电流信号经过 RF 变压器转化为单端信号后，设置椭圆滤波器滤除时钟干扰，RF 变压器和椭圆滤波器的原理如图 4-9 所示。

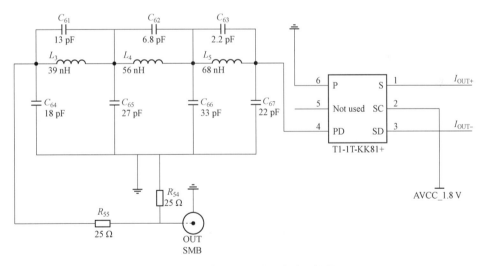

图 4-9　RF 变压器和椭圆滤波器的原理

4.3.2　激光驱动电路

激光驱动电路产生半导体激光器所需的工作电流，分别由跨导放大器产生调制电流和偏置电路产生激光器工作的偏置电流，当驱动电流经过激光二极管时调制了输出的光强。

激光的调制可分为外调制和内调制两种方式，外调制就是在激光产生之后，在光路上放置调制器，当激光通过调制器时，调制光波的某个参量，如光电调制、声光调制和磁光调制等。内调制是在激光的振荡过程中对激光进行加载，激光的输出可随激光器腔内部的变化而改变，产生幅度调制（AM）、光频率调制（FM）和脉冲调制（PM）。

通过控制电流对半导体激光器进行幅度调制，必须将半导体激光器直流偏置在激光发光的阈值点上，以免阈值处输出曲线突然扭折。图 4-10 所示为调幅半导体激光器输出特性曲线。

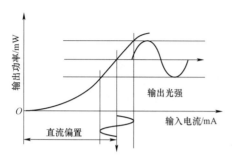

图 4-10　调幅半导体激光器输出特性曲线

图 4-10 所示的直流电流调制方法，其调制深度为

$$\eta = \frac{p_\mathrm{p} - p_\mathrm{min}}{p_\mathrm{p}} \qquad (4-22)$$

式中，p_p 为峰值光功率；p_min 为最小光功率。半导体激光器在线性响应范围内最大调制深度为

$$\eta_\mathrm{max} = \frac{p_\mathrm{p} - p_\mathrm{t}}{p_\mathrm{p}} \qquad (4-23)$$

式中，p_t 为阈值点的光输出功率。p_t 通常为 p_p 的 5%～10%，所以理论上最大调制深度能大于 90%。

可见对于半导体激光器器件，阈值电流为一定值，偏置电流一定，调制电流幅度越大，则调制深度也越大。调制深度过大，易进入饱和区，导致信号失真，因此电路中要选用合适的调制电流。

半导体激光器为电流驱动元件，因此选用 Burr-Brown 公司生产的宽带运算跨导放大器 OPA660。它内部含有宽带、双极性的集成电压控制电流源（运算跨导放大器 OTA）和电压缓冲放大器，激光电流调制电路如图 4-11 所示。

只有在激光二极管工作的直流偏置点附近进行小范围内调制时，调制电流转化为光功率才具有较好的线性度，随着调制范围的增大，输出光功率的非线性也相应地增大了。为了使激光二极管在正常工作的电流范围内能线性工作，并且增大调制范围，需要增加均衡补偿电路，可以部分改善调制的线性度并拓展调制的范围。

为了保证发射信号与接收信号的一致性，将激光二极管两端的电压信号作为混频器的本振信号输入，以减小 DDS 信号的传播延时和相位变化对混频时与接收信号不一致产生的误差。

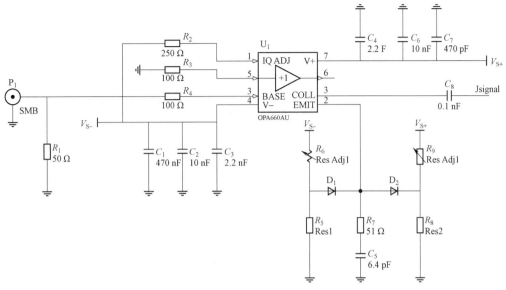

图 4-11 激光电流调制电路

4.4 接收系统设计

对激光接收子系统电路的要求是具有很高的光电灵敏度、较宽的信号带宽、较高的信号增益和较低的噪声。激光接收系统结构框图如图 4-12 所示，该系统包括接收光学系统、雪崩光电探测器（Avalanche Photodiode，APD）、混频器、低通滤波器和 AGC 等部分。目标反射的微弱的激光回波信号首先经由接收光学系统会聚至光电探测器，光电探测器将激光信号转化为相应的电信号，再与本振信号进行混频，生成包含目标信息的中频信号，经由低通滤波器滤除高频噪声后进行 AGC 放大，增大系统的动态范围。

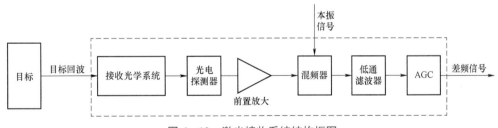

图 4-12 激光接收系统结构框图

目标反射回来的回波信号需要通过接收光学系统，将入射的光束聚焦后照射到光电探测器的光敏面上。当接收光学系统的增益提高的时候可以接收到更多的反射光信号，但进入光电探测器的杂散光信号也会增强，因此需要设计合理的接收光学系统，平衡接收到的光信号和杂散光信号，提高信噪比的值。另外，整个光学系统应该结构简单、体积小、成本低。

4.4.1　APD 高压偏置电路

APD 正常工作时，需要给其提供合适的偏置高压来使得 APD 获得足够高的 APD 内部增益。不同的 APD 所需的偏置电压不同，有的只需要几十伏，而有的则需要上百伏。APD 高压偏置电路采用的是升压式 DC/DC 变换电路，经过倍压电路获得高压。

升压式 DC/DC 转换器的基本原理如图 4-13 所示。

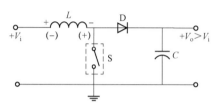

图 4-13　升压式 DC/DC 转换器的基本原理

升压 DC/DC 电路比较适用于输出电流比较小的电路，图 4-13 中的开关 S（实际应用一般为三极管或场效应管）表示为转换器的开关作用。当开关 S 闭合时，功率电感上有电流通过而进行储能，电压极性为左正右负，使得二极管截止，电容 C 中存储的电能（$CV_o^2/2$）供给负载。当开关 S 断开时，电感 L 的电流不能突变，电感 L 产生感应电动势防止电流减小，从而 L 上产生左负右正的反向电动势，使得二极管 D 导通。电感中 L 存储的能量（$LI^2/2$）经过二极管 D 向负载供电，维持输出电压 V_o 不变，同时对电容 C 充电。也就是说，只要开关的频率足够高，V_o 的电压就恒定不变。

4.4.2　APD 光电转换电路

由于目标回波信号比较微弱，采用带有内部增益的雪崩光电二极管来探测目标回波信号，APD 的驱动电路包括偏置电压电路和跨导放大器电路两个部分。其中，偏置电压保证 APD 的偏置增益，在不超过击穿电压的情况下，APD 的增益随偏置电压的增大而增大，其结抗电容则相反，随着偏置电压的增大而减小。所以，电压越高，电路的响应速度就越快。选用自带跨导放大器的集成 APD 管，它能在 1 GHz 的宽频带下工作。APD 工作原理如图 4-14 所示。

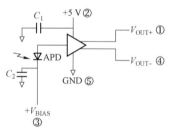

图 4-14　APD 工作原理

在探测微弱的激光回波时要求光电探测器具有较好的接收灵敏度和动态范围，对于 635 nm 的激光二极管，从图 4-15 中可以看出其接收的灵敏度为 0.45 A/W 左右。

同时，APD 所需要的高压偏置对增益影响较大，为了减少噪声，从图 4-16 中选择 APD 在达到最佳增益 200 时的偏置电压为 156 V。

假设激光后向散射后能接收到的能量为 1 μW，那么 APD 产生的电流就等于（0.45 A/W）×（1×10^{-6} W）= 0.45 μA。根据图 4-16 的增益系数 200，则输入到放

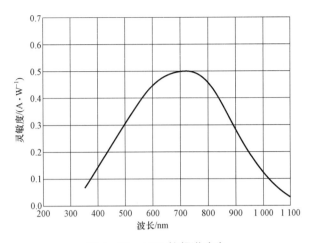

图 4-15　APD 的频谱响应

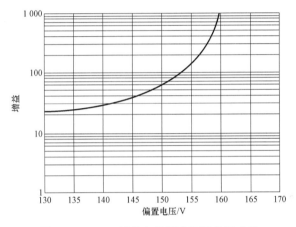

图 4-16　APD 增益与偏置电压的关系曲线

大器的电流为 90 μA，根据适用的跨导放大器可以得到输出的电压峰峰值接近 200 mV，总增益达到了 110 dB。同时，由于跨导放大器的线性范围的最小值为 40 μApp，在相同条件下，APD 正常工作最小需要的接收能量为 0.5 μW。在得到了系统最小接收能量值后，在相同的条件下可以计算出不同发射功率下系统能探测到的最大距离值。对于 5 mW 的激光发射功率，采用的 APD 最小接收能量为 0.5 μW，发射光学传输系数和接收光学传输系数分别为 86% 和 100%，接收系统的通光孔径为 20 mm，在不考虑发射接收增益且反射系数为 1 时的目标其最大探测距离约为 10 m，在实际测量中还需对不同目标的发射系数进行标定以得到探测距离的实际值。

4.4.3　APD 前置放大电路

前置放大电路是光电转换电路和后续信号处理电路中间的桥梁，因此前置放大电路的好坏直接影响到后续信号的处理电路的性能。在前面的章节中提到，APD 将光电信号转换成微弱的电流信号，而 A/D 转换只能对电压信号进行采样，所以前置放大电路对信号做了一个 $I-V$ 转换。$I-V$ 转换电路有很多种，跨导放大器由于具有输入阻抗高、噪声低、输出阻抗低、动态范围宽等特性而被广泛应用，可选用 TI 公司的 OPA8477 设计跨导放大电路，如图 4-17 所示。

对于一定的运算放大器，其 GBP（Gain Bandwidth Product）是固定的，C_{DIFF}（芯片输入的寄生差分容值），C_{CM}（芯片输入的寄生共模容值）也是固定的，选定了雪崩光电二极管，其寄生容值 C_D 也就固定了，在跨导放大器的倍数一定的情况下，放大器能达到 -3 dB 闭环带宽大约为

$$f_{-3\,dB} = \sqrt{\frac{GBP}{2\pi R_F C_S}} \qquad (4-24)$$

式中，$C_S = C_D + C_{CM} + C_{DIFF}$。由于寄生电容 C_S 和 R_F 会在噪声增益曲线上形成一个零点，导致运放的开环增益曲线和噪声增益曲线相交处的逼近速度为 -40 dB/dec，于是就造成了运算放大器的不稳定，即产生自激振荡。其波特图如图 4-18 所示。

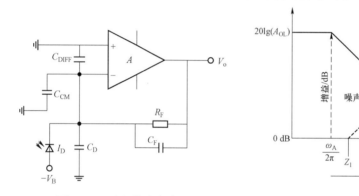

图 4-17 跨导放大电路　　　　　图 4-18 运算放大器未补偿时的波特图

因此要达到一个稳定的工作状态，就需要采用 C_F 来作补偿，在该曲线中引入一个极点。补偿后的波特图如图 4-19 所示。

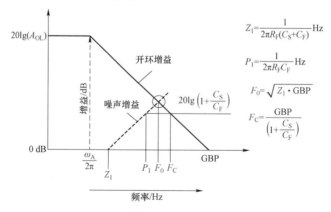

图 4-19 运算放大器补偿后的波特图

所以要让运算放大器稳定工作，且达到最宽的二阶 butterworth 频响，其 C_F 的取值如下：

$$\frac{1}{2\pi R_F C_F} = \sqrt{\frac{GBP}{4\pi R_F C_S}} \qquad (4-25)$$

对于未进行补偿的运算放大器的增益要求，就是其增益要大于其最小稳定增益。在高频下，其增益表达式如下：

$$Gain = 1 + \frac{C_S}{C_F} \qquad (4-26)$$

4.4.4　混频滤波与增益控制

混频器将本振信号 LO 与激光回波信号 RF 混频得到差频信号。为了使混频器能正常工作，在输入的本振一定的情况下，需要确认激光回波的 RF 信号功率能够达到混频所需要的最小值，同时也制约了激光探测的最大距离即探测器接收到的最小功率。

混频电路的原理如图 4－20 所示。

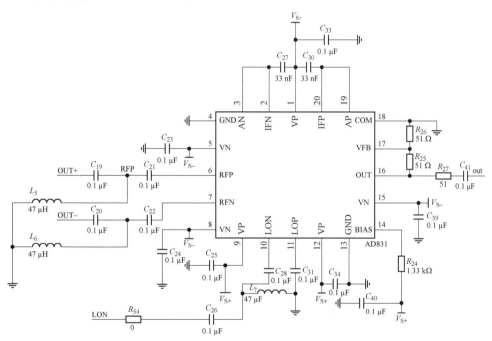

图 4－20　混频电路原理图

混频后的输出通过容值设置可设计成为低通滤波，滤除部分高频信号，通过阻值设置可以提高输出的增益系数。但输出的中频信号还是叠加了很多高频噪声，需要进一步滤波。

混频之后的中频信号带有强烈的高频噪声，对于要求的测距范围，差频信号的范围为 10～100 kHz，通过设置低通滤波器，可以很好地滤除高频噪声，利于后续的信号处理。采用四阶有源滤波器来设计低通滤波器，可通过设置不同的电阻来实现巴特沃斯、切比雪夫和贝塞尔型的高通、低通、带通滤波器。本书设计的四阶低通滤波器截止频率为 200 kHz，满足频率特性要求，如图 4-21 所示。

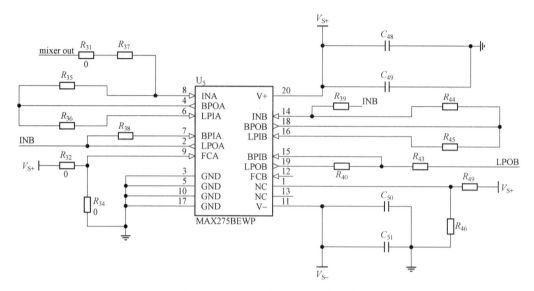

图 4-21 四阶巴特沃斯低通滤波器

当探测目标的距离发生变化的时候，由 APD 探测的光强也会发生变化，导致输出的电压幅值不稳定，为了实现距离测量的动态范围响应，通常需要设置一个自动增益电路（AGC）来稳定输出幅值。图 4-22 所示为闭环反馈的 AGC 系统，该环路包括一个可变增益单元、一个电压检测器、一个稳定的基准电压源和一个比较器。

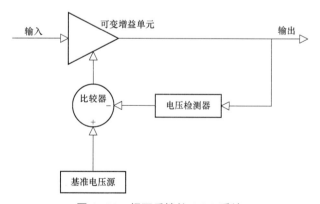

图 4-22 闭环反馈的 AGC 系统

4.5　烟雾后向散射干扰及抗干扰方法

烟雾环境中的后向散射是影响 FMCW（Frequency Modulation Continuous Wave）激光引信在烟雾环境中测距精度和可靠性的主要原因。在烟雾环境中，当激光发射后，一部分光子照射到气溶胶分子后发生后向散射，然后沿发射光路原路返回，与目标反射后的回波信号一起被光电探测器接收。然而后向散射回波信号并没有达到目标，所以不包含目标信息，当烟雾浓度一定时，差频信号中后向散射信号干扰对应的频谱幅度会影响目标回波对应的频谱幅度峰值的提取，严重影响 FMCW 体制激光测距精度。

4.5.1　气溶胶后向散射信号计算模型

激光在烟雾环境中传输受到大量气溶胶分子形成的后向散射干扰，这是影响差频信号频率提取的重要干扰因素，本节将进行定性和建模分析。

参考 FMCW 探测原理对 FMCW 激光发射信号定义如下：

$$S_{send}(t) = A_0 \cos\left[2\pi\left(f_1 t + \frac{1}{2}kt^2\right) + \phi_0\right] \qquad (4-27)$$

激光在烟雾中传输，回波信号中同时包含目标回波信号和气溶胶后向散射信号，回波信号定义如下：

$$S_{back}(t) = K_r(t)S_{send}(t - \Delta t_{ob}) + K_b(t)S_{send}(t - \Delta t_{bk}) \qquad (4-28)$$

式中，$K_r(t)$ 为目标回波光电流幅度；Δt_{ob} 为目标回波延时；$K_b(t)$ 为烟雾中气溶胶后向散射干扰回波光电流幅度；Δt_{bk} 为后向散射回波延时。探测系统接收到的回波信号 $S_{back}(t)$ 与本振信号混频后产生差频信号 $S_{beat}(t)$，表达式如下：

$$S_{beat}(t) = \frac{1}{2}K_r(t)\cos(2\pi f_b t + \varphi_b) + \frac{1}{2}K_b(t)\cos(2\pi f_{bk} t + \varphi_{bk}) \qquad (4-29)$$

从式（4-29）可以看出差频信号 $S_{beat}(t)$ 中包含两个频率成分，f_b 由目标反射回波引起，是反映目标信息的频率，f_{bk} 为后向散射干扰信号引起的频率，φ_b 和 φ_{bk} 分别为目标和后向散射引起的相位延迟。对式（4-29）差频信号采用矩形窗函数进行加窗截取后进行 FFT 计算如下：

$$S_{beat}(f) = FFT\{S_{beat}(t)\} = FFT\left\{\frac{1}{2}K_r(t)\cos(2\pi f_b t + \varphi_b)\right\} + FFT\left\{\frac{1}{2}K_b(t)\cos(2\pi f_{bk} t + \varphi_{bk})\right\}$$

$$(4-30)$$

进一步化简得

$$S_{\text{beat}}(f) = \frac{1}{4}[e^{-j\varphi_{ob}}K_r(f+f_{ob}) + e^{j\varphi_{ob}}K_r(f-f_{ob})] +$$
$$\frac{1}{4}[e^{-j\varphi_{bk}}K_b(f+f_{bk}) + e^{j\varphi_{bk}}K_b(f-f_{bk})] \qquad (4-31)$$

式中，$K_r(f) = \text{FFT}\{K_r(t)\}$，$K_b(f) = \text{FFT}\{K_b(t)\}$ 分别表示烟雾环境中目标回波信号和后向散射干扰对应的频谱幅度值。由式（4-31）分析可得，在烟雾环境中得到的差频信号中始终包含着气溶胶粒子后向散射干扰信号。在烟雾浓度较低时，对混频后的差频信号进行 FFT 计算得到频谱幅度，此时 $K_r(f) > K_b(f)$，可以通过频谱幅度最大值确定目标回波对应的频率 f_{ob}，利用距离公式可以计算得到目标距离信息。然而在烟雾干扰环境中当后向散射干扰信号频率 f_{bk} 对应频谱幅度 $K_b(f)$ 足够大时，即 $K_r(f) < K_b(f)$，通过频谱幅度峰值提取 f_{ob} 会受到后向散射严重干扰，进而影响 FMCW 体制激光引信对目标的定距精度。图 4-23 所示为烟雾环境中 FMCW 激光引信差频信号频域图，可以看出主要包含目标信号（与频谱幅度最大点频率对应）、后向散射干扰、随机噪声。随着烟雾浓度的增大，烟雾后向散射信号和随机噪声逐渐增大，同时接收到的目标信号能量逐渐减小。其中随机噪声信号主要分布于高频，可以通过滤波处理，但是烟雾中形成的后向散射干扰处于低频，与目标信号对应频率距离较近，且差频信号频谱在引信作用过程中随着弹目距离变化而改变，是随机非平稳信号，常用的滤波方法难以滤除，所以激光烟雾环境中后向散射干扰成为提取目标回波信号的主要干扰因素。

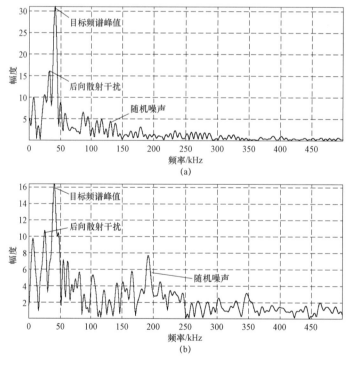

图 4-23 烟雾环境中 FMCW 激光引信差频信号频域图

（a）中度烟雾浓度环境中差频信号频域图；（b）高度烟雾浓度环境中差频信号频域图

以上对激光烟雾环境中后向散射干扰和噪声进行了定性分析，主要针对后向散射信号干扰。下面通过建立激光引信烟雾环境中气溶胶后向散射计算模型，可以定量分析烟雾环境中后向散射信号的形成，定量计算激光烟雾环境中后向散射干扰对接收端信噪比的影响，对研究激光抗烟雾干扰具有十分重要的理论指导意义。

为了定量分析气溶胶后向散射对 FMCW 体制激光引信回波信号的干扰，建立图 4-24 所示计算模型。FMCW 激光探测系统的探测距离较小，光学厚度远小于 0.1，所以仅考虑单次散射，同时由于大气中气溶胶粒子的粒子半径分布在 1 μm 左右，其粒径与激光引信常采用的波长相近，在这种情况下主要考虑米耶散射。

假设在短时间 T 内气溶胶粒子相对静止。模型中 APD 光电探测器光敏面半径为 d（微米级），APD 到目标的距离为 R，由于激光发射接收光学系统中 APD 探测器到激光二极管的距离远远小于目标距离，可以忽略。在实际应用中，激光二极管发射光经过准直后也存在一定的发散，达到目标后光斑明显增大，光斑通常在厘米级。所以可以认为激光在烟雾传输过程中，发生气溶胶后向散射的粒子存在于沿发射光路的一定区域内。由于激光二极管和 APD 光电探测器距离远小于目标距离，所以模型中以 APD 接收为准，建立以 APD 光敏面半径 d 为底面半径、长度为 R 的圆柱体，将圆柱体空间近似为 APD 能够接收到气溶胶后向散射干扰的区域，因此，我们对该圆柱体范围内所有气溶胶粒子产生的后向散射信号进行计算，即可近似计算 APD 探测到的后向散射信号总和。

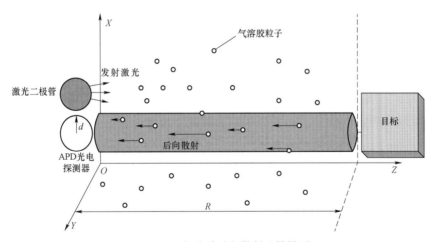

图 4-24　气溶胶后向散射计算模型

模型中气溶胶粒子数量与粒径分布有关，这里我们主要考虑气溶胶粒子的尺度分布。各种类型的气溶胶形态不同，尺度分布差异较大，但平均而言具有一定的分布形式，可用经验公式表示。常用的粒子谱分布形式有三种，即幂指数分布、归纳的谱型（修正的 Γ 谱）和对数正态分布（log-normal），具体如下：

1）幂指数分布

$$n(r) = ar^{-(\Lambda+1)} \tag{4-32}$$

幂指数分布（Junge distribution）常用于描述海洋性粒子、粉尘及飞机尾气粒子。式（4-32）中，r 为粒子半径；Λ 为分布指数，是与粒子浓度有关的常数。

2）广义 Γ 分布

$$n(r) = ar^{\alpha} \exp(-br^{\gamma}) \tag{4-33}$$

广义 Γ 分布（Generalized Γ distribution）多用于描述大气中霾和雾的粒子分布。式（4-33）中，a 为单位体积中的粒子数；b 为分布系数；α、γ 为分布指数，是根据具体环境而确定的常数。

3）对数正态分布

$$n(r) = \frac{a_l}{2\sqrt{2\pi}}(r\ln\sigma)^{-1} \exp\left\{-\left[\frac{\ln(r/r_{\mathrm{g}})}{2\ln\sigma}\right]^2\right\} \tag{4-34}$$

式中，σ 为对数正态分布（Log-normal distribution）的标准偏差；r_{g} 为粒子平均半径；a_l 为对数正态分布的系数。自然尘和烟雾粒子的粒子分布函数常用对数正态分布来表示，所以激光烟雾传输中粒子尺度分布可采用对数正态分布。对于图 4-24 所示计算模型，单位体积内气溶胶粒子数目定义为 $X_{\Delta V}$：

$$X_{\Delta V} = \int_{r_{\min}}^{r_{\max}} n(r)\mathrm{d}r \tag{4-35}$$

式中，$r_{\max}$ 和 $r_{\min}$ 分别代表最大和最小气溶胶粒子半径；$n(r)$ 由式（4-34）得出。因此通过积分计算可以近似计算出图 4-24 圆柱形区域内包含的所有发生后向散射的粒子数目：

$$X = \int_0^R \int_{r_{\min}}^{r_{\max}} n(r) \cdot \pi d^2 \mathrm{d}r\mathrm{d}z \tag{4-36}$$

这里定义由气溶胶粒子群引起的后向散射回波信号为 $P_{\Delta V}$，可由 ΔV 内包含的所有气溶胶分子单粒子后向散射积分求得：

$$P_{\Delta V} = \int_0^R \int_{r_{\min}}^{r_{\max}} P_{\mathrm{one}} \cdot n(r) \cdot \pi d^2 \mathrm{d}r\mathrm{d}z \tag{4-37}$$

式中，P_{one} 为单粒子后向散射强度，可由米耶散射理论计算如下：

$$P_{\mathrm{one}} = \frac{e^{-u(\lambda)z} \cdot \sigma_{\mathrm{bk}}(\pi)}{z^2} P_{\mathrm{tr}}(t) \tag{4-38}$$

其中单粒子后向散射微分截面 $\sigma_{\mathrm{bk}}(\pi)$ 可由米耶散射理论计算如下：

$$\sigma_{\mathrm{bk}}(\pi) = \frac{\lambda^2}{4\pi^2} \left| \sum_{n=1}^{\infty} (-1)^n \frac{2n+1}{2}(a_n - b_n) \right|^2 \tag{4-39}$$

综上分析可得，烟雾环境中在目标回波信号受到气溶胶后向散射信号干扰情况下，目标回波信号对后向散射干扰信噪比计算如下，这里忽略差频信号中随机噪声干扰：

$$SNR_{bk} = 10\lg\left(\frac{P_{re}}{P_{bk}}\right) \tag{4-40}$$

式中，P_{re} 表示 APD 接收到的目标回波信号强度，P_{re} 可由比尔 – 朗博定律定义，见式（4-41），其中 P_{tr} 表示发射激光信号强度，$\mu(\lambda)$ 为激光传输过程中的消光系数，R 为目标距离；P_{bk} 为 APD 接收到的后向散射干扰强度。

$$P_{re} = P_{tr}e^{-2u(\lambda)R} \tag{4-41}$$

将式（4-41）代入式（4-40）可得接收端信噪比 SNR_{bk}：

$$SNR_{bk} = 10\lg\left(\frac{P_{tr}e^{-2u(\lambda)R}}{\int_0^R \int_{r_{min}}^{r_{max}} \frac{e^{-u(\lambda)z} \cdot \sigma_{bk}(\pi)}{z^2} P_{tr}(t) \cdot n(r) \cdot \pi d^2 dr dz}\right) \tag{4-42}$$

$$= 10\lg\left(\frac{e^{-2u(\lambda)R}}{\int_0^R \int_{r_{min}}^{r_{max}} \frac{e^{-u(\lambda)z} \cdot \sigma_{bk}(\pi)}{z^2} \cdot n(r) \cdot \pi d^2 dr dz}\right) \tag{4-43}$$

上式计算中的关键在于确定消光系数 $\mu(\lambda)$。为了将以上理论计算分析应用在激光引信抗烟雾干扰研究的工程实践中，将消光系数 $\mu(\lambda)$ 由以下经验公式给出，$\mu(\lambda)$ 可以表示为烟雾能见度和激光波长 λ 的函数。

$$\mu(\lambda) = \frac{3.912}{R_m}\left(\frac{0.55}{\lambda}\right)^q \tag{4-44}$$

式中，R_m 为烟雾能见度；q 为波长修正因子，与能见度有关。q 值在普通的能见度下计算的衰减系数基本可靠，但是在能见度较低的烟雾天气等情况下，计算误差较大，法国学者 Nabouls 等对低能见度下的 q 值进行了修正，给出的 q 值公式如下：

$$q = \begin{cases} 0.34 + 0.16R_m, & 1\,km < R_m < 6\,km \\ R_m - 0.5, & 0.5\,km < R_m \leqslant 1\,km \\ 0, & R_m \leqslant 0.5\,km \end{cases} \tag{4-45}$$

经过 Matlab 仿真，烟雾能见度和消光系数 $\mu(\lambda)$ 的关系如图 4-25 所示，能见度越大散射系数越小。

同样，在 Matlab 仿真环境中计算烟雾环境中信噪比 SNR_{bk} 和目标距离 R 以及烟雾能见度的关系，如图 4-26 所示。

由图 4-26 可以看出，烟雾环境中目标回波信号与后向散射信号计算得到的信噪比 SNR_{bk} 随着目标距离的增大而减小，随着烟雾能见度增大而增大。由式（4-28）和式（4-29）可得，激光回波信号中目标回波信号对后向散射干扰信噪比和差频信号中目标回波信号对后向散射干扰信噪比一致。

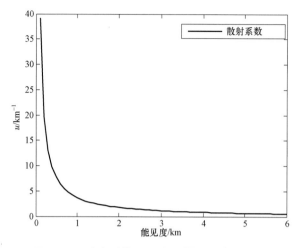

图 4-25　消光系数 $\mu(\lambda)$ 与烟雾能见度的关系

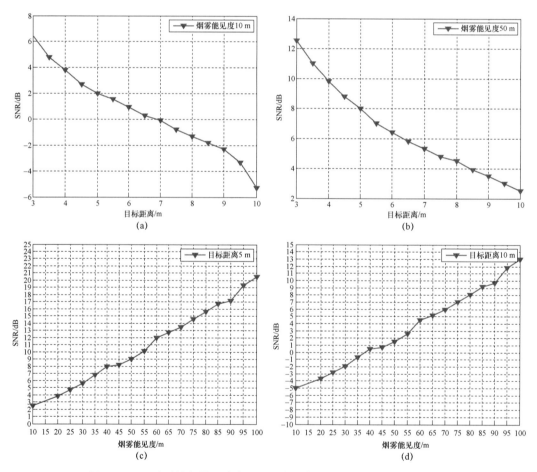

图 4-26　理论计算烟雾环境中 $\mathbf{SNR_{bk}}$ 与目标距离和烟雾能见度的关系

（a）能见度 10 m 时 SNR_{bk} 与目标距离 R 的关系；（b）能见度 50 m 时 SNR_{bk} 与目标距离 R 的关系；
（c）目标距离 5 m 时 SNR_{bk} 与烟雾能见度的关系；（d）目标距离 10 m 时 SNR_{bk} 与烟雾能见度的关系

4.5.2　基于 EMD 分解的 FMCW 抗干扰算法

上节分析了 FMCW 激光探测系统在烟雾环境中受到的后向散射干扰，除此之外，引信还会受到各种电路热噪声、光电探测器噪声以及背景环境随机噪声的影响。上述干扰和噪声会在引信差频信号中叠加，对目标差频信号提取造成很大干扰，且差频信号的中心频率随目标距离的变化而变化，对应的差频信号的频谱分布也是变化的，此时差频信号具备了非平稳和时变的特点。

本节提出了基于经验模态分解（EMD）的自适应滤波算法 EMD – IT – Spearman。自适应性表现为：该算法不依赖信号的先验知识，仅基于当前信号时域波形进行分解，且对不同的信号分解结果不同。其次，可以把 EMD – IT – Spearman 算法看作一组具有自适应特性的带通滤波器，其截止频率和带宽随被分解信号的不同而不同，通过对 EMD – IT 阈值处理后特定的本征模态函数分量（IMF 分量）进行自适应重构来提取有用目标信息。

4.5.2.1　EMD 分解的基本原理

EMD 分解实际上是通过对一个信号进行平稳化处理，将信号中不同尺度的波动逐级分解开来，产生一系列具有不同特征尺度和频率分量的 IMF 分量，IMF 分量能够反映信号在任何时间局部的频率特征，根据这个性质可以对信号进行滤波分析和降噪处理。

EMD 算法假设对任何信号分解产生的本征模态函数数量是有限的，分解结果如下式：

$$x(n) = \sum_{i=1}^{L} \mathrm{IMF}_i(n) + r_L(n) \qquad i = 1,2,3,\cdots,N \qquad (4-46)$$

式中，$r_L(n)$ 为分解后的残余分量。

EMD 分解过程即为不断"筛选"得到 IMF 分量的过程，具体如下：

首先，找到原信号 $x(n)$ 的所有极大值点，通过三次样条函数拟合出极大值包络线 $e_+(n)$；同理，找到原信号 $x(n)$ 的所有极小值点，通过三次样条函数拟合出信号的极小值包络线 $e_-(n)$。根据极大值包络线 $e_+(n)$ 和极小值包络线 $e_-(n)$ 计算出原信号的均值包络 $m_1(n)$，即

$$m_1(n) = \frac{e_+(n) + e_-(n)}{2} \qquad (4-47)$$

将原信号 $x(n)$ 减去 $m_1(n)$ 得到 $h_1^1(n)$，即

$$h_1^1(n) = x(n) - m_1(n) \qquad (4-48)$$

通常情况下 $h_1^1(n)$ 并不满足 IMF 定义的两个条件，只有重复上述过程 k 次之后（一般情况下 $k \leqslant 10$），$h_1^k(n)$ 才能满足以上 IMF 两个条件，由此定义原信号 $x(n)$ 的一阶 IMF 分量为

$$\mathrm{IMF}_1(n) = h_1^k(n) \qquad (4-49)$$

将原信号 $x(n)$ 减去高频成分 $\mathrm{IMF}_1(n)$ 后得到新信号 $r_1(n)$，即

$$r_1(n) = x(n) - \mathrm{IMF}_1(n) \qquad (4-50)$$

将 $r_1(n)$ 作为初始信号重复上述过程，直到第 L 阶分量 $\text{IMF}_L(n)$ 或残余分量 $r_L(n)$ 小于阈值；或当残余分量 $r_L(n)$ 是单调函数时，EMD 分解停止。

最后，原始信号 $x(n)$ 经过 EMD 分解后如下：

$$x(n) = \sum_{i=1}^{L} \text{IMF}_i(n) + r_L(n) \qquad i = 1, 2, 3, \dots, N \qquad （4-51）$$

$x(n)$ 经 EMD 分解后得到了 L 个频率随阶数增大而逐渐降低的本征模态函数，$\text{IMF}_1(n)$ 频率最高。需要说明，并不是说 $\text{IMF}_i(n)$ 的频率总是比 $\text{IMF}_{i+1}(n)$ 的频率高，而是指在某个局部范围内，$\text{IMF}_i(n)$ 的频率大于 $\text{IMF}_{i+1}(n)$ 的频率值，这一点可以很好地解释 EMD 局部性强的特点。

在实际的 EMD 分解过程中，$\text{IMF}_i(n)$ 分量上下包络的均值无法绝对为零，所以通常将式（4-52）作为判断条件，当满足时就认为得到了 i 阶 $\text{IMF}_i(n)$ 分量：

$$\frac{\sum_{n=1}^{N}[h_i^{k-1}(n) - h_i^k(n)]^2}{\sum_{n=1}^{N}[h_i^{k-1}(n)]^2} \leqslant \varepsilon \qquad （4-52）$$

式中，ε 称为筛分门限，一般取值为 0.2～0.3。

根据上述对 EMD 算法的描述，可以得到算法流程图如图 4-27 所示。

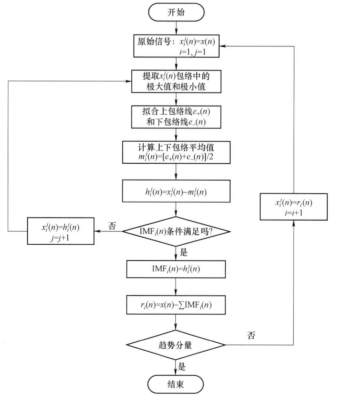

图 4-27　EMD 分解流程图

在 Matlab 中产生信噪比为 6 dB 的含高斯白噪声信号 Blocks，该信号为典型的非线性非平稳信号，然后对其进行 EMD 分解，结果如图 4-28 所示，在 IMF 阶数从小到大的过程中，IMF 分量频率逐渐减小，很明显原信号中的高频噪声主要集中在低阶 IMF 中，而高阶 IMF 中更多地包含了低频的原始信号成分。

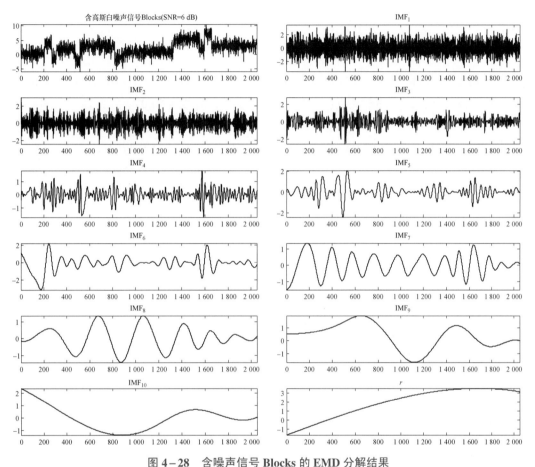

图 4-28 含噪声信号 Blocks 的 EMD 分解结果

4.5.2.2 基于 EMD 分解的自适应滤波算法

本节提出 EMD-IT-Spearman 自适应滤波算法。具体步骤如下：首先将原始含噪声信号分解为若干 IMF 分量，其次对每个 IMF 分量进行基于 EMD-IT 阈值去噪处理，然后采用 Spearman 相关系数判断去噪后的 IMF 分量与原信号的相关性，根据设定的相关性阈值排除相关性较小的 IMF 分量，之后对其他 IMF 分量进行重构，最后完成对信号自适应滤波。下面详细分析 EMD-IT-Spearman 算法中用到的 EMD-IT 阈值去噪方法和 Spearman 相关系数判断准则。

1. 基于 IMF 的阈值去噪

受到小波阈值去噪的启发，原理上可以采用阈值去噪的办法去除 IMF 分量中的噪声部分。基于直接阈值处理的 EMD 去噪算法被称为 EMD－DT，它包括了硬阈值和软阈值两种类型。具体如下：

$$\tilde{h}_i(n) = \begin{cases} h_i(n), & |h_i(n)| > T_i \\ 0, & |h_i(n)| \leqslant T_i \end{cases} \quad \text{硬阈值} \qquad (4-53)$$

和

$$\tilde{h}_i(n) = \begin{cases} \mathrm{sgn}(h_i(n))(|h_i(n)| - T_i), & |h_i(n)| > T_i \\ 0, & |h_i(n)| \leqslant T_i \end{cases} \quad \text{软阈值} \qquad (4-54)$$

其中 $h_i(n)$ 表示第 i 阶 IMF 分量，T_i 为 $h_i(n)$ 的阈值。式（4－53）为硬阈值，也是最简单的一种阈值处理方式，直接将 $h_i(n)$ 中小于阈值 T_i 的部分设置为 0。

不管 EMD－DT 算法中采用硬阈值还是软阈值处理方法都是不合适的，将会导致重构信号的不连续。不同于 EMD－DT，EMD－IT（EMD Interval Thresholding）方法将 $h_i(n)$ 中两个相近的零点之间数据作为一个整体研究，这样可以避免直接阈值去噪带来的信号不连续，也可以分为硬阈值和软阈值去噪。

$$\tilde{h}_i(z_j^{(i)}) = \begin{cases} h_i(z_j^{(i)}), & |h_i(r_j^{(i)})| > T_i \\ 0, & |h_i(r_j^{(i)})| \leqslant T_i \end{cases} \quad \text{硬阈值} \qquad (4-55)$$

$$\tilde{h}_i(z_j^{(i)}) = \begin{cases} \mathrm{sgn}(h_i(z_j^{(i)}))(|h_i(z_j^{(i)})| - T_i), & |h_i(r_j^{(i)})| > T_i \\ 0, & |h_i(r_j^{(i)})| \leqslant T_i \end{cases} \quad \text{软阈值} \qquad (4-56)$$

其中 $z_j^{(i)}$ 是第 i 个 IMF 中第 j 个过零点，$\left|h_i(r_j^{(i)})\right|$ 是相应的过零点区域的极值。影响阈值去噪效果的另一个主要因素为阈值 T_i 的选取，即 $T_i = \sigma_i\sqrt{2\ln N}$，其中 N 表示数据采集长度，σ_i 为噪声的标准差。

$$\sigma_i = \frac{median(|h_i(n)|: i = 1, 2, \cdots, N)}{0.674\,5} \qquad (4-57)$$

对于原始信号中包含加性高斯白噪声的情况，EMD 分解后得到的 IMF 分量中，除了第一阶主要由噪声构成，其他 IMF 中所含白噪声仍服从高斯分布，并且能量谱函数保持了自相似性。每个 IMF 中噪声能量 E_i 按 IMF 阶数指数递减，表达式如下：

$$E_i = \frac{E_1^2}{\beta}\rho^{-i} \quad i = 2, 3, \cdots, N \qquad (4-58)$$

其中 E_1 为第一阶 IMF 能量，β 和 ρ 两个参数由大量独立试验测试得出，经测试取 $\beta = 0.719$，$\rho = 2.01$，根据 E_i 和 σ_i 的关系 $E_i = \sigma_i^2$，T_i 可表示如下：

$$T_i = \sigma_i\sqrt{2\ln N} = \sqrt{E_i \times 2\ln N} \quad i = 1, 2, 3, \cdots, N \qquad (4-59)$$

为了验证 EMD－IT 去噪算法在去噪后信号的连续性方面优于 EMD－DT，对包含加性高斯白噪声的典型非线性非平稳信号 Blocks 进行仿真分析，结果如图 4－29 所示，红色线段为 EMD－IT 算法处理结果，很明显在信号连续性方面性能更优，但是在一些连接点存在幅度突变，仍需要对 EMD－IT 阈值算法处理过的 IMF 分量进行进一步处理。

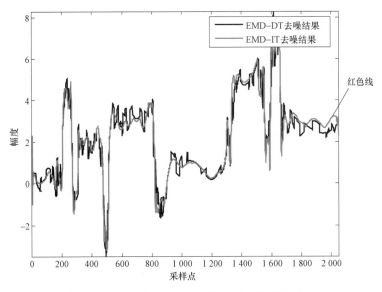

图 4-29　EMD-IT 和 EMD-DT 去噪效果对比

2. 基于 IMF 重构的信号滤波去噪

基于 EMD 去噪的另一个研究方向是将部分 IMF 进行信号重构，将由噪声占主导的 IMF 分量去除，只保留由有用信号占主导的 IMF 分量，效果相当于一个自适应滤波器。目前比较实用的判断标准为 IMF 分量与原信号的相关性系数，其相关性越大，表示 IMF 分量中包含的有用信号越多，所含噪声越少，其重构过程如下：

$$\tilde{x}(n) = \sum_{i=kth}^{L} \text{IMF}_i + r(n) \tag{4-60}$$

式中，$r(n)$ 为残余分量；$\tilde{x}(n)$ 为重构信号；kth 为部分 IMF 分量重构时选择的 IMF 分量重构起始点。由 $\text{IMF}_i = h_i(n)$，上式可以表示为

$$\tilde{x}_m(n) = x(n) - \sum_{i=1}^{m} h_i(n) \tag{4-61}$$

其中 $m = k-1$，计算 $x(n)$ 和 $\tilde{x}_m(n)$ 的相关系数如下：

$$\rho(m) = Correlation\{x(n), x_m(n)\} \tag{4-62}$$

式（4-62）中相关系数 ρ 随着 m 的增大而逐渐减小，当 ρ 小于某个常数 C 时，我们记录此时 m 值，将之作为重构分量的起始位置。根据大量试验数据得到 C 取 $[0.75, 0.85]$ 范围的值，所以 k 表示如下：

$$k = \arg\mathop{last}\limits_{1 \leqslant m \leqslant N} \{\rho(m) \geqslant C\} + 1 \tag{4-63}$$

利用 Spearman 相关系数进行相似性判断的优点，将 Spearman 相关系数应用于 IMF 分量的相似性判断，对比常用的相关系数计算方法，即余弦相似系数和 Pearson 相关系数的计算方法，结果显示了 Spearman 相关系数在非线性非平稳信号分析中的优势，可

以将 Spearman 相关系数作为 IMF 分量重构的判断标准。

3. EMD-IT-Spearman 算法

根据以上 EMD-IT 阈值去噪算法和 Spearman 相关系数判断的理论研究，提出了 EMD-IT-Spearman 自适应滤波算法，可以有效提取有用信号，去除干扰噪声，算法流程如图 4-30 所示。

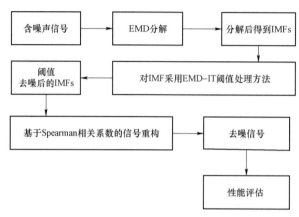

图 4-30　EMD-IT-Spearman 算法流程

算法具体步骤如下：

（1）首先将非线性含噪信号 $x(n) = \bar{x}(n) + \eta(n)$ 进行 EMD 分解，其中 $\bar{x}(n)$ 为原始不含噪声信号，$\eta(n)$ 为干扰和噪声信号。

（2）EMD 分解后信号为 $x(n) = \sum_{i=1}^{L} h_i(n) + r(n)$，其中 $h_i(n)$ 为第 i 阶本征模态函数 IMF，$r(n)$ 为余项，L 为 IMF 分量个数。

（3）对 $h_i(n)$ 进行 EMD-IT 阈值去噪得到 $\tilde{h}_i(n)$。

（4）随 m 增大依次计算 Spearman 相关系数 $\rho(m) = Spearman\{x(n), \tilde{x}_m(n)\}$，其中 $\tilde{x}_m(n) = x(n) - \sum_{i=1}^{m} \tilde{h}_i(n)$。

（5）设定部分 IMF 函数重构的判断条件为 $k = \arg \underset{1 \leqslant m \leqslant L}{last} \{\rho(m) \geqslant C\} + 1$，其中 C 选择 0.8，最后得到去噪后的信号为 $y(n) = \sum_{i=k}^{L} \tilde{h}_i(n) + r(n)$。

将 EMD-IT-Spearman 算法应用于复杂环境中 FMCW 激光探测系统的差频信号自适应滤波去噪，对实测得到的烟雾环境中 FMCW 激光引信差频信号进行去噪分析，验证了 EMD-IT-Spearman 算法可以最大限度地保留原始有用信号，滤除后向散射干扰和噪声。在烟雾环境中 FMCW 激光引信定距获得的差频信号时域波形如图 4-31（a）所示，此时目标距离为 8 m，烟雾浓度较大，对原始差频信号进行 EMD 分解后结果如

图 4-31（b）所示。

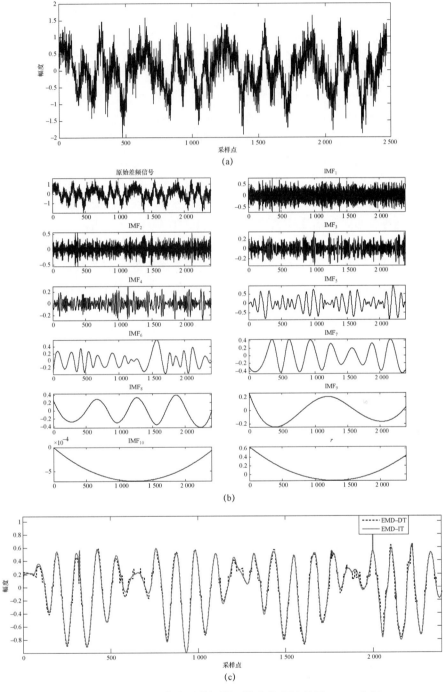

图 4-31　FMCW 激光引信烟雾环境中差频信号的 EMD 分解

（a）差频信号时域波形；（b）EMD 分解；（c）EMD-IT 和 EMD-DT 去噪对比

从图 4-31（b）可以看出，本征模态函数分量 $IMF_1 \sim IMF_{10}$ 频率逐渐降低，其中 $IMF_1 \sim IMF_4$ 很明显包含了大量的高频随机噪声。对所有 IMF 分量进行 EMD-DT 和 EMD-IT 阈值去噪后重构结果如图 4-31（c）所示，很明显 EMD-IT 克服了 EMD-DT 不连续的缺点。然后利用 EMD-IT-Spearman 算法对 EMD-IT 阈值去噪后的 IMF 分量进行重构滤波，计算得出 $k=5$，即表明 IMF_5 为有用信号占主导的分量。重构过程中随着 IMF 分量阶数增大，包含的低频分量逐渐增多，激光烟雾环境中后向散射干扰对差频信号中目标对应的频率谱峰提取的影响主要集中在低频范围内，且 FMCW 探测系统中差频信号频谱近似为单频信号，所以选取了 EMD-IT-Spearman 算法判断出的重构起点 k 之后的两个 IMF 分量作为差频信号的重构分量，即 IMF_k、IMF_{k+1}。

具体试验结果如图 4-32 所示，将烟雾干扰环境下得到的原始差频信号进行 FFT 频谱分析（细实线表示），可以看出差频信号频谱主要包含三部分，从左至右分别为烟雾后向散射干扰信号、频谱峰值对应的目标回波信号，以及高频随机干扰噪声，此时后向散射干扰对应的频谱幅度峰值大于目标对应的频谱幅度峰值，采用常规的峰值提取获得目标距离信息将受到严重干扰。根据 EMD-IT-Spearman 算法计算结果选取 IMF_5、IMF_6 分量重构后的信号频谱（粗实线表示）峰值处对应的频率与原始差频信号频谱峰值对应的频率相同，为 52.73 kHz，计算目标距离为 7.90 m（实际目标距离为 8 m），由此可知重构分量 IMF_5、IMF_6 可以有效提取目标信息。验证了 EMD-IT-Spearman 滤波算法可以滤除差频信号中频谱峰值左侧低频处的后向散射干扰，以及高频处的随机噪声。如果对滤除的高阶 $IMF_7 \sim IMF_{10}$ 分量进行重构（粗虚线表示），可以看出基本还原了原始差频信号中的后向散射干扰。

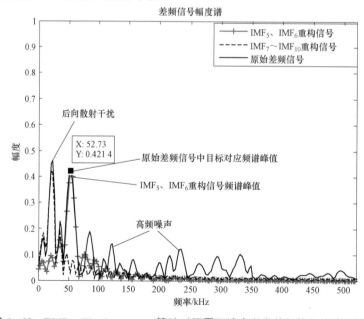

图 4-32　EMD-IT-Spearman 算法对烟雾环境中激光差频信号滤波的效果

由以上试验数据可得，采用 EMD－IT－Spearman 算法对激光烟雾干扰情况下测得的差频信号进行滤波，首先采用 EMD－IT 阈值去噪滤除了 IMF 分量中高频随机噪声，然后自适应地判断出有用信号占主导的 IMF 分量起始阶数 k，由于差频信号频谱的单频特性，选取重构分量 IMF_k、IMF_{k+1}，这样可以完全滤除低频处的后向散射干扰，最后得到目标分量，滤波过程相当于通带极窄的自适应带通滤波器。

设计 EMD－IT－Spearman 硬件解决方案如图 4－33 所示。

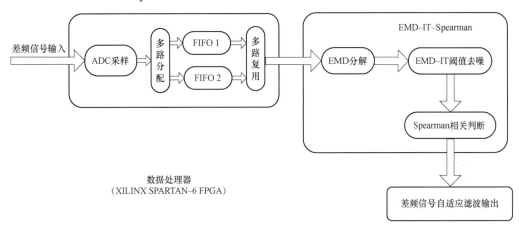

图 4－33　EMD－IT－Spearman 硬件解决方案

首先对 FMCW 体制探测系统输出的差频信号进行 A/D 采样，为了实现数据处理的实时性，对数据存储采用"乒乓操作"设计，由 FPGA 控制差频信号分别存储至 FIFO 1 和 FIFO 2 中。例如，当 FIFO 1 中数据存满后，下一个时钟开始将 A/D 采样的数据存储至 FIFO 2 中，FIFO 2 存储数据的同时将 FIFO 1 中数据传输至 EMD－IT－Spearman 数据处理模块进行数据处理，利用 FPGA 的并行处理能力，实现数据传输到处理的实时性。

EMD－IT－Spearman 算法硬件实现的关键在于 EMD 分解，而 EMD 方法的关键步骤是"筛"的过程，如 EMD 分解流程所示，通过不断地筛选，得到原信号的每个 EMD 分量和趋势分量 $r_n(t)$。FPGA 硬件实现 EMD－IT－Spearman 算法的关键在于"筛"过程中信号极值点获取及包络线拟合问题，可以在 FPGA 中采用三次样条插值函数实现包络线拟合。三次样条插值函数对信号包络拟合过程中，关键在于信号极值点的判断，对于一个信号非端点处的数据，可以通过它与相邻数据的大小关系判断它是否是极值点，如果它同时大于它左右相邻的数据，则它为极大值点，如果同时小于它左右相邻的数据，则它即为极小值点。对于端点处极值点判断，采用过端点处相邻两个极值点的直线估算出需要添加的极值点，对于极大值判断过程，如果端点处估算值大于端点值，则将估算值代替端点值进行包络拟合。相似地，对于极小值判断过程，如果估算值小于端点值，则将估算值代替端点值进行包络拟合，该方法具备了计算量小、易实现的优点。

4.6　FMCW 激光探测定距方法

在完成了激光发射、接收模块和光学系统后，经过试验可以得到三角波调频的差频信号波形，将差频信号采样后进行数字信号处理就能得到差频的频率并最终转化为距离值。通过三角波调频测距的公式可以看出，测距精度与测频的精度相关。

4.6.1　基于傅里叶变换的定距算法

通过试验得到了静止目标下采用三角波调频的差频信号，其调频周期为 200 μs，上下扫频各 100 μs，扫频频率为 10～110 MHz，扫频带宽 $B = 100$ MHz，目标距离为 6 m，理论上的差频频率为 40 kHz，经过示波器 1 MHz 的采样率采集 1 000 个点，通过 Matlab 重新绘制的差频信号的波形如图 4−34 所示。

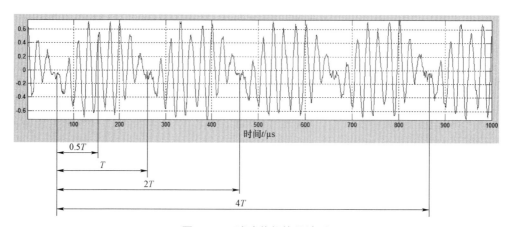

图 4−34　试验差频信号波形

从图中可以看出差频信号在周期 T 内近似于一个单频信号，随着周期增多，会周期性地引入相位突变点，并且周期内的单频信号的幅度受到了周期性的调制。通过 FFT 分析差频信号的频率时，截取不同时间的采样点计算得到的差频信号频谱如图 4−35 所示。

在静态目标环境下测试系统的差频信号直接关系到整个系统的性能，只有在得到了正确的差频信号之后，才能进行后续的信号处理，相应地验证系统其余功能模块的正确性。差频信号频率包含了目标的距离信息，通过示波器测量其差频频率就可以初步地分析目标距离，改善系统的性能。

为了更好地观测差频信号的结果，验证模块的功能，选择梯形波的调频方式，调制频偏为 100 MHz，调制周期为 400 μs，梯形波调制频率的变化如图 4−36 所示。采用金属板作为测试目标，测试 1～10 m 范围内步进为 0.5 m 的差频信号的变化情况。

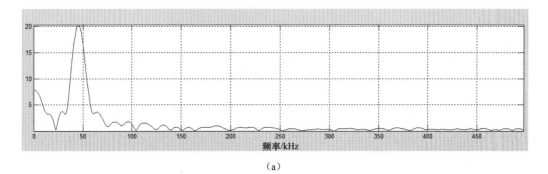

（a）

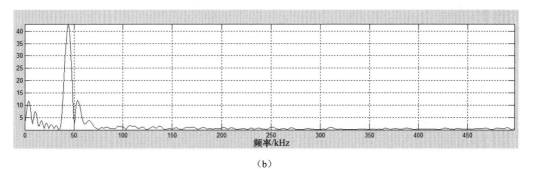

（b）

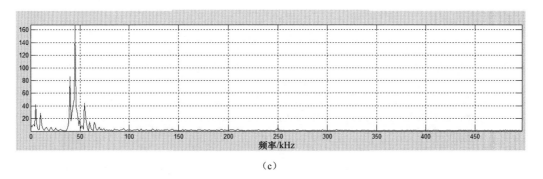

（c）

图 4-35　截取不同时间的采样点计算得到的差频信号频谱

（a）$t=0.5\,T$；（b）$t=T$；（c）$t=4\,T$

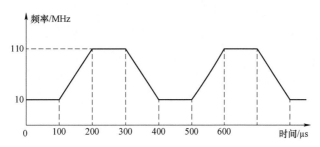

图 4-36　梯形波调制频率的变化

1～8 m 差频信号测试结果如图 4－37 所示。差频信号距离与实际距离见表 4－3。

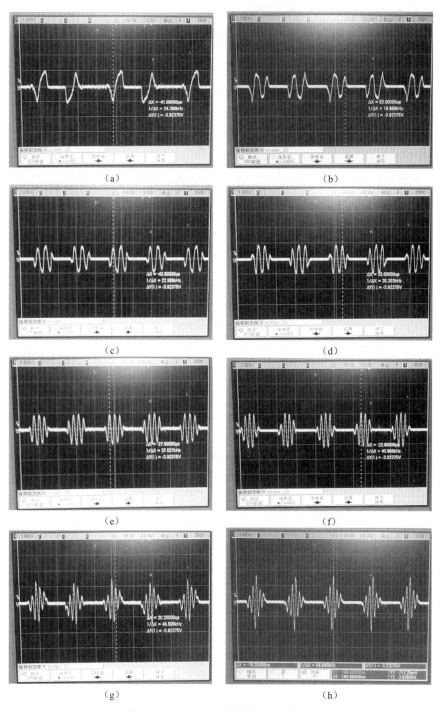

图 4－37　1～8 m 差频信号测试结果

（a）1 m；（b）2 m；（c）3 m；（d）4 m；（e）5 m；（f）6 m（g）7 m；（h）8 m

表 4 – 3 差频信号距离与实际距离

实际距离/m	差频频率/kHz	测量距离/m	误差/m
1	—	—	—
2	19.50	3.07	1.07
3	24.41	3.81	0.81
4	31.25	4.83	0.83
5	37.11	5.71	0.71
6	43.95	6.74	0.74
7	47.85	7.32	0.32
8	54.69	8.35	0.35
9	59.57	9.08	0.08
10	70.31	10.69	0.69

图 4 – 37 和表 4 – 3 列举了 1～8 m 和 1～10 m 距离变化时，差频信号的波形和频率对应的距离值，通过与实际值比较，可以得到系统的误差。可以看到在 1 m 处没有测量值，这是因为系统存在盲区，虽然采用调频连续波体制的激光引信可以进行连续测距，但受制于调频信号的最大调制带宽为 100 MHz，在目标距离为 1.5 m 处的差频信号正好为一个周期，当距离小于 1.5 m 时，得到的差频信号将不足一个完整的周期，不能测得信号的频率值，不能测距。

4.6.2 时域测距算法——求导比值法

在三角波调制的情况下，发射、接收及差频信号瞬时频率变化如图 4 – 38 所示，T_1 和 T_3 是差频信号的规则区，T_2 是差频信号的不规则区。有相对运动时（以单目靠近为例），回波信号相对于发射信号存在正 f_d 的多普勒频率。T_1 区差频由发射信号瞬时频率减去接收信号瞬时频率获得，因此该区域内差频将会减小多普勒频率 f_d，同理 T_3 区差频由接收信号瞬时频率减去发射信号瞬时频率获得，因此该区域差频将会增大多普勒频率 f_d。

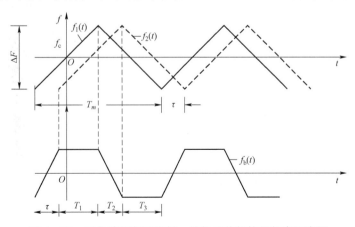

图 4 – 38 三角波调制下发射、接收及差频信号频率示意图

假设为三角波调制，f_c 为载频，ΔF 为最大频偏，T_m 为调制信号的周期，τ 为回波延迟时间。设 β 为调频斜率，则有 $\beta = \dfrac{2\Delta F}{T_m}$，因此易推导出，三角波调频发射信号的瞬时发射频率和时域表达式分别如下：

$$
\begin{cases}
f_1^n(t) = f_c - \dfrac{1}{2}\Delta F + \beta(t - nT_m), & nT_m \leqslant t \leqslant \left(n + \dfrac{1}{2}\right)T_m \\[2mm]
f_2^n(t) = f_c + \dfrac{3}{2}\Delta F - \beta(t - nT_m), & \left(n + \dfrac{1}{2}\right)T_m \leqslant t \leqslant (n+1)T_m
\end{cases}
\tag{4-64}
$$

$$
s_t(t) =
\begin{cases}
U_t \cos\left\{2\pi\left[\dfrac{n(2n+1)\beta T_m^2}{4} + \left(f_c - \dfrac{1}{2}\Delta F - \beta nT_m\right)t + \dfrac{1}{2}\beta t^2\right]\right\}, & nT_m \leqslant t \leqslant \left(n + \dfrac{1}{2}\right)T_m \\[3mm]
U_t \cos\left\{2\pi\left[-\dfrac{(n+1)(2n+1)\beta T_m^2}{4} + \left(f_c + \dfrac{3}{2}\Delta F + \beta nT_m\right)t - \dfrac{1}{2}\beta t^2\right]\right\}, & \left(n + \dfrac{1}{2}\right)T_m \leqslant t \leqslant (n+1)T_m
\end{cases}
\tag{4-65}
$$

式中，U_t 为发射信号的幅度。

回波信号与发射信号的差别仅是有时间延迟 τ 和因为目标反射特性而引起的相移 φ_r。弹目相对静止时，$\tau = 2R/c$ 为常数，c 是光速；弹目相对运动时，$\tau(t) = 2R_0/c - 2v_r t/c$，$R_0$ 为弹目初始距离，v_r 为弹目相对运动速度，定义弹目靠近时 v_r 为正，弹目远离时 v_r 为负。所以，回波信号可以表示为

$$
s_r(t) =
\begin{cases}
U_r \cos\left\{2\pi\left[\dfrac{n(2n+1)\beta T_m^2}{4} + \left(f_c - \dfrac{1}{2}\Delta F - \beta nT_m\right)(t - \tau(t)) + \dfrac{1}{2}\beta(t - \tau(t))^2\right]\right\}, \\
\qquad\qquad\qquad\qquad\qquad\qquad\qquad\qquad nT_m \leqslant t \leqslant \left(n + \dfrac{1}{2}\right)T_m \\[3mm]
U_r \cos\left\{2\pi\left[-\dfrac{(n+1)(2n+1)\beta T_m^2}{4} + \left(f_c + \dfrac{3}{2}\Delta F + \beta nT_m\right)(t - \tau(t)) - \dfrac{1}{2}\beta(t - \tau(t))^2\right]\right\}, \\
\qquad\qquad\qquad\qquad\qquad\qquad\qquad \left(n + \dfrac{1}{2}\right)T_m \leqslant t \leqslant (n+1)T_m
\end{cases}
\tag{4-66}
$$

式中，U_r 是回波信号的幅度。当弹目相对运动时，调频发射、接收信号及差频信号频率随着弹目靠近，弹目间距离逐渐变小，延时 $\tau(t)$ 也逐渐变小。随着弹目远离，弹目间距离逐渐变大，延时 $\tau(t)$ 也逐渐变大。

将 $s_t(t)$ 和 $s_r(t)$ 混频，得到差频信号 $s_b(t)$。

在 $nT_m \leqslant t \leqslant \tau(t) + nT_m$（$0 \leqslant n$）区间，$s_b(t)$ 相位为

$$
\varphi_1^n(t) - \varphi_2^{n-1}[t - \tau(t)] = 2\pi\left[\dfrac{n(2n+1)\beta T_m^2}{4} + \left(f_c - \dfrac{1}{2}\Delta F - \beta nT_m\right)t + \dfrac{1}{2}\beta t^2\right] -
$$

$$2\pi\left\{-\frac{n(2n-1)\beta T_m^2}{4}+\left(f_c+\frac{3}{2}\Delta F+\beta(n-1)T_m\right)[t-\tau(t)]-\frac{1}{2}\beta[t-\tau(t)]^2\right\}$$

$$=2\pi\left\{n^2\beta T_m^2-2\beta nT_m t+\left(f_c-\frac{1}{2}\Delta F+\beta nT_m\right)\tau(t)+\frac{1}{2}\beta t^2+\frac{1}{2}\beta[t-\tau(t)]^2\right\}$$

在 $\tau(t)+nT_m\leqslant t\leqslant T_m/2+nT_m$（$0\leqslant n$）区间，$s_b(t)$ 相位为

$$\varphi_1^n(t)-\varphi_1^n[t-\tau(t)]=2\pi\left[\left(f_c-\frac{1}{2}\Delta F\right)\tau(t)-\beta nT_m\tau(t)+\beta t\tau(t)-\frac{1}{2}\beta\tau(t)^2\right]$$

$$=2\pi\left[\left(f_c-\frac{1}{2}\Delta F\right)\tau(t)+\beta\tau(t)(t-nT_m)-\frac{1}{2}\beta\tau(t)^2\right]$$

在 $T_m/2+nT_m\leqslant t\leqslant T_m/2+\tau(t)+nT_m$（$0\leqslant n$）区间，$s_b(t)$ 相位为

$$\varphi_2^n(t)-\varphi_1^n[t-\tau(t)]=2\pi\left\{-\frac{1}{4}(2n+1)^2\beta T_m^2+(2n+1)\beta T_m t+\right.$$

$$\left.\left(f_c-\frac{1}{2}\Delta F-\beta nT_m\right)\tau(t)-\frac{1}{2}\beta t^2-\frac{1}{2}\beta[t-\tau(t)]^2\right\}$$

在 $T_m/2+\tau(t)+nT_m\leqslant t\leqslant T_m+nT_m$（$0\leqslant n$）区间，$s_b(t)$ 相位为

$$\varphi_2^n(t)-\varphi_2^n[t-\tau(t)]=2\pi\left[(f_c+3\Delta F/2)\tau(t)-\beta\tau(t)(t-nT_m)+\frac{1}{2}\beta\tau(t)^2\right]$$

则差频信号时域表达式为

$$s_b(t)=\begin{cases}U_b\cos\left\{2\pi\left[n^2\beta T_m^2-2\beta nT_m t+\left(f_c-\frac{1}{2}\Delta F+\beta nT_m\right)\times\tau(t)+\frac{1}{2}\beta t^2+\frac{1}{2}\beta(t-\tau(t))^2\right]\right\},\\ \qquad\qquad\qquad\qquad\qquad\qquad\qquad nT_m\leqslant t\leqslant\tau(t)+nT_m\\ U_b\cos\left\{2\pi\left[\left(f_c-\frac{1}{2}\Delta F\right)\tau(t)+\beta\tau(t)(t-nT_m)-\frac{1}{2}\beta\tau(t)^2\right]\right\},\tau(t)+nT_m\leqslant t\leqslant\frac{1}{2}T_m+nT_m\\ U_b\cos\left\{2\pi\left[-\frac{1}{4}(2n+1)^2\beta T_m^2+(2n+1)\beta T_m t+\left(f_c-\frac{1}{2}\Delta F-\beta nT_m\right)\tau(t)-\frac{1}{2}\beta t^2-\frac{1}{2}\beta(t-\tau(t))^2\right]\right\},\\ \qquad\qquad\qquad\qquad\qquad\quad\frac{1}{2}T_m+nT_m\leqslant t\leqslant\frac{1}{2}T_m+\tau(t)+nT_m\\ U_b\cos\left\{2\pi\left[\left(f_c+\frac{3}{2}\Delta F\right)\tau(t)-\beta\tau(t)(t-nT_m)+\frac{1}{2}\beta\tau(t)^2\right]\right\},\frac{1}{2}T_m+\tau(t)+nT_m\leqslant t\leqslant T_m+nT_m\end{cases}$$

式中，U_b 是差频信号的幅度。

$nT_m\leqslant t\leqslant\tau(t)+nT_m$ 和 $T_m/2+nT_m\leqslant t\leqslant T_m/2+\tau(t)+nT_m$ 两个区间的持续时间都只有 $\tau(t)$。因为引信一般作用距离在几十米以内，所以 $\tau(t)$ 一般只有几十到几百纳秒的量级，而调制周期 T_m 一般在十微秒的量级，所以差频信号分布在这两个区域的信号能量很小，对整个差频信号频谱分布的影响可以忽略不计。所以差频信号时域表达式可

简化为

$$s_t(t) = \begin{cases} U_b \cos\left\{2\pi\left[\left(f_c - \dfrac{1}{2}\Delta F\right)\tau(t) + \beta(t - nT_m)\tau(t) - \dfrac{1}{2}\beta\tau(t)^2\right]\right\}, & nT_m \leq t \leq \dfrac{1}{2}T_m + nT_m \\ U_b \cos\left\{2\pi\left[\left(f_c + \dfrac{3}{2}\Delta F\right)\tau(t) - \beta(t - nT_m)\tau(t) + \dfrac{1}{2}\beta\tau(t)^2\right]\right\}, & \dfrac{1}{2}T_m + nT_m \leq t \leq T_m + nT_m \end{cases}$$

$$(4-67)$$

当发射、回波和差频信号频率特性曲线中时间原点放置在调制三角波上升段的中点时，式（4-64）和式（4-67）可改写为

$$\begin{cases} f_1^n(t) = f_c + \beta(t - nT_m), & -\dfrac{1}{4}T_m + nT_m \leq t \leq \left(n + \dfrac{1}{4}\right)T_m \\ f_2^n(t) = f_c + \Delta F - \beta(t - nT_m), & \left(n + \dfrac{1}{4}\right)T_m \leq t \leq \left(n + \dfrac{3}{4}\right)T_m \end{cases} \quad (4-68)$$

$$s_b(t) = \begin{cases} U_b \cos\{kr(t - nT_m) + \varphi_1(n)\}, & -\dfrac{1}{4}T_m + nT_m \leq t \leq \left(n + \dfrac{1}{4}\right)T_m \\ U_b \cos\{kr(t - nT_m) + \varphi_2(n)\}, & \left(n + \dfrac{1}{4}\right)T_m \leq t \leq \left(n + \dfrac{3}{4}\right)T_m \end{cases} \quad (4-69)$$

式中，$k = 8\pi\Delta F / (T_m c)$，$\varphi_1(n)$、$\varphi_2(n)$ 表示第 n 段规则区的初始相位，相邻规则区之间的初始相位有如下关系：$\hat{\varphi}_n - \hat{\varphi}_{n-1} = \dfrac{2\pi f_d T_m}{2}$，其中，$f_d = \dfrac{2v_r f_c}{c}$，为多普勒频率。

取规则区内的一段差频信号，长度 $T_s \leq T_3$，初始时刻 T_x，并对其求导，则根据式（4-69）有

$$s_b'(t) = \begin{cases} U_b kr \sin[kr(t - nT_m) + \varphi_1(n)], & -\dfrac{1}{4}T_m + nT_m \leq t \leq \left(n + \dfrac{1}{4}\right)T_m \\ U_b kr \sin[kr(t - nT_m) + \varphi_2(n)], & \left(n + \dfrac{1}{4}\right)T_m \leq t \leq \left(n + \dfrac{3}{4}\right)T_m \end{cases} \quad (4-70)$$

在所取的一个规则区内对 $s_b'(t)$ 和 $s_b(t)$ 的绝对值积分，然后做比值，则有

$$\frac{\int_{T_x}^{T_x+T_s}|s_b'(t)|\mathrm{d}t}{\int_{T_x}^{T_x+T_s}|s_b(t)|\mathrm{d}t} = kr \cdot \frac{\int_{T_x}^{T_x+T_s}|\sin(krt + \varphi_{1,2})|\mathrm{d}t}{\int_{T_x}^{T_x+T_s}|\cos(krt + \varphi_{1,2})|\mathrm{d}t} \quad (4-71)$$

令

$$\frac{\int_{T_x}^{T_x+T_s}|\sin(krt + \varphi_{1,2})|\mathrm{d}t}{\int_{T_x}^{T_x+T_s}|\cos(krt + \varphi_{1,2})|\mathrm{d}t} = \Lambda \quad (4-72)$$

式（4-71）中，$\varphi_{1,2}$ 表示 φ_1 或者是 φ_2。取 $\hat{\varphi} = \varphi_{1,2} + krT_x$，则式（4-72）可以表

示为

$$\varLambda = \frac{\int_{T_x}^{T_x+T_s}\left|\sin(krt+\varphi_{1,2})\right|\mathrm{d}t}{\int_{T_x}^{T_x+T_s}\left|\cos(krt+\varphi_{1,2})\right|\mathrm{d}t} = \frac{\int_{0}^{T_s}\left|\sin(krt+\hat{\varphi})\right|\mathrm{d}t}{\int_{0}^{T_s}\left|\cos(krt+\hat{\varphi})\right|\mathrm{d}t} \tag{4-73}$$

式（4-71）为一个规则区内信号导数 $s'_b(t)$ 与信号 $s_b(t)$ 的绝对值积分比值。如果将积分长度扩展到 N 个规则区，则式（4-71）可以扩展为

$$\frac{\sum_{n=1}^{N}\int_{T_x}^{T_x+T_s}\left|s'_{bn}(t)\right|\mathrm{d}t}{\sum_{n=1}^{N}\int_{T_x}^{T_x+T_s}\left|s_{bn}(t)\right|\mathrm{d}t} = kr\frac{\sum_{n=1}^{N}\int_{T_x}^{T_x+T_s}\left|\sin(krt+\varphi_{1,2}^n)\right|\mathrm{d}t}{\sum_{n=1}^{N}\int_{T_x}^{T_x+T_s}\left|\cos(krt+\varphi_{1,2}^n)\right|\mathrm{d}t} \tag{4-74}$$

相应地，式（4-73）可以演变为

$$\varLambda = \frac{\sum_{n=1}^{N}\int_{0}^{T_s}\left|\sin(krt+\hat{\varphi}_n)\right|\mathrm{d}t}{\sum_{n=1}^{N}\int_{0}^{T_s}\left|\cos(krt+\hat{\varphi}_n)\right|\mathrm{d}t} \tag{4-75}$$

式（4-75）中 $\hat{\varphi}_n$ 为第 n 个规则区的初始相位，相邻规则区之间 $\hat{\varphi}_n$ 有如下关系：

$$\hat{\varphi}_n = \hat{\varphi}_{n-1} + \frac{2\pi f_d T_m}{2} = \hat{\varphi}_{n-1} + \frac{2\pi v_r f_c T_m}{c} \tag{4-76}$$

式（4-76）中 $\frac{2\pi v_r f_c T_m}{c}$ 为多普勒 f_d 信号引起的规则区信号初始相位的变化量。根据上式，$\hat{\varphi}_n$ 可以进一步表示为

$$\hat{\varphi}_n = \hat{\varphi}_1 + \frac{2\pi v_r f_c T_m}{c}(n-1) \tag{4-77}$$

从式（4-75）可知，当 T_s、N 较大时，$\varLambda$ 的值将会与 1 靠近。同时由式（4-74）可知，如果 $\varLambda=1$，则可以计算出目标距离 r 的估算值 $\tilde{r}$。

$$\tilde{r} = \frac{\sum_{n=1}^{N}\int_{T_x}^{T_x+T_s}\left|s'_{bn}(t)\right|\mathrm{d}t}{\sum_{n=1}^{N}\int_{T_x}^{T_x+T_s}\left|s_{bn}(t)\right|\mathrm{d}t} / k \tag{4-78}$$

式（4-78）为求导比值法的基本计算原理。由于 $\varLambda$ 的真实值与 1 之间存在差异，因此算法存在固有计算误差，其固有误差可以表示为

$$e = r - \tilde{r} = r(1-\varLambda) \tag{4-79}$$

在 $\Delta F = 50\ \mathrm{MHz}$，$f_m = 100\ \mathrm{kHz}$，$f_c = 3\ \mathrm{GHz}$，$v_r = 1\ 000\ \mathrm{m/s}$，$F_s = 10\ \mathrm{MHz}$ 的条件下，对基于求导比值的调频测距方法的性能进行仿真，其在信噪比分别为 15 dB、10 dB、5 dB 和 0 dB 条件下的测距误差，如图 4-39 所示。其中，对 5 个调制周期（$N=10$）内的信号运用求导比值法，求得距离值。从图中可以看出求导比值法在较高信噪比时

具有较高的测距精度。相比于补零 FFT 法，求导比值法的优势在于其计算量很小。其不需要乘法运算，只需要一次除法运算，可以用减法来实现。

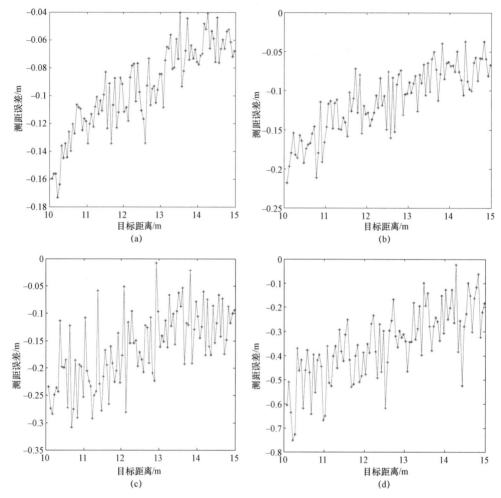

图 4-39　SNR 分别为 15 dB、10 dB、5 dB 和 0 dB 时求导取模比法的测距误差

（a）SNR=15 dB；（b）SNR=10 dB；（c）SNR=5 dB；（d）SNR=0 dB

第 5 章　简易红外成像探测与控制

5.1　简易红外成像探测原理

凡是温度高于绝对零度的物体都要向周围空间进行电磁辐射。对于飞机目标来说，除了其内部（后机身）因发动机工作而形成高温热源致使飞机后机身蒙皮有关部位升温外，还存在由于它在空中做高速飞行时而产生的气动加热。一般，飞机在航速为 $Ma=1\sim10$ 时，相比于天空来说，是一个"高温"物体，能形成较为清晰的热图像。因此，当引信使用的多元探测器具有足够的探测精度时，必然能获得相应的热图像，这是红外引信成像的客观依据。

成像引信获得的实时目标图像是在弹目相对运动中逐步形成的，是一幅时间空间图像，红外成像引信探测到的目标外形是目标的热辐射外形。

在空空导弹上，红外引信均置于导弹的中间部位，这使得引信的光学系统必须设计成环视系统，即引信的多元探测器分布在导弹赤道面的圆周上。由于引信工作时，引信与目标之间的距离很近（仅有几米到几十米），该距离与目标几何尺寸在同一量级上，这就难以实现如制导成像光学系统那样能在同一观察点上，同一瞬间生成一幅目标图像，而仅能利用弹目相对运动，在不同的观察点上，随时间的推移，逐步获得目标的图像。因此，红外成像引信所成图像是利用环视光学系统的多元探测器在弹目交会过程中顺时扫描目标得到的时空图像。

在引信环视光学系统中，有若干探测元单列均匀分布在导弹赤道面的圆周上，每一个探测元都对应着一个视场，可用 $\Delta\beta$ 和 $\Delta\varphi$ 所构成的立体角来表示它，如图 5-1 所示。

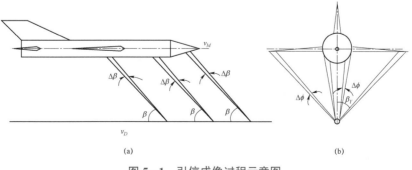

图 5-1　引信成像过程示意图

在弹目交会过程中，成像引信多元探测器的每个探测元的探测视场均随相对运动扫过目标的不同部位，实现了该光学系统的扫描功能。随着弹目相对运动的进行，目标上的各个部位依次进入和退出探测元的探测视场，各探测元探测到并记录、存储探测信息，这样，由各个探测元输出信号的全体形成了成像引信的集合信号，按照探测元空间位置及信号时序进行排列得到一幅二维信号图，称其为信号阵图。如果简单地将探测到信号的探测单元的输出置为"1"，而将未探测到信号的探测单元的输出置为"0"，则可以得到图5-2所示的目标二维阵图。

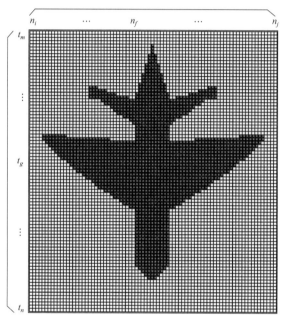

图5-2　目标二维阵图

红外成像引信的研制，必须开展如下4项研究工作：

（1）红外探测器及成像体制。

（2）目标红外辐射及引信成像的建模。

（3）目标图像识别技术。

（4）红外成像引信的精确起爆控制。

5.2　典型目标红外辐射建模

5.2.1　目标红外辐射建模原理

飞机目标红外辐射及引信成像建模具有极其重要的意义。无论是飞机的自身防护还是以飞机为目标的武器系统，都需要尽可能详尽地掌握飞机的红外特性。但对飞机的直接测量有如下天生不足：

（1）由于任务的复杂度高、耗资大、研究周期长，其结果准确性比较差、局限性很大，如只能测量有限的飞行高度、飞行速度、飞行姿态和空域点（方位）等。

（2）敌方飞机的非合作性使得实际测量无法进行。

（3）直接测量难以得到特殊条件下的辐射特性，尤其是引信目标，由于弹目距离很近，其测量难度更大。

因此，必须进行飞机目标红外辐射及引信成像建模，来获取引信视场中的飞机目标红外辐射灰度图像，为进行引信目标图像识别的研究提供充分的图像数据。通过建模来生成引信视场中飞机目标的红外辐射灰度图像，其中包括常用的目标红外辐射建模方法。引信视场中飞机目标红外图像的生成流程如图 5-3 所示。

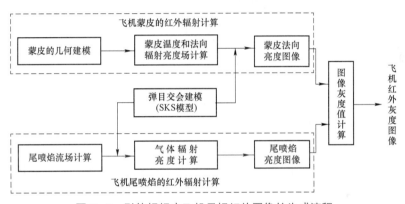

图 5-3　引信视场中飞机目标红外图像的生成流程

5.2.2　飞机蒙皮的红外辐射计算

5.2.2.1　飞机形体的几何建模及网格划分

飞机的几何造型复杂，经过一定的简化，某歼击机的几何形体示意图如图 5-4 所示，

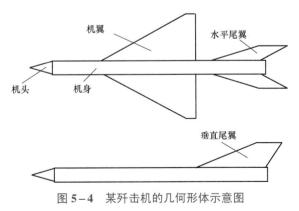

图 5-4　某歼击机的几何形体示意图

包括一个圆柱体（机身）、一个圆锥体（机头）、五个无厚度的平面（两个机翼、两个水平尾翼、一个垂直尾翼），并分别建立各几何体在目标坐标系中的解析表达式，并为了减少计算量，对飞机蒙皮表面进行了三维网格划分（见图5-5）。求出每一网格的温度，然后利用普朗克定律和兰伯特定律，对这一面元用数值积分的方法，可得到此面元在某一波长范围内的红外法向辐射亮度。所以，飞机蒙皮的红外法向亮度的计算关键是蒙皮的温度场计算。

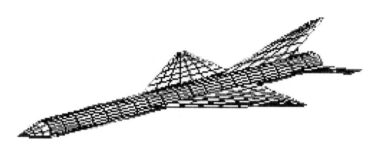

图5-5　飞机三维网格划分示意图

5.2.2.2　飞机蒙皮温度的计算

影响飞机蒙皮温度的主要因素是气动加热、发动机热源加热和阳光加热。由于太阳的加热，向阳面蒙皮温度典型增加值为5 ℃左右，但在实战中阳光有无及其强弱、方向难以预料，在 NIRATAM 模型中不予考虑，本书的计算也不考虑。气动加热和发动机位置使得飞机蒙皮温度分布不均匀，可经验地把蒙皮划分为6个区域，如图5-6所示。

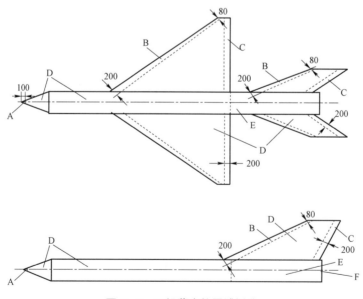

图5-6　飞机蒙皮的区域划分

A—头锥尖部；B—机翼和尾翼前缘；C—机翼和尾翼后缘；D——一般部位；E—发动机影响区；F—尾喷口

下面介绍各蒙皮区域温度的计算方法。

1. 头锥尖部

头锥尖部的热量主要由气流受压缩后滞止而产生，因而其表面温度取决于驻点温度（气流绝热滞止温度），一般可按驻点温度计算，如式（5-1）所示：

$$T_H^* = T_H \left(1 + \frac{K-1}{2} M^2 \right) \tag{5-1}$$

式中，T_H^* 为驻点温度，K；T_H 为飞行高度上的大气温度，K；K 为绝热指数，对于空气，$K = 1.4$；M 为飞行马赫数。

2. 一般部位

一般部位蒙皮的温度由气动加热决定，在飞行速度不高（$Ma < 2$）时，可按绝热壁温度（恢复温度）计算，其经验公式如式（5-2）所示：

$$T_W \cong T_r = T_H \left(1 + r \frac{K-1}{2} M^2 \right) \tag{5-2}$$

式中，T_W 为一般蒙皮部位的温度；T_r 为绝热壁温度；r 为温度恢复系数。

当 $r = 1$ 时，绝热壁温度就是驻点温度 T_H^*。r 主要取决于气流的边界层结构，由普朗特数 Pr 决定。对于层流边界层，$r = \sqrt{Pr}$；对湍流边界层，$r = \sqrt[3]{Pr}$。如已知蒙皮温度的测量值 T，则温度恢复系数亦可定义为：$r = (T - T_H)/(T_H^* - T_H)$。$r$ 的典型值范围是 $0.8 \sim 0.94$，对于一般部位飞机蒙皮，r 取 0.89。

对一般部位，如用式（5-2）进行经验计算，在飞行速度较高时，其精度难以保证，可根据要求进行较为严格的理论计算，以得到更准确的结果。

3. 机翼和尾翼的前、后缘

机翼和尾翼的前缘温度比驻点温度略低，比后缘温度略高；机翼和尾翼的后缘温度又比一般部位略高。用式（5-3）和式（5-4）计算前、后缘温度：

$$T_前 = T_H^* - \frac{T_H^* - T_r}{3} \tag{5-3}$$

$$T_后 = T_r + \frac{T_H^* - T_r}{3} \tag{5-4}$$

式中，$T_前$ 为机翼和尾翼的前缘温度；$T_后$ 为机翼和尾翼的后缘温度。

4. 发动机影响区

由于发动机加热，发动机影响区的蒙皮温度比一般蒙皮部位高。温度增加值 ΔT_{INT} 由合适的测量数据和经验公式得出，它是飞行速度 V 的函数，如式（5-5）所示：

$$\Delta T_{INT} = \Delta T_{0,INT} \cdot \left(\frac{V_0}{V} \right)^{0.8} \tag{5-5}$$

式中，$\Delta T_{0,INT}$ 为飞机在 V_0 速度下测得的发动机影响区蒙皮与一般部位的温度差值。

发动机影响区的蒙皮温度由式（5-6）给出：

$$T_{发动机} = T_r + \Delta T_{INT} \qquad (5-6)$$

假设发动机是轴对称地沿机身轴向分布，对应发动机影响区蒙皮温度在机身轴向上相同，而在机身轴向上温度随着位置的不同而不同。因此，计算时，需将发动机沿轴向分段，对每段分别用式（5-5）、式（5-6）进行温度计算，并区分发动机不同的工作状态。

用经验公式计算发动机影响区蒙皮温度的优点是简单；缺点是精度不高，且需知道 $\Delta T_{0,INT}$ 和 V_0，即必须获取一些典型飞行状态的数据（可通过实测或理论计算等获得）。

下面小节将介绍一种发动机影响区蒙皮温度的理论计算方法，但其计算中用到许多参数，如果能准确提供这些参数，可以预期获得比用经验公式更准确的结果。但事实上，由于有些参数与飞行状态、发动机状态有关，很难准确知道或根本无法知道，这必将影响计算结果或令计算无法进行。所以，提出采用理论与经验相结合的方法，来计算发动机影响区的蒙皮温度：利用部分实测数据和有准确输入参数的理论计算结果作为经验数据［式（5-5）中的 $\Delta T_{0,INT}$ 和 V_0］，再用式（5-5）、式（5-6）来计算其他飞行状态下的发动机影响区蒙皮温度。

5. 尾喷口

当导弹尾追攻击飞机时，引信探测元可探测到尾喷口和尾喷管内壁，虽然其辐射可用灰体的方法来计算，但喷管内壁存在多重反射，辐射计算十分复杂。

尾喷口和尾喷管的内壁温度非常高（1 000 K 以上），其红外辐射比飞机蒙皮的辐射强很多（蒙皮温度通常为 300～500 K）。由于模型最终目的是生成 0～255 级的红外灰度图像，且灰度值由红外辐射亮度值决定，所以尾喷口和尾喷管内壁对应的图像灰度值将总是最大（255）。因此，模型中这样处理：只要探测到尾喷口或尾喷管内壁，则令其对应的像素灰度值为 255，从而避开了尾喷口或尾喷管内壁的温度和辐射亮度的复杂计算。

模型中对蒙皮不同区域间用插值法进行平滑过渡。

5.2.2.3 发动机影响区蒙皮温度的理论计算

1. 计算模型

涡轮后到发动机出口的气流通道，包括蒙皮共有 NR（对国产某歼击机 $NR=3$）层壁，计算中把各层壁沿气流方向（轴向）划分为（$NR-1$）段，计算各层壁的每一段壁温。在各层的壁温计算中做了如下的假设：

（1）忽略了壁内热阻，即各层壁的内壁温度与外壁温度相同。

（2）忽略了热量的轴向传递，即只考虑热量径向传递，段与段之间是绝热的。

（3）稳态条件，即全部参数不随时间变化。

（4）轴对称条件，即全部条件不随轴向变化。

（5）常物性条件，即全部物性参数是常数。

在上述假设下，取一个段的各层壁面，计算对流和辐射传热量。达到热平衡时，其对应的平衡温度就是所求的壁温。

由于壁面内外的传热量、壁本身的温度与同一段内相邻层的壁温有关，因此同一段的各层需要进行热平衡的迭代计算。迭代采用牛顿–拉斐尔森迭代法。

2. 计算公式

如图 5–7 所示，第 i 段第 j 层壁的热平衡方程为

$$Q_{C,O} + Q_{R,O} + Q_{C,I} + Q_{R,I} = 0 \tag{5-7}$$

式中，$Q_{C,O}$ 和 $Q_{R,O}$ 分别为外壁面的对流加热量和辐射加热量；$Q_{C,I}$ 和 $Q_{R,I}$ 分别为内壁面的对流加热量和辐射加热量。

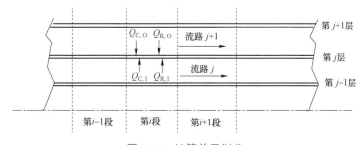

图 5–7　计算单元划分

1）对流加热量

对流加热量可写为

$$Q_{C,O} = \alpha_o A_W (T_{f,i,j+1} - T_{W,i,j}) \tag{5-8}$$

$$Q_{C,I} = \alpha_i A_W (T_{f,i,j} - T_{W,i,j}) \tag{5-9}$$

式中，$T_{f,i,j+1}$ 和 $T_{f,i,j}$ 是流体温度，$j+1$ 流路是 j 层壁的外流路，j 流路是 j 层壁的内流路；$T_{W,i,j}$ 是第 i 段第 j 层壁的壁温；A_W 是计算壁面的面积（$A_W = \pi d_j \Delta l_i$），α_o 和 α_i 是外壁面和内壁面的对流换热系数。

关于对流换热系数的计算，根据不同的情况分别采用下述公式。

（1）燃气通道内用：

$$Nu = 0.016\,2 Pe^{0.82} \left(\frac{T_f^*}{T_W}\right)^{0.066} \tag{5-10}$$

（2）空气通道内用：

$$\begin{cases} Nu = 0.023 Re^{0.8} Pr^{0.4}, & Re \geqslant 10^4 \\ Nu = 1.86\left(Pe \cdot \dfrac{d_e}{x}\right)^{0.333}, & Re < 10^4 \end{cases} \tag{5-11}$$

（3）蒙皮与外界大气的对流热系数用：

当 $Re_x \leqslant 5 \times 10^5$ 时

$$Nu_x = 0.332 Re_x^{0.5} Pr^{0.33} \qquad (5-12)$$

$$T_r = T_H \left(1 + \frac{k-1}{2} \cdot \sqrt{Pr} \cdot M_H^2 \right) \qquad (5-13)$$

当 $Re_x > 5 \times 10^5$ 时

$$Nu_x = 0.029\,2 Re_x^{0.8} Pr^{0.33} \qquad (5-14)$$

$$T_r = T_H \left(1 + \frac{k-1}{2} \cdot \sqrt[3]{Pr} \cdot M_H^2 \right) \qquad (5-15)$$

式中，T_r 为恢复温度。

当飞行马赫数为 0 时，用自然对流公式：

$$\begin{cases} Nu = 0.53 Ra^{0.25}, & Ra < 10^9 \\ Nu = 0.13 Ra^{\frac{1}{3}}, & Ra \geqslant 10^9 \end{cases} \qquad (5-16)$$

上述公式中

$$Nu = \frac{\alpha d_e}{\lambda}; \quad Nu_x = \frac{\alpha_x \cdot x}{\lambda}; \quad Re = \frac{\rho w d_e}{\mu}; \quad Re_x = \frac{\rho w x}{\mu};$$

$$Pr = \frac{\mu C_p}{\lambda}; \quad Pe = Re \cdot Pr; \quad Ra = Gr \cdot Pr; \quad Gr = \frac{\beta g \Delta T \cdot d^3 \cdot \rho^3}{\mu^2}$$

式中，d_e 为当量直径；x 为计算点距前缘的距离；w 为流动速度；λ 为导热系数；μ 为动力黏性系数；C_p 为定压比热；ρ 为密度；β 为热膨胀系数；g 为重力加速度；ΔT 为流体与壁面之间的温差。

2）辐射加热量

壁面（$i, j+1$）对壁面（i, j）的辐射加热量为

$$Q_{R,W} = A_W \sigma \frac{1}{\dfrac{1}{\varepsilon_{j+1}} + \dfrac{1}{\varepsilon_j} - 1} (T_{W,j+1}^4 - T_{W,j}^4) \qquad (5-17)$$

式中，σ 为波尔兹曼常数（5.67×10^{-8} W/m² · K⁴）；ε_{j+1} 和 ε_j 分别为第（$j+1$）层壁面和第 j 层壁面的发射率。

燃气对壁面（i, j）的辐射加热量为

$$Q_{R,g} = \frac{\sigma(1+\varepsilon_W)}{2} \varepsilon_g (T_g^4 - T_g^{1.5} T_W^{2.5}) A_W \qquad (5-18)$$

其中气体的发射率

$$\varepsilon_g = 1 - \exp[-2.9 \times 10^4 \cdot L \cdot p \cdot (rl)^{0.5} T_g^{-1.5}] \qquad (5-19)$$

式中，L 为亮度因子；p 为燃气压力，bar[①]；r 为油气比；l 为平均射线长度，m；T_g 为燃气温度，K。

3. 迭代计算方法

根据初始假设的壁温，计算出内壁面和外壁面的对流和辐射加热量 $Q_{C,O}$、$Q_{C,I}$、$Q_{R,O}$ 和 $Q_{R,I}$，在热平衡条件下，它的总和应等于 0，即

$$\sum Q = Q_{C,O} + Q_{R,O} + Q_{C,I} + Q_{R,I} = 0 \qquad (5-20)$$

当 $\sum Q \neq 0$ 时，则应对计算的壁温进行修正。修正值 $\Delta T'_W$ 为

$$\Delta T'_W = -\frac{\sum Q}{\dfrac{\mathrm{d}\sum Q}{\mathrm{d}T_W}} \qquad (5-21)$$

修正后的壁温为

$$\Delta T'_W = T_W + \omega \cdot \Delta T'_W \qquad （\omega \text{ 为加权系数，可取为 } 1） \qquad (5-22)$$

由上可知，用理论方法计算发动机影响区蒙皮的温度要用到许多参数，如亮度因子、燃气压力、油气比等，有时有些参数很难准确知道或根本就无法知道，所以，在 5.2.2.2 提出了建模中采用理论计算与经验计算相结合的方法，获得了满意的效果。

5.2.3　飞机尾喷焰的红外辐射计算

飞机尾喷焰的红外辐射计算包括尾喷焰流场的计算和尾喷焰红外辐射传输的计算两部分。首先计算尾喷焰流场，然后计算尾喷焰红外辐射传输。

5.2.3.1　尾喷焰流场的计算

这里采用空间推进法对抛物化的平均 Navier–Stokes 方程（忽略扩散项中的流向微分项）求解尾喷焰流场，有如下基本方程。

1. 基本控制方程

1）射流混合方程

时间平均、雷诺分解、抛物化的平面（$J=0$）或轴对称（$J=1$）射流混合方程为连续方程：

$$\frac{\partial}{\partial x}(\rho u r^J) + \frac{\partial}{\partial r}(\rho v r^J) = 0 \qquad (5-23)$$

流向（轴向）动量方程：

$$\frac{\partial}{\partial x}[(p + \rho u^2)r^J] + \frac{\partial}{\partial r}(\rho u v r^J) = \frac{\partial}{\partial r}[r^J(\tau_{xr} - \rho\overline{u'v'})] \qquad (5-24)$$

法向（径向）动量方程：

---

① 1 bar=100 kPa。

$$\frac{\partial}{\partial x}(\rho uvr^J)+\frac{\partial}{\partial r}[(p+\rho v^2)r^J]=\frac{\partial}{\partial r}[r^J(\tau_{rr}-\rho\overline{v'v'})] \qquad (5-25)$$

能量方程：

$$\frac{\partial}{\partial x}(\rho uHr^J)+\frac{\partial}{\partial r}(\rho vHr^J)=\frac{\partial}{\partial r}\left[r^J\left(\frac{v}{p_r}\frac{\partial H}{\partial r}-\frac{1}{2}Q^2\right)\right]-\rho\overline{H'v'}+$$
$$\overline{(\tau_{xr}+\tau'_{xr})(u+u')}+\overline{(\tau_{rr}+\tau'_{rr})(v+v')} \qquad (5-26)$$

组分方程：

$$\frac{\partial}{\partial x}(\rho u\phi r^J)+\frac{\partial}{\partial r}(\rho v\phi r^J)=\frac{\partial}{\partial r}\left[r^J\left(\frac{v}{p_r}\frac{\partial\phi}{\partial r}-\rho\overline{\phi v'}\right)\right] \qquad (5-27)$$

以上方程中，x、r 分别为轴向和径向坐标，u、v 分别为轴向和径向速度分量，ρ 为密度，p 为静压，v 为层流黏性，H 为总焓，ϕ 为组分参数。这些方程都已对轴向抛物化了（输运项中的轴向微分项被忽略）。对湍流相关项做了标准的（不可压）假设（三阶和更高阶相关项、密度相关项 $\overline{\rho'u'}$、$\overline{\rho'H'}$ 和 $\overline{\rho'\phi'}$ 等都被忽略了）。热传导和质量传导相同。

2）湍流模型

求解平均 Navier-Stokes 方程时，常用的湍流模型有零方程、一方程、二方程和混合长度理论。当求解一般射流混合问题时，常使用二方程模型，所以，选用了 $K-\varepsilon$ 二方程模型。

轴对称 $K-\varepsilon$ 湍流输运方程为

$$\rho u\frac{\partial K}{\partial x}+\rho v\frac{\partial K}{\partial r}=\frac{1}{r}\frac{\partial}{\partial r}\left(\frac{rv_t}{\sigma_K}\frac{\partial K}{\partial r}\right)+(p-\rho\varepsilon) \qquad (5-28)$$

$$\rho u\frac{\partial\varepsilon}{\partial x}+\rho v\frac{\partial\varepsilon}{\partial r}=\frac{1}{r}\frac{\partial}{\partial r}\left(\frac{rv_t}{\sigma_\varepsilon}\frac{\partial\varepsilon}{\partial r}\right)+(C_1p-C_2\rho\varepsilon)\frac{\varepsilon}{K} \qquad (5-29)$$

式中，p 为湍流生成项；v_t 为湍流黏度。

式（5-23）~式（5-29）为用空间推进法求解飞机尾喷解流场所用的 7 个基本控制方程。

3）推导方程

（1）抛物型方程。把方程（5-24）、方程（5-26）、方程（5-27）转化为非守恒形式：

$$\rho u\frac{\partial u}{\partial x}+\rho v\frac{\partial u}{\partial r}+\frac{\partial\rho}{\partial x}=F_u \qquad (5-30)$$

$$\rho u\frac{\partial H}{\partial x}+\rho v\frac{\partial H}{\partial r}=F_H \qquad (5-31)$$

$$\rho u \frac{\partial \alpha_i}{\partial x} + \rho v \frac{\partial \alpha_i}{\partial r} = F_{\alpha_i} \tag{5-32}$$

式中，α_i 是第 i 组分的质量分数；F_u、F_H、F_{α_i} 为抛物化型的黏性湍流扩散项。式（5-30）～式（5-32）与式（5-28）、式（5-29）结合，整个方程组便形成封闭，它们是抛物型方程。

（2）特征线方程。特征线方程主要用于分析强相互作用问题。飞机燃气射流中，在无黏超音速流动区边界点和黏性超音速与亚音速流动区匹配点的分析过程中，都要使用特征线方程。通过标准的推导，连续方程和法向动量方程可以化成特征线形式，其中把黏性项处理为源项。

沿特征线方向有

$$\lambda^{\pm} = \frac{\mathrm{d}r^{\pm}}{\mathrm{d}x} = \tan(\theta \pm \mu) \tag{5-33}$$

黏性特征线相容性方程为

$$\frac{\sin\mu\cos\mu}{v}\mathrm{d}\ln p \pm \mathrm{d}\theta = \left(-\frac{\sin\theta}{r} - \frac{F_V}{v p M^2}\right)\frac{\sin\mu}{\cos(\theta \pm \mu)}\mathrm{d}x \tag{5-34}$$

式中，θ 为流向角；M 为马赫数；μ 为马赫角（$\sin\mu = 1/M$）；F_V 是黏性源项。

式（5-34）中，令 $F_V = 0$，即为无黏特征线相容性方程。

称式（5-33）、式（5-34）为双曲型方程。

（3）压力分裂方程。压力分裂是指在亚音速区，压力被分解为流向压力梯度和径向压力梯度。当应用于抛物型问题时，流向压力梯度被赋一个值，而径向压力梯度被忽略。在抛物型积分完成后，径向速度由连续方程来确定。当应用于拟抛物问题时，径向压力梯度不能忽略，径向速度可由连续方程和法向动量方程耦合求解。

在混合和边界问题中，由连续方程和法向动量方程可得如下两个压力分裂方程：

$$a_1 \frac{\partial p}{\partial r} + a_2 \frac{\partial v}{\partial x} + a_3 \frac{\partial v}{\partial r} = a_4 \tag{5-35}$$

$$A_1 \frac{\partial v}{\partial x} + A_2 \frac{\partial v}{\partial r} + A_3(v) = 0 \tag{5-36}$$

式（5-35）、式（5-36）的系数用抛物型积分所求得的固定的 u、H、α_i 值和近似的 v、p 值计算。

2. 数值方法求解方程

对尾喷焰流场的求解思想是：把整个流场分成超音速区和亚音速区，在不同区域分别采用不同形式的控制方程。在超音速区，采用黏性特征方程，在亚音速区采用压力分裂方程，对整个流场用一个抛物型方程进行空间推进。

本书采用了有限差分法求解控制方程，以得到尾喷焰流场各点的参数，如轴向速度、法向速度、温度、密度、压强等。飞机燃气射流与周围静止大气相互作用产生的流场具有许多不同流动特性的区域，对不同的区域，分别使用如下不同的数值模型和方法求解。

1）拟抛物型（压力分裂）模型

这种模型不仅可应用于完全亚音速射流问题，而且可应用于欠膨胀超音速射流喷入静止空间所产生的亚音速部分。

2）双曲型（无黏超音速）模型

这种模型可用于计算无黏射流近场膨胀波或激波结构，当然也可以计算欠膨胀黏性射流无黏核心区。

3）双曲型/抛物型（黏性超音速）模型

这种模型是以上双曲型模型的直接推广，可用于计算超音速黏性射流区。

4）射流积分法

对于喷入静止空间的超音速欠膨胀射流，用空间推进法从发动机出口处开始进行计算，当计算至离喷口某一距离后，可以发现射流轴心线上的马赫数小于1，并且逐渐衰减，即射流已经变为亚音速射流，且存在自模性关系，此时采用射流积分法非常有效。

总之，在飞机全流场的计算中，在离喷口一段距离内采用空间推进法进行数值模拟，当射流变为亚音速流后，就采用射流积分法求解。两种方法的有机结合，很好地解决了发动机尾喷流全流场的计算问题。

对某型飞机的某型号发动机进行了数值仿真计算。在标准大气压下，关于尾喷焰的温度、H_2O 分压、CO_2 分压沿轴心线和径向的分布，当飞机以最大加力状态飞行时，如图 5-8～图 5-13 所示，当飞机以额定状态飞行时，如图 5-14～图 5-16 所示。图中的 H 和 Ma 分别表示飞行高度和速度，所有曲线经过平滑处理，不考虑流场中存在的波节，并取加力时喷口半径 R_0 为 340 mm，额定时 R_0 为 257.2 mm。

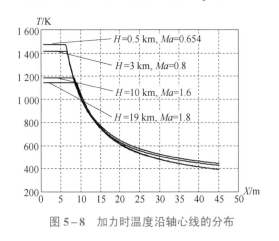

图 5-8　加力时温度沿轴心线的分布

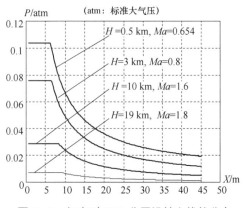

图 5-9　加力时 H_2O 分压沿轴心线的分布

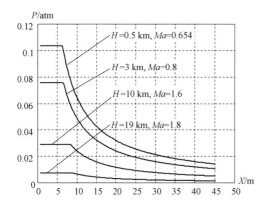

图 5−10　加力时 CO_2 分压沿轴心线的分布

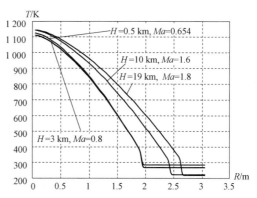

图 5−11　加力时温度沿径向的分布

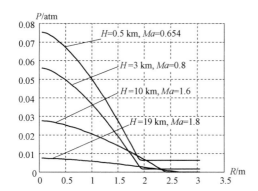

图 5−12　加力时 H_2O 分压沿径向的分布

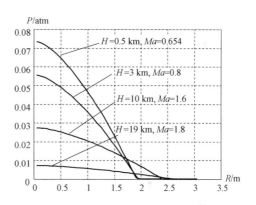

图 5−13　加力时 CO_2 分压沿径向的分布

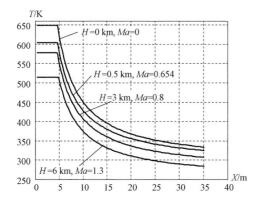

图 5−14　额定时温度沿轴心线的分布

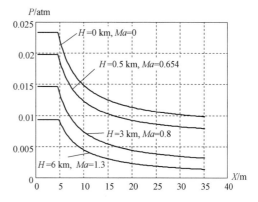

图 5−15　额定时 H_2O 分压沿轴心线的分布

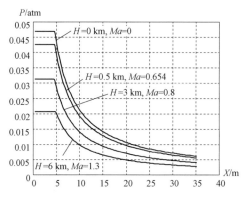

图 5-16 加力时 CO_2 分压沿轴心线的分布

由这些图可知，尾喷焰流场一般有如下特点。

（1）发动机工作在加力状态时，飞机尾喷焰中的温度、H_2O 分压、CO_2 分压都要比额定状态时大得多，低空加力飞行时温度最高。

（2）沿轴心线，离喷口较近时，尾喷焰的温度、H_2O 分压、CO_2 分压在一定距离内是保持不变的，这就是所谓的尾喷焰核心区（见图 5-17），随后，尾喷焰的温度、H_2O 分压、CO_2 分压都随着离喷口的距离增大而减少，最后等于环境的温度与压力。

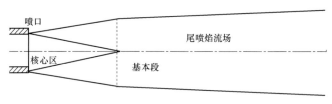

图 5-17 尾喷焰流场示意图

（3）在与轴心线垂直的尾喷焰截面上，温度、H_2O 分压、CO_2 分压都是随着半径的增大而减少，最后等于环境的温度与压力。

5.2.3.2 尾喷焰红外辐射传输的计算

飞机尾喷焰红外辐射理论计算十分困难、复杂，包括复杂的流场计算和复杂的气体辐射传输计算。流场计算已在 5.2.3.1 节描述，本节对气体辐射传输的计算问题进行研究。

由于此处的红外建模研究是针对红外成像引信的，引信作用距离在几十米以内，即尾喷焰红外辐射在大气中的传输距离很短，因此大气对辐射的衰减完全可以忽略。

航空发动机燃油主要由碳氢化合物和少量的氮、氧、硫、水组成。涡喷发动机的燃油中非碳氢化合物一般被严格控制在 1% 以下。燃油在空气中的燃烧产物——尾喷焰包含有 CO_2、CO、C 粒子、H_2O、N_2 和 O_2，另外由于存在水解反应，还存在 OH^- 离子等其他成分。

尾喷焰红外辐射属于气体辐射，气体辐射与固体辐射明显不同：① 气体辐射不像固体辐射发自物体表面，而是发自气团内的每个气体分子或离子；② 固体辐射是连续光谱，而气体辐射则有强烈的选择性。这使得气体辐射的研究要比固体辐射复杂得多。

气体组分红外辐射的强弱，不仅与组分本身的辐射能力有关，还与组分的物质的量浓度（或分压）有关。尾喷焰中，CO_2、CO、H_2O、OH^- 和 C 粒子都具有较强的辐射能力，但由于 CO、OH^-、C 粒子的物质的量浓度较低，因而 H_2O、CO_2 是尾喷焰产生红外辐射的主要组分。CO、OH^- 的红外辐射一般可以忽略，但 C 粒子辐射属固体辐射，一般不能忽略。

飞机尾喷焰红外辐射的准确计算必须从尾喷焰分子发射、吸收跃迁等微观角度来进行理论计算。20 世纪 70 年代，随着气体辐射和传输理论日益成熟，出现了以美国NASASP－3080 为代表的以分子辐射和微团积分方法为基础的全新一代气体辐射的理论方法，较好地解释了气体辐射的机理，可给出高温气团辐射的空间分布和光谱分布，并用了大量实测数据作为依据和验证。这种方法至今还是为人们所推崇的一种气体辐射计算方法。

1. 气体辐射传输方程及其求解

目前国际上尾喷焰红外辐射理论计算普遍采用 1981 年 JANNAF Exhaust Plum Technology Subcommittee（EPTS）公布的标准喷焰模型（SPM），它由一个标准喷焰流场（SPF）和一个标准红外辐射模型（SIRRM）组成。其中标准红外辐射模型公式如下（沿着一个向量 $\vec{S}$ 视线方向的辐射传输方程，参见图 5－18）：

$$\frac{dL_\lambda(\vec{S})}{dS} = -n(\sigma_\lambda^{sc} + \sigma_\lambda^\alpha)L_\lambda(\vec{S}) + n\sigma_\lambda^\alpha L_\lambda^0(S) + \frac{n\sigma_\lambda^{sc}}{4\pi}\iint_{4\pi} f_\lambda(\vec{S},S)L_\lambda(\vec{S})d\Omega(\vec{S}) \quad (5-37)$$

式中，$L_\lambda(\vec{S})$ 是点 S 在 $\vec{S}$ 方向的光谱辐射亮度；$f_\lambda(\vec{S},S)$ 是从 $\vec{S}$ 到 S 的散射相位函数；$L_\lambda^0(S)$ 是点 S 处的黑体光谱辐射亮度；σ_λ^{sc} 和 σ_λ^α 分别是散射和吸收截面；n 是数量密度。截面必须直接地测量或用一个适当的理论模型（如 Mie）来计算，模型使用光学参数（如复折射系数）作为输入。式（5－37）的右端第一项代表由于吸收和散射而放出的辐射，第二项是自发射，第三项代表散射进此视线方向的附加辐射。式（5－37）是一个积分差分方程，在一定的限制假设下可得它的解。在 SIRRM 中，设计了 3 种解：仅有气体、二通量散射和六通量散射。由于飞机发动机为液体发动机，因此下面给出仅有气体情况下的求解。

飞机燃气辐射传输方程的求解方法分为 3 种：工程计算模型、逐线积分模型和谱带计算模型。

（1）工程计算模型：工程计算模型是对各种发动机的大量数据进行统计建模，典型代表是苏联开发的软件，该方法的缺点是需要发动机壁温等参数做输入，这对研究外军飞机和发动机内部参数未知的飞机是不适用的。

（2）逐线积分模型：该模型严格计算分子振-转能辐射跃迁，对数十万光谱线进行求解，非常复杂和耗时，因为对于不均匀的温度场要对每条谱线沿视线积分且要知道所有谱线参数。虽然这种方法在工程中很难应用，但是在研究高分辨率光谱时是唯一的途径。

（3）谱带计算模型：谱带模型是根据不同分子的红外振-转跃迁机理，求出小段波数间隔内的谱带模型参数。该法计算量小，结果不太依赖于波数间隔所取的大小，而是基于统计平均的概念。用逐线积分模型可得到比谱带计算模型更精确的结果，但对某些分子的光谱带，谱线间会有明显重叠，谱线参数并不精确知道，因而用谱带计算模型反而会得到比逐线积分模型更好的结果。

当燃烧比较完全时，尾喷焰中的固、液体颗粒浓度比较低，散射与吸收相比是个很小的量，所以可以略去散射在所研究方向引起的辐射量的增量。在不考虑散射，但同时具有吸收和发射作用的情况下，处于局部热力学平衡，非等温情况的辐射传输方程为

$$\frac{\mathrm{d}L_\lambda}{\mathrm{d}S} = k_\lambda \rho (L_B - L_\lambda) \qquad (5-38)$$

式中，L_λ 为光谱辐射亮度，$\mathrm{W} \cdot \mathrm{cm}^{-2} \cdot \mathrm{sr}^{-1} \cdot \mu\mathrm{m}$；$S$ 为沿视线方向的路径距离，cm；k_λ 为光谱质量吸收系数，$\mathrm{cm}^2 \cdot \mathrm{g}^{-1}$；$\rho$ 为气体密度，$\mathrm{g} \cdot \mathrm{cm}^{-3}$；$L_B$ 为普朗克黑体光谱辐射亮度，$\mathrm{W} \cdot \mathrm{cm}^{-2} \cdot \mathrm{sr}^{-1} \cdot \mu\mathrm{m}$。

略去边界条件，当辐射传输的方向与视线方向相反时（见图 5-18），辐射传输方程的解（观测点处的光谱辐射亮度）为

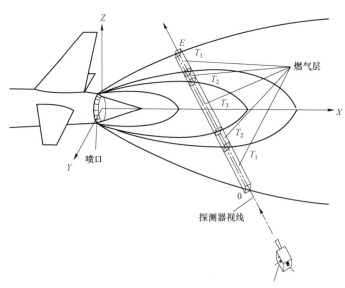

图 5-18　视线方向尾喷焰探测示意图

$$L_\lambda = \int_0^E \exp\left(-\int_0^S k_\lambda \rho \mathrm{d}S'\right) L_B k_\lambda \rho \mathrm{d}S \tag{5-39}$$

其中，0 点和 E 点分别为穿过尾喷焰的视线的两个端点。

定义 0 点和 S 点间的透过率为

$$\tau = \exp\left(-\int_0^S k_\lambda \rho \mathrm{d}S'\right) \tag{5-40}$$

则式（5-39）可化为

$$L_\lambda = \int_0^E L_B \left(\frac{-\mathrm{d}\tau}{\mathrm{d}S}\right) \mathrm{d}S \tag{5-41}$$

当有 m 种组分气体同时发生辐射和吸收时，总透过率为各组分透过率的乘积，即

$$\tau = \prod_{i=1}^m \tau_i \tag{5-42}$$

式中，τ_i 为第 i 种组分的透过率。

当对波长在 $\lambda_1 \sim \lambda_2$ 的波段进行积分时，便可得到在此波段内的辐射亮度为

$$L = \int_{\lambda_1}^{\lambda_2} \int_0^E L_B \left(\frac{-\mathrm{d}\tau}{\mathrm{d}S}\right) \mathrm{d}S \mathrm{d}\lambda \tag{5-43}$$

如果探测视线穿过尾喷焰后，还与尾翼、机身或机翼的蒙皮相交，则必须考虑蒙皮对辐射的贡献，即考虑辐射传输方程的边界条件。如把蒙皮看作发射率为 ε_1 的灰体，则有边界条件时，辐射亮度为

$$L = \varepsilon_1 \int_{\lambda_1}^{\lambda_2} L_B(T_0) \tau(E) \mathrm{d}\lambda + \int_{\lambda_1}^{\lambda_2} \int_0^E L_B(T_S) \left(\frac{-\mathrm{d}\tau}{\mathrm{d}S}\right) \mathrm{d}S \mathrm{d}\lambda \tag{5-44}$$

式中，$L_B(T_0)$ 和 $L_B(T_S)$ 分别为温度为 T_0、T_S 的黑体光谱辐射亮度；T_0 为蒙皮温度；T_S 为视线方向路径上的尾喷焰温度；$\tau(E)$ 为从 0 点到 E 点的透过率。

透过率与路径上的尾喷焰温度、压力、组分、路径长度等参数有关，所以，由式（5-44）可知，要计算尾喷焰的辐射，需解决如下问题：

（1）流场计算问题。

（2）透过率的计算问题，即计算喷气流内的透过率。

（3）如考虑边界条件，还需计算蒙皮温度 T_0。

2. 透过率的计算

计算透过率时，需要知道分子吸收谱线的参数，如谱线的线型、每条谱线的中心波数、每条谱线的强度和半宽度以及它们随压强和温度的变化情况，还有路程上的气象条件。如果根据每条谱线的参数，用逐线积分模型来计算透过率，其计算量是巨大的，而且也是困难的。为此，可以把所研究的光谱区间划分成若干个小段，每小段的波长间距为 $\Delta\lambda$，取透过率的平均值为

$$\overline{\tau} = \frac{1}{\Delta\lambda} \int_{\Delta\lambda} \tau(\lambda)\mathrm{d}\lambda \qquad\qquad (5-45)$$

这就是谱带模型法的基本思想。谱带模型法是一种简化的方法，它采用一定的模型来代表实际光谱带的吸收，而每一种模型都假设在一个光谱带中，谱线的位置和强度都按一种能够用简单数学公式表示的方式来分布。常用的谱带模型有 Blsasser 模型（也称规则模型）、Goody 模型（也称统计模型）和随机 Elsasser 模型，它们的吸收谱线分布示意图分别如图 5-19（a）、（b）、（c）所示。

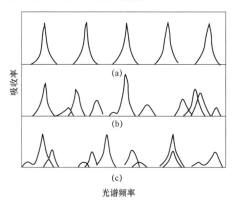

图 5-19　用于计算气体吸收的几种模型

（a）Blsasser 模型；（b）Goody 模型；（c）Elsasser 模型

在统计模型基础上，考虑了谱线的碰撞增宽（也称 Lorentz 增宽）、多普勒增宽和气体不均匀性，得出了计算非均匀气体的方法，包括 SLG 模型和 MLG 模型。

SLG（Single Line Group，单线组）模型对不均匀路程采取积分的办法。MLG（Multiple Line Group，多线组）模型基于 SLG 模型，理论上更精确，它和 SLG 模型的不同之处在于对高温情况的处理。MLG 模型认为在高温下气体分子的更高振动态被激发，引起更多的低能级电子跃迁，从而产生新的吸收谱线，而 SLG 模型则忽略了这些吸收谱线，计算时采用 SLG 模型对尾喷焰的透过率。

表 5-1 中列出了 SLG 模型的计算公式，其中给出的吸收系数 k、$\frac{1}{\delta}$ 是由试验、理论分析这两个方面相结合而得出的，数据受试验的影响较大，再加上很多气体辐射的理论问题尚未解决，因此计算精度受到一定影响。

表 5-1　SLG 模型的推荐方程及参数说明

参数	推荐方程及参数说明	公式号
透过率	$\tau = \exp(-X)$	(5-46)
光学深度	$X = X^*\left(1 - Y^{-\frac{1}{2}}\right)^{\frac{1}{2}}$	(5-47)

参数	推荐方程及参数说明	公式号
碰撞和多普勒结合的光学深度	$$Y = \left[1 - \left(\frac{X_L}{X^*}\right)^2\right]^{-2} + \left[1 - \left(\frac{X_D}{X^*}\right)^2\right]^{-2} - 1$$	（5-48）
弱线极限光学深度	$$X^* = \int_0^u k(\upsilon, T)\mathrm{d}u$$	（5-49）
纯碰撞增长曲线的光学深度	$$X_L = X^* \left(1 + \frac{X^*}{4a_L}\right)^{-\frac{1}{2}}$$	（5-50）
纯多普勒增长曲线的光学深度	$$X_D = 1.7a_D \left\{\ln\left[1 + \left(\frac{X^*}{1.7a_D}\right)^2\right]\right\}^{\frac{1}{2}}$$	（5-51）
碰撞增宽的细结构参数	$$a_L = \frac{1}{X^*}\int_0^u \frac{\gamma_L}{\delta} k(\upsilon, T)\mathrm{d}u$$	（5-52）
多普勒增宽的细结构参数	$$a_D = \frac{1}{X^*}\int_0^u \frac{\gamma_D}{\delta} k(\upsilon, T)\mathrm{d}u$$	（5-53）
线密度/cm	H_2O 和 CO_2 的 $\frac{1}{\delta}$ 为波数 υ 和温度 T 的函数。 H_2O 的 $\frac{1}{\delta}$ 还可用近似公式表示： $$\frac{1}{\delta} = \exp[0.794\,1\sin(0.003\,6\upsilon - 8.043) + D(T)]$$ 其中 $$D(T) = -2.294 + 0.300\,4\times10^{-2}T - 0.366\times10^{-6}T^2$$	（5-54） （5-55）
第 i 组分的波段平均吸收系数/cm^{-1}	标准状态下的吸收系数 $k(\upsilon, T)$ 是波数 υ 和温度 T 的函数	
第 i 组分的光程	$$u_i = p_i \left(\frac{273}{T}\right) l$$ 其中，p_i 为第 i 组分的分压，atm；l 为几何程长，cm	（5-56）
第 i 组分的碰撞半宽度/cm^{-1}	$$\gamma_{Li} = \left[\sum_j (\gamma_{ij})_{273} p_j \left(\frac{273}{T}\right)^{\eta_{ij}}\right] + (\gamma_{ii})_{273} p_i \left(\frac{273}{T}\right)^{\eta_{ii}}$$ 其中，下标 i 为本组分气体；j 为增宽组分气体；p_i、p_j 为分压，atm；γ_{ij}、γ_{ii}、η_{ij}、η_{ii} 取自参考文献 [21]	（5-57）
第 i 组分的多普勒半宽度/cm^{-1}	$$\gamma_{Di} = (5.94\times10^{-6})\times\frac{\upsilon}{m_i^{0.5}}\left(\frac{T}{273}\right)^{\frac{1}{2}}$$ 其中，m_i 为第 i 组分的分子量，g/mol	（5-58）

3. 引信探测器视线的几何问题

计算在尾喷焰的透过率，需要知道视线与尾喷焰外界面的交点。由于尾喷焰外界面形状复杂，很难求视线与之的交点。这里采用等效方法来解决这一问题：如图 5-20 所示，作一轴线与尾喷焰轴心线重合的圆柱，并确保圆柱包住尾喷焰，把求视线与尾喷焰外界面的交点问题转化为求视线与圆柱的交点问题，透过率只需在两交点间求取。其中圆柱半径为

$$R_c = R_0 + x \cdot \tan 6° \qquad (5-59)$$

式中，R_0 为喷口半径；x 为尾喷焰长度。

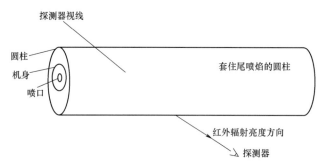

图 5-20　视线与尾喷焰外界面交点的等效处理

4. 算例及结果分析

飞机红外辐射计算模型用 Fortran 程序编制，可适用的温度范围为 100～3 000 K，可计算的光谱范围为 400～5 000 cm^{-1}（2～25 μm）。下面给出一些典型飞行状态的算例。

当探测器视线从尾喷焰轴心横穿整个尾喷焰时（视线穿过尾喷焰轴心线且与轴心线垂直），尾喷焰在探测器处沿视线反方向的红外辐射亮度 L 与到喷口距离 X 的关系如图 5-21～图 5-26 所示，图中的标注分别表示飞行高度和速度，其中发动机状态对应的流场计算输入参数见表 5-2。

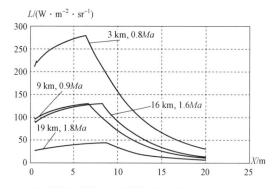

图 5-21　视线横穿尾喷焰的辐射亮度（最大加力状态，8～12 μm）

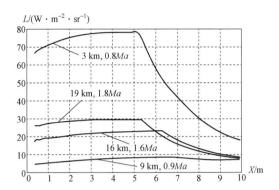

图 5−22　视线横穿尾喷焰的辐射亮度（部分加力状态，8～12 μm）

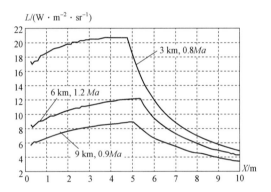

图 5−23　视线横穿尾喷焰的辐射亮度（最大状态，8～12 μm）

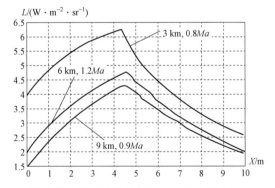

图 5−24　视线横穿尾喷焰的辐射亮度（额定状态，8～12 μm）

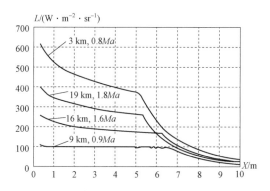

图 5-25　视线横穿尾喷焰的辐射亮度（部分加力状态，3～5 μm）

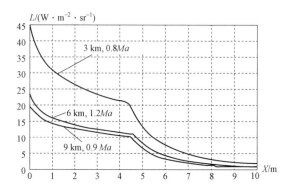

图 5-26　视线横穿尾喷焰的辐射亮度（额定状态，3～5 μm）

表 5-2　发动机状态对应的流场计算输入参数

输入参数 发动机工作状态	IAUG	RN1	RN2	R_0/mm	DTT0
最大加力	1	1.0	1.0	340	0.0
部分加力	1	0.8	0.9	340	0.0
最大状态	0	1.0	0.0	257.2	0.0
额定状态	0	0.8	0.0	257.2	0.0

从理论分析和仿真结果可得如下结论。

（1）在其他条件相同时，加力状态比非加力状态的红外辐射亮度大得多，这是因为加力飞行时，飞机尾喷焰中的温度、H_2O 分压、CO_2 分压比非加力时大得多。由下一小节对蒙皮辐射计算结果可知，在非加力状态和在 8～12 μm 波段，飞机尾喷焰红外辐射亮度要比蒙皮法向红外辐射亮度低得多，但加力状态则不然。

（2）在其他条件相同时，尾喷焰红外辐射亮度从大到小的发动机工作状态依次是最大加力、部分加力、最大状态、额定状态。

（3）在 8～12 μm 波段，尾喷焰的红外辐射亮度随着到喷口距离的增大，先是缓慢增大，后是快速地减小；而在 3～5 μm 波段，尾喷焰的红外辐射亮度总随着到喷口距离的增大而减小，且衰减的速度比 8～12 μm 快。

（4）3～5 μm 的尾喷焰红外辐射亮度一般要比 8～12 μm 的大得多。

5.2.4　成像视场中的目标红外图像灰度值计算

红外成像引信主要由环视红外探测器（元）阵列和目标图像处理识别系统组成。采用环视扫描探测的原因在于：① 引信的作用距离很近，引信要有效捕获目标必须具有全向 360° 视场，一周放置几十到上百个探测元组成环视探测系统是其解决方法之一，而不能采用通常的凝视探测体制，否则无法有效捕获目标。② 导弹头部被导引头占据，引信只能放在导弹头后面的弹体上。每个探测元的探测锥锥顶角设为 2°。引信环视红外探测元阵列在弹目相对运动过程中，对目标进行扫描，按探测元的空间位置和响应电压信号时序进行排列，便得到一幅二维目标红外灰度图像，图像列数等于扫描到目标的探测元个数，图像行数由对扫描时间的采样间隔决定，灰度值则由每个探测元的响应电压决定，这就是红外成像引信的成像机理。

5.2.4.1　探测器对蒙皮的响应电压和图像灰度值的计算

引信扫描得到的图像灰度值取决于每个探测器的响应电压。

$$V_S = R_V \cdot P \tag{5-60}$$

式中，R_V 为探测器响应率（一般为 50～100 μV/μW，这里取 100 μV/μW）；P 为输入到探测器中的辐射功率。

在计算中，做如下的合理假设：

（1）每个探测元探测到的表面是等温的。此假设的合理性是基于探测器的视场角很小，探测到的蒙皮表面积很小。

（2）飞机表面是一个灰体表面。此假设的合理性是基于在我们所计算的波段内（8～12 μm 或 3～5 μm），飞机蒙皮的发射率基本均匀不变（取为 0.9）。

（3）从飞机任一表面发射的辐射能都是漫分布的。

（4）在任一时刻，在每一个探测器视场内的蒙皮表面内，有效辐射均匀分布。

由此，飞机蒙皮的有效辐射为

$$B = M'_{\lambda_1 \sim \lambda_2} + \rho H_{\lambda_1 \sim \lambda_2} \tag{5-61}$$

式中，$M'_{\lambda_1 \sim \lambda_2}$ 为蒙皮在 $\lambda_1 \sim \lambda_2$ 波段（如取 8～12 μm 波段）内的红外辐出度，$W \cdot cm^{-2}$；ρ 为蒙皮的反射率；$H_{\lambda_1 \sim \lambda_2}$ 为在 $\lambda_1 \sim \lambda_2$ 波段从其他辐射源到蒙皮的红外辐照度，$W \cdot cm^{-2}$。

$H_{\lambda_1 \sim \lambda_2}$ 为从太阳、大气、地面、导弹及飞机的其他蒙皮表面辐射过来的照度总和，相对较小，且 $\rho = 1 - \varepsilon_1 = 0.1$（ ε_1 为蒙皮发射率），所以式（5-61）的第二项 $\rho H_{\lambda_1 \sim \lambda_2}$（蒙皮的反射能）相对很小，可以忽略不计。这样，根据普朗克定律，蒙皮的有效辐射为

$$B = M'_{\lambda_1 \sim \lambda_2} = \varepsilon_1 M_{\lambda_1 \sim \lambda_2} = \varepsilon_1 \int_{\lambda_1}^{\lambda_2} \frac{c_1}{\lambda^5 (\mathrm{e}^{c_2 / \lambda T_1} - 1)} \mathrm{d}\lambda \qquad (5-62)$$

式中， $M_{\lambda_1 \sim \lambda_2}$ 为黑体在 $\lambda_1 \sim \lambda_2$ 波段的红外辐出度，W·cm^{-2}； λ 为波长，μm； c_1 为第一辐射常数， $c_1 = 3.741\,832 \times 10^4$，W·cm^{-2}·μm^4； c_2 为第二辐射常数， $c_2 = 1.438\,786 \times 10^4$，μm·K； T_1 为蒙皮绝对温度，K。

根据辐射换热理论，由于探测器光敏面比其视场内的蒙皮面积 A_2 小很多，可假设它为微元面 dA_1，探测器发射率（等于接收率）为 ε_2（取为 0.75），则探测器输入功率为

$$P = \varepsilon_1 \varepsilon_2 M_{\lambda_1 \sim \lambda_2} \mathrm{d}F_{A_2 - \mathrm{d}A_1} A_2 \qquad (5-63)$$

式中，d$F_{A_2 - \mathrm{d}A_1}$ 为探测器视场内的蒙皮表面对探测器光敏面的角系数； A_2 为探测器视场内的蒙皮表面面积。

根据角系数互换律，有

$$A_2 \cdot \mathrm{d}F_{A_2 - \mathrm{d}A_1} = \mathrm{d}A_1 \cdot F_{\mathrm{d}A_1 - A_2} \qquad (5-64)$$

式中，dA_1 为探测器光敏面面积，光敏面半径取为 0.05 cm； $F_{\mathrm{d}A_1 - A_2}$ 为探测器光敏面对探测器视场内的蒙皮表面的角系数。

据式（5-62）、式（5-63）、式（5-64），得

$$P = \varepsilon_1 \varepsilon_2 \mathrm{d}A_1 F_{\mathrm{d}A_1 - A_2} \int_{\lambda_1}^{\lambda_2} \frac{c_1}{\lambda^5 (\mathrm{e}^{c_2 / \lambda T_1} - 1)} \mathrm{d}\lambda \qquad (5-65)$$

根据兰伯特定律，对于辐射能漫分布的蒙皮表面，有

$$M'_{\lambda_1 \sim \lambda_2} = \pi L'_{\lambda_1 \sim \lambda_2} \qquad (5-66)$$

式中， $L'_{\lambda_1 \sim \lambda_2}$ 为蒙皮在 $\lambda_1 \sim \lambda_2$ 波段的法向辐射亮度，W·cm^{-2}·sr^{-1}。

所以，根据式（5-62）、式（5-66），探测器从飞机蒙皮获得的辐射功率也可写成

$$P = \varepsilon_2 \pi L'_{\lambda_1 \sim \lambda_2} \mathrm{d}A_1 \mathrm{d}F_{\mathrm{d}A_1 - A_2} \qquad (5-67)$$

求出 P 后，即可由式（5-60）求出引信各探测器对蒙皮的响应电压。设在第 i 个采样时刻第 j 个探测器的响应电压为 $V_S(i,j)$，如让图像灰度布满 0～255 级，则红外图像灰度值 $g(i,j)$ 可由以下三式得到：

$$V_{S,\max} = \max_{i,j} \{V_S(i,j)\} \qquad V_{S,\min} = \min_{i,j} \{V_S(i,j)\}$$

$$g(i,j) = \frac{V_S(i,j) - V_{S,\min}}{V_{S,\max} - V_{S,\min}} \times 255 \qquad (5-68)$$

下面给出角系数 $F_{\mathrm{d}A_1 - A_2}$ 的两种求取方法。

5.2.4.2　角系数的计算方法

1. 间接推导法

如图 5−27 所示，探测器被看作面元 dA_1，阴影部分 A_2 为探测器视场内的飞机蒙皮表面，其形状可能为圆（如视场锥与机翼平面垂直相交时）或其他不规则形状（如与圆锥面、圆柱面相交时）。

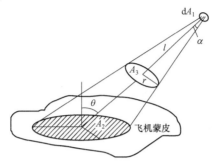

图 5−27　探测器对飞机蒙皮的角系数求解示意图

设 A_3 为探测器圆锥视场的某一截面，则 dA_1 对圆截面 A_3 的角系数计算公式为

$$F_{dA_1 - A_3} = \frac{r^2}{l^2 + r^2} = \sin^2 \alpha \qquad (5-69)$$

式中，r 为圆截面 A_3 的半径；l 为探测器到 A_3 圆心的距离；α 为探测器视场角。

由能量守恒定律，从 dA_1 辐射到 A_3 的功率等于从 dA_1 辐射到 A_2 的功率，即

$$M_{dA_1} F_{dA_1 - A_3} = M_{dA_1} F_{dA_1 - A_2}$$

式中，M 为探测器的红外辐出度。所以

$$F_{dA_1 - A_2} = F_{dA_1 - A_3} = \sin^2 \alpha \qquad (5-70)$$

2. 直接推导法

图 5−28 表示探测器和飞机蒙皮进行辐射交换时的相对位置，将探测器光敏面视为面元 dA_1，设 dA_1 与 A_2 的中心连线和 A_2 的法线的夹角为 θ，和 dA_1 的法线的夹角为 β，设 dA_1 的有效辐射为 B_1，并认为它是漫分布。

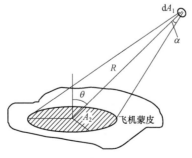

图 5−28　探测器和蒙皮的相对位置

dA_1 的有效辐射强度为

$$I = \frac{B_1}{\pi} \qquad (5-71)$$

向着 A_2 方向离开 dA_1 的辐射功率为

$$I dA_1 \cos\beta d\omega \qquad (5-72)$$

式中，$d\omega$ 为从 dA_1 观看 A_2 时所张的立体角，即锥顶角为 2α 的圆锥的立体角，所以

$$d\omega = 2\pi(1 - \cos\alpha) \qquad (5-73)$$

由于视场角 $\alpha = 1°$，所以 $0° \leqslant \beta \leqslant 1°$，由此 $\cos\beta \approx 1$，并将式（5-71）、式（5-73）代入式（5-72），得向着 A_2 方向离开 dA_1 的辐射功率为

$$2B_1 dA_1 (1 - \cos\alpha) \qquad (5-74)$$

另外注意到，在所有方向上离开 dA_1 的辐射功率等于

$$B_1 dA_1 \qquad (5-75)$$

因此，式（5-74）和式（5-75）之比就表示离开 dA_1 的辐射功率中投射到 A_2 上的辐射功率所占的份额，即角系数

$$F_{dA_1 - A_2} = 2(1 - \cos\alpha) = 4\sin^2\frac{\alpha}{2} \qquad (5-76)$$

从式（5-70）和式（5-76）可以看出，因为视场角很小（$\alpha = 1°$），所以用间接推导法和直接推导法计算角系数 $F_{dA_1 - A_2}$，其结果是一致的。显然，对于特定探测器，$F_{dA_1 - A_2}$ 为一定值，与距离 R、夹角 θ 及探测器视场内的蒙皮表面形状无关，大大简化了辐射功率 P 的计算。由式（5-60）和式（5-67）可得如下重要结论：探测器对飞机蒙皮的响应电压与探测到的蒙皮法向辐射亮度成正比。

3. 图像边缘弱化的模拟

当探测器视场处于飞机蒙皮边缘时，蒙皮表面可能只占视场的一部分，如图5-29所示，这时探测器电压响应值 $V_{边缘}$ 比正常情况下的电压响应值 V_S 要小，这就是图像边缘弱化现象。蒙皮表面占视场的多少是随机的。

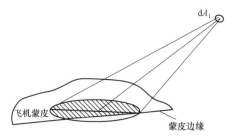

图 5-29　图像边缘弱化现象发生的原因

用下式模拟计算探测器视场处于边缘时探测器的响应电压。

$$V_{边缘} = Rand \cdot V_S \tag{5-77}$$

式中，$Rand$ 为一个 $0\sim1$ 的随机数。

5.2.4.3　探测器对飞机尾喷焰的电压响应的计算

5.2.3.2 给出了当探测器视线穿过尾喷焰时计算视线反方向上的红外辐射亮度的方法。如果已知蒙皮法向红外辐射亮度，并假设探测器视锥轴线与蒙皮表面法线重合，那么，探测器对尾喷焰的响应电压的计算方法就完全等同于探测器对蒙皮的响应电压的计算方法，如图 5－30 所示。所以，由式（5－60），得探测器对尾喷焰的响应电压为

$$V_S = R_V \cdot P = R_V \varepsilon_2 \pi L'_{\lambda_1 \sim \lambda_2} \mathrm{d}A_1 \mathrm{d}F_{\mathrm{d}A_1 - A_2} = 2\pi \varepsilon_2 R_V L'_{\lambda_1 \sim \lambda_2} \mathrm{d}A_1 (1 - \cos \alpha) \tag{5-78}$$

式中，$L'_{\lambda_1 \sim \lambda_2}$ 为穿过尾喷焰的探测器视线反方向上的红外辐射亮度。

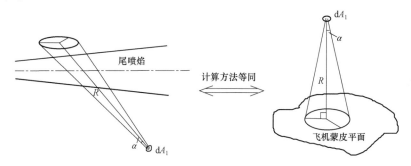

图 5－30　探测器对尾喷焰的响应电压的计算示意图

5.3　红外成像探测仿真建模

为得到红外成像引信中的目标图像，首先需对飞机的几何形体进行建模，然后建立各部分的红外辐射模型，得到飞机法向辐射的亮度图，再对弹目交会过程进行数学建模，并结合飞机法向辐射亮度图，即可得到引信目标的红外图像。

5.2 节中已经给出了典型飞机的几何建模和红外辐射建模方法，本节根据弹目交会模型，形成目标仿真图像。

5.3.1　弹目交会的时空数学模型

为了能对弹目交会过程进行描述，需要引入反映弹目交会空间位置的几个坐标系。首先是导弹坐标系和目标坐标系。引信对目标的探测是在导弹坐标系中进行的，从探测元的角度观察目标，需要知道目标整体在导弹坐标系中的坐标，于是这里就存在一个坐标变换的问题，即将目标在自身坐标系中的坐标映射到导弹坐标系中，实际上，最终要考虑的就是在这两个坐标系中引信视场与目标的相互关系。为此，须引入作为"中介"的第三个坐标系将两者联系起来。通常情况下，使用大地坐标系，它非常适合

用于从一个固定位置（如地面）观察各种弹目交会状态，但它也会给交会参数的确定、引信成像过程的讨论带来极大的困难。一个好的物理模型应使弹目交会过程变得清晰、直观、简单、准确，并能比较容易地推导出进行精确计算的相对简单的数学表达式。如果不去关心地面上的观察者是怎样看待这一问题的，只从弹目的相对关系去考虑问题，则可以大大地简化处理难度，同时更加直观地表达出各种交会状态，正是出于这一考虑，采用了弹目交会的 SKS 数学模型，引入 SKS 坐标系。

任何一个模型在建立过程中均可舍去某些与本质无关的或其影响甚微的因素，即应确定一些假设条件，SKS 数学模型的建立基于以下几点假设：

（1）忽略导弹弹体、目标机体上存在的振动力、大气中的风力和地球引力等因素对导弹与目标所产生的影响。

（2）导弹弹体和目标机体上的各质点的速度矢量均等同于各自整体运动的速度矢量，即视导弹和目标为刚体。

（3）目标和导弹各自独立地做匀速直线运动。

在工程计算中，特别是考虑到引信的作用特点，以上假设条件的合理性是显而易见的。

在以上假设条件下可建立图 5-31 所示的交会模型和图 5-32 所示的坐标系。其概要为：在整个交会过程中，导弹上的质点在某一平面内（图 5-31 中的 V 平面）沿某一直线做匀速直线运动，且导弹上的质点的运动平面与目标上质点的运动平面（图 5-31 中的 U 平面）相互平行（一定存在这样一对平行平面，且只存在这样一对平行平面），各坐标系便是定义在这样一对平行平面的基础上的。

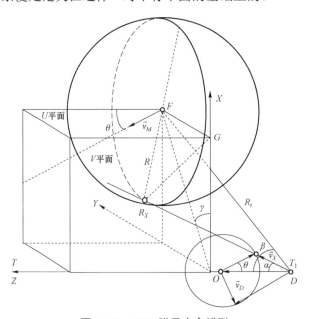

图 5-31 SKS 弹目交会模型

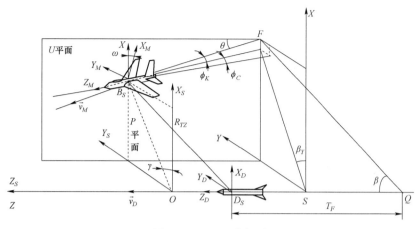

图 5-32　SKS 坐标系

1. 坐标系定义

结合图 5-31、图 5-32 中所示的 SKS 模型，可定义如下坐标系。

（1）SKS 坐标系：设导弹在运动过程中，引信视场中心通过目标上的导弹脱靶中心 B_S 点的瞬时为 SKS 坐标系的时间原点，通过两条分别与目标速度矢量重合的直线作一对相互平行的平面（U 平面和 V 平面），通过脱靶中心 B_S 点作一平面（P 平面）与导弹速度矢量垂直并相交于 O 点，将该点定为 SKS 坐标系的空间坐标原点，Z_S 轴与导弹速度矢量重合且方向一致，X_S 轴在导弹运动平面（V 平面）内，Y_S 轴按右手法则确定，故可得 $OX_SY_SZ_S$ 空间直角坐标系。

（2）目标坐标系：坐标原点设在导弹的脱靶中心 B_S，Z_M 轴与目标轴线重合，且机头方向为 Z_M 轴的正方向；X_M 轴在垂直尾翼平面内，且垂直地指向 X_M 的正方向；Y_M 轴按右手法则确定，故可得 $B_SX_MY_MZ_M$ 空间直角坐标系。

（3）导弹坐标系：坐标原点是引信窗口中心 D_S，Z_D 轴与导弹轴线重合，且 X_D 轴、Y_D 轴、Z_D 轴与 SKS 坐标中的 X_S 轴、Y_S 轴、Z_S 轴一致，可得 $D_SX_DY_DZ_D$ 空间直角坐标系。

2. 目标坐标和导弹坐标在 SKS 坐标系中的关系方程

在建立了三个坐标系之后，便可以讨论在各种交会条件下此三者之间的关系，并以此建立、求解模拟引信成像的数学方程。

在建立关系方程之前，先介绍在 SKS 坐标中要用到的若干交会参数。

R：导弹脱靶量。在 SKS 坐标系中，F 点为脱靶中心，过 FG 作垂直于相对速度 $\vec{v}_X$ 的平面，与 $\vec{v}_X$ 的延长线交于点 R_X，FR_X 的距离为脱靶量 R。当脱靶量一定时，形成以 F 为圆心，R 为半径的球面，$\vec{v}_X$ 的延长线与该球面相切。

V_D、V_M 分别为导弹速度和目标速度矢量的标量值大小。

θ：交会角，定义为 $\vec{v}_M$、$\vec{v}_D$ 在 U、V 平面内的夹角。

γ：脱靶方位角，即 P 平面内 OB_S 与 X 轴的夹角。

ω：目标滚动姿态角，即以 Z_M 轴为旋转轴，从 Z_M 轴正半轴方向观察，X_M 轴按顺时针转动的角度。

ϕ_K：目标迎面姿态角，即以 Y_M 轴为旋转轴，从 Y_M 轴正半轴方向观察，Z_M 轴按顺时针转动的角度。

ϕ_C：目标侧滑姿态角，即以 X_M 轴为旋转轴，从 X_M 轴正半轴方向观察，Z_M 轴按顺时针转动的角度。

β：引信视场倾角，说明见前。

β_Y：引信视野角。为求解引信成像，将引信视线简化为一条直线，β_Y 为其在赤道面内与基准线的夹角。

L_Z：脱靶中心到目标各辐射源中心的距离。

F_H：符号函数，当探测点在设计规定打击的要害部位之后的尾部方向时为 $+1$，反之为 -1。

此外，假定导弹无姿态角，即导弹轴线与导弹速度方向一致。在定义了各交会参数之后，可在几个坐标系中建立交会方程，并依据引信成像原理求解探测信号集。

1）SKS 坐标系中

探测距离 R_{TZ}（到脱靶中心）与导弹脱靶量 R 之间的关系方程为

$$R_{TZ} = \frac{R}{\{(\sin\beta \cdot \sin\gamma)^2 + [(\sin\beta \cdot \cos\gamma - \cos\beta \cdot \tan\alpha) \cdot \cos\alpha]^2\}^{\frac{1}{2}}} \tag{5-79}$$

式中，α 为相对速度 $\vec{v}_X$ 与 $\vec{v}_D$ 两矢量之间的夹角：

$$\alpha = \arctan\left[\frac{V_M \cdot \sin\theta}{V_D - V_M \cdot \cos\theta}\right] \tag{5-80}$$

间隔时间 T_F 的方程为

$$[(V_D - V_M \cdot \cos\theta)^2 - (V_M \cdot \sin\theta)^2 \cdot \cot^2\beta] \cdot T_F^2 +$$
$$2 \cdot \{(V_D - V_M \cdot \cos\theta) \cdot [R_{TZ} \cdot \cos\beta - F_H \cdot L_z \cdot \cos\phi_K \cdot \cos(\theta + \varphi_C)] -$$
$$[R_{TZ} \cdot \sin\beta \cdot \cos\gamma + F_H \cdot L_z \cdot \cos\phi_K \cdot \sin(\theta + \phi_C)] \cdot V_M \cdot \sin\theta \cdot \cot^2\beta\} \cdot T_F +$$
$$[R_{TZ} \cdot \cos\beta - F_H \cdot L_z \cdot \cos\phi_K \cdot \cos(\theta + \phi_C)]^2 - \{(R_{TZ} \cdot \sin\beta \cdot \sin\gamma +$$
$$F_H \cdot L_z \cdot \sin\phi_K)^2 + [R_{TZ} \cdot \sin\beta \cdot \cos\gamma + F_H \cdot L_z \cdot \cos\phi_K \cdot \sin(\theta + \phi_C)]^2\} \cdot \cot^2\beta = 0 \tag{5-81}$$

时间间隔为 T_F 时的探测距离（R_{TK}）方程为

$$R_{TK} = \{V_D - T_F + R_{TZ} \cdot \cos\beta - [V_M \cdot \cos\theta \cdot T_F + F_H \cdot L_z \cdot \cos\phi_K \cdot \cos(\theta + \phi_C)]\} / \cos\beta \tag{5-82}$$

2）目标坐标系中

在该坐标系下，可建立目标形体方程。将各种飞机目标按几何形状分割成若干部分，写出每一部分在目标坐标系（$B_S X_M Y_M Z_M$ 坐标）中的解析表达形式。以某飞机为原形，建立目标形体的解析方程（见图 5-33）。

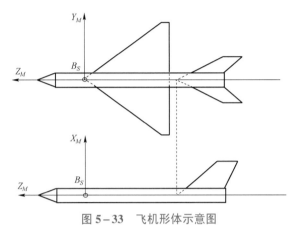

图 5-33　飞机形体示意图

在建立的飞机形体中，将其分割成一个圆柱体（机身）、两个圆锥体（机头、尾喷焰）、五个无厚度的平面（机翼、水平尾翼、垂直尾翼）等组块，分别建立各几何体在目标坐标系中的解析表达式。

3）导弹坐标系中

在研究引信成像的过程中，将引信视线简化为一条直线，因此在引信环视光学系统中，引信视线可用其在子午面内与轴线的夹角 β 和在赤道面内与基准线的夹角 β_Y 来表示。

设在导弹坐标系中，引信窗口中心坐标为

$$\begin{cases} X_{DS} = 0 \\ Y_{DS} = 0 \\ Z_{DS} = 0 \end{cases} \qquad (5-83)$$

设 S 是引信视线上任一点，其与引信窗口中心点距离为 1，则在导弹坐标系中有

$$\begin{cases} X_{SS} = \sin\beta \cdot \cos\beta_Y \\ Y_{SS} = \sin\beta \cdot \sin\beta_Y \\ Z_{SS} = \cos\beta \end{cases} \qquad (5-84)$$

引信成像是引信视线扫过目标表面的过程，在建立的模型中即是要求解引信视线（直线）与飞机（各组块）外表面的交点，如果存在物理解，就认为该视线"看见了"飞机目标。

为了求解，要将引信视线和目标形体放到同一坐标系中考虑。

4）在目标坐标系中的引信视线方程

通过坐标变换，可以将视线方程投影到目标坐标系。坐标变换可利用四个变换矩阵来实现，其坐标轴选取及旋转办法如图 5－34 所示。

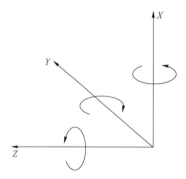

图 5－34　空间旋转示意图

四个变换矩阵分别为：

$$\begin{bmatrix} 1 & 0 & 0 & 0 \\ 0 & 1 & 0 & 0 \\ 0 & 0 & 1 & 0 \\ \Delta X & \Delta Y & \Delta Z & 1 \end{bmatrix} \quad \begin{bmatrix} 1 & 0 & 0 & 0 \\ 0 & \cos\alpha & \sin\alpha & 0 \\ 0 & -\sin\alpha & \cos\alpha & 0 \\ 0 & 0 & 0 & 1 \end{bmatrix}$$

$$\begin{bmatrix} \cos\beta & 0 & -\sin\beta & 0 \\ 0 & 1 & 0 & 0 \\ \sin\beta & 0 & \cos\beta & 0 \\ 0 & 0 & 0 & 1 \end{bmatrix} \quad \begin{bmatrix} \cos\gamma & \sin\gamma & 0 & 0 \\ -\sin\gamma & \cos\gamma & 0 & 0 \\ 0 & 0 & 1 & 0 \\ 0 & 0 & 0 & 1 \end{bmatrix}$$

将导弹坐标系中的点 X_{DS}、Y_{DS}、Z_{DS} 和 X_{SS}、Y_{SS}、Z_{SS} 根据求出或给定参数进行坐标变换，设其经过变换后在目标坐标系中的坐标分别为 X_{MS}、Y_{MS}、Z_{MS} 和 X_{MD}、Y_{MD}、Z_{MD}，由此可得视线方程：

$$\begin{cases} X_M = (Z_M - Z_{MS}) \cdot \tan J_{ZX} + X_{MS} \\ Y_M = (Z_M - Z_{MS}) \cdot \tan J_{ZY} + Y_{MS} \end{cases} \tag{5-85}$$

其中：

$$J_{ZX} = \arctan\left[\frac{X_{MS} - X_{MD}}{Z_{MS} - Z_{MD}}\right]$$

$$J_{ZY} = \arctan\left[\frac{Y_{MS} - Y_{MD}}{Z_{MS} - Z_{MD}}\right] \tag{5-86}$$

5）引信视线与目标形体交点方程

引信视线与目标形体上有关部位的交点，即为引信视场观察到的目标有关部位。

根据已建立起来的目标形体方程，可得如下各交点方程。

机翼或水平尾翼平面与视线的交点方程：

$$\begin{cases} X = X_{YS} \\ X = X_{MS} + (Z - Z_{MS}) \cdot \tan J_{ZX} \\ Y = Y_{MS} + (Z - Z_{MS}) \cdot \tan J_{ZY} \end{cases} \tag{5-87}$$

机身圆柱面与视线的交点方程：

$$\begin{cases} X^2 + Y^2 = R_S^{\ 2} \\ X = X_{MS} + (Z - Z_{MS}) \cdot \tan J_{ZX} \\ Y = Y_{MS} + (Z - Z_{MS}) \cdot \tan J_{ZY} \end{cases} \tag{5-88}$$

机头或尾喷焰圆锥面与视线的交点方程：

$$\begin{cases} X^2 + Y^2 = [(Z - Z_D) \cdot \tan J_{DD}]^2 \\ X = X_{MS} + (Z - Z_{MS}) \cdot \tan J_{ZX} \\ Y = Y_{MS} + (Z - Z_{MS}) \cdot \tan J_{ZY} \end{cases} \tag{5-89}$$

垂直尾翼平面与视线的交点方程：

$$\begin{cases} Y = Y_{CC} \\ X = X_{MS} + (Z - Z_{MS}) \cdot \tan J_{ZX} \\ Y = Y_{MS} + (Z - Z_{MS}) \cdot \tan J_{ZY} \end{cases} \tag{5-90}$$

6）遮挡与视线正方向判别方程

同一条视线可能与目标上的不同部位相交，其中视距最小的那个目标部位应为有效部位。此外，前面讨论的引信视线是一条无方向的直线，因此在其反方向上仍可能有与目标形体的交点，应对交点进行判别，视线正方向上的交点是有效交点。这两方面的要求均可通过求解视线上的点与视线交点的空间距离进行判别和取舍。

空间两点 (X_1, Y_1, Z_1) 和 (X_2, Y_2, Z_2) 间的距离 R_{12} 的求解方程为

$$R_{12} = [(X_1 - X_2)^2 + (Y_1 - Y_2)^2 + (Z_1 - Z_2)^2]^{\frac{1}{2}} \tag{5-91}$$

5.3.2 仿真结果及结论分析

1. 蒙皮的温度场、法向红外辐射亮度场及探测器对蒙皮的响应电压（8～12 μm）

在标准大气压下，两种典型飞行状态下飞机蒙皮的温度、法向红外辐射亮度分布的仿真结果如图 5-35 和图 5-36 所示。

表 5-3 为在飞机速度 0.8 Ma、飞行高度 3 km、导弹速度 2.8 Ma、飞机发动机额定状态下，引信探测器对飞机各部位蒙皮的响应电压（均指蒙皮表面充满探测器视场）。

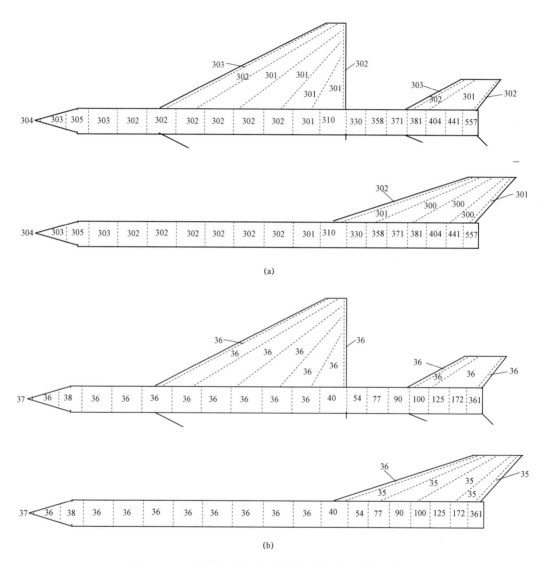

图 5-35 飞机蒙皮的温度、法向红外辐射亮度的分布 1

（高度：3 km，速度：0.8*Ma*，发动机工作状态：部分加力）

（a）飞机蒙皮温度分布（单位：K）；（b）飞机蒙皮法向红外辐射亮度分布（单位：W·m⁻²·sr⁻¹）

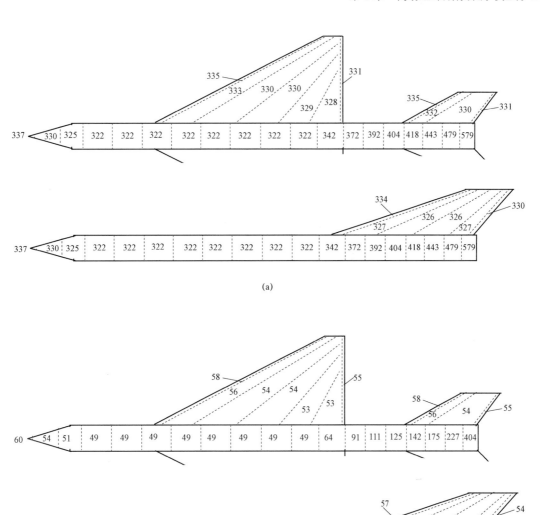

图 5-36　飞机蒙皮的温度、法向红外辐射亮度的分布 2

（高度：10 km，速度：1.6*Ma*，发动机工作状态：部分加力）

（a）飞机蒙皮温度分布（单位：K）；（b）飞机蒙皮法向红外辐射亮度分布（单位：$W \cdot m^{-2} \cdot sr^{-1}$）

表 5-3　引信探测器对飞机蒙皮的响应电压

飞机部位	典型温度/K	响应电压/μV	飞机部位	典型温度/K	响应电压/μV
机头	304.3	8.37	发动机影响区	315.6	9.96
机身	302.5	8.13	水平尾翼	302.1	8.08
机翼	302.1	8.08	垂直尾翼	300.7	7.90

2. 典型交会条件、飞行状态下的飞机目标灰度图像

在表 5-4 所示的不同飞行状态的弹目交会条件和参数下，几种引信视场中的典型飞机灰度图像如图 5-37 所示，图中每幅图像下面的标注分别表示飞机目标飞行高度、速度和发动机工作状态。

表 5-4 弹目交会条件及参数

弹目交会角：0°	导弹的脱靶方位角：0°	导弹速度：2.8Ma
目标滚动姿态角：0°	目标迎面姿态角：0°	目标侧滑姿态角：0°
导弹脱靶量：5 m	引信视场倾角：65°	引信探测元数：128
对扫描时间的采样间隔：0.2 ms		

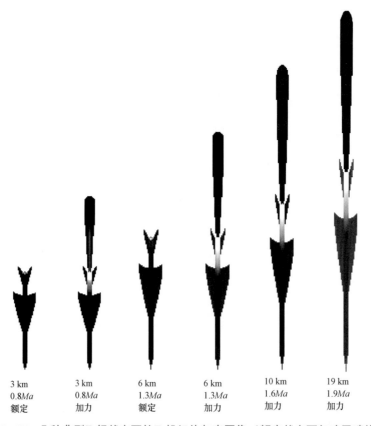

3 km	3 km	6 km	6 km	10 km	19 km
0.8Ma	0.8Ma	1.3Ma	1.3Ma	1.6Ma	1.9Ma
额定	加力	额定	加力	加力	加力

图 5-37 几种典型飞行状态下的飞机红外灰度图像（额定状态下忽略尾喷焰）

在表 5-5 所示的弹目交会条件和参数下，引信视场中的飞机灰度图像如图 5-38 所示，图中每幅图像右侧的两个数字分别表示弹目交会角及导弹相对目标的脱靶方位角（单位：(°)）。

表 5-5　部分弹目交会条件及参数

飞机速度：0.8Ma	交会高度：3 000 m	导弹速度：2.8Ma
目标滚动姿态角：0°	目标迎面姿态角：0°	目标侧滑姿态角：0°
导弹脱靶量：5 m	引信视场倾角：65°	引信探测元数：128
飞机发动机状态：部分加力	对扫描时间的采样间隔：0.1 ms	

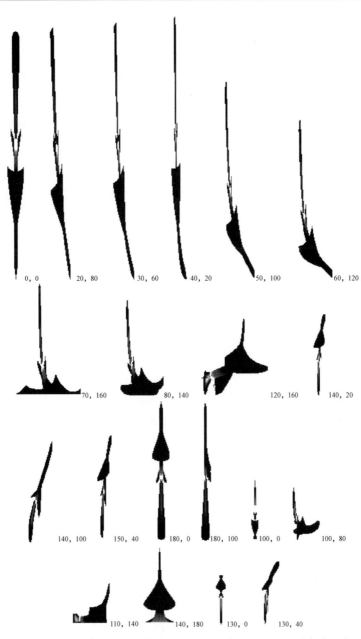

图 5-38　各种典型弹目交会角和脱靶方位角下的飞机红外灰度图像

由理论分析和大量仿真实验，可得出如下结论。

（1）飞机在低空高速飞行时，蒙皮和尾喷焰的图像灰度值比飞机在高空飞行时高，这主要是由低空的大气环境影响引起的。

（2）在蒙皮图像的灰度值中，除喷口外，发动机影响区的灰度值最高，尤其在加力飞行时，发动机影响区的灰度值比其他蒙皮部位高得多，这主要是由发动机热源的传热引起的，这一特征对在成像引信中识别飞机方位和部位很有意义。

（3）机翼前缘的蒙皮温度要高于其翼面的温度，但机翼前缘的蒙皮往往只有部分处在探测器视场中，这使得其图像灰度值反而可能较小，即图像边缘弱化现象。

（4）在超音速飞行时，飞机机翼、尾翼的图像灰度值比前机身、中机身的灰度值高。

（5）在飞机加力飞行时，随着飞行速度、高度的不同，尾喷焰的图像灰度值有时与一般蒙皮部位相当，有时甚至比一般部位高得多；而在飞机非加力飞行时，尾喷焰的图像灰度值一般较低，尤其在额定状态飞行时，飞机尾喷焰的图像灰度值要比蒙皮的图像灰度值低得多。所以，对飞机目标图像进行识别时，必须考虑加力状态的尾喷焰图像，而可以忽略额定状态的尾喷焰图像。

（6）尾喷焰图像与蒙皮图像相比，有着明显的特点：尾喷焰图像中部的灰度值最大，沿图像中部到喷口的方向，图像灰度值变化很小，而在其他方向，从尾喷焰图像中部到边缘，灰度值是逐渐变小的，在边缘处灰度值等于背景灰度值。这一特点是5.4节识别尾喷焰的依据。

（7）图像的变形一般发生在图像的后半部。

（8）一般而言，随着扫描时间的推移，对同样大小的目标而言，尾攻图像越来越大，而迎击图像越来越小。这是因为从引信探测到目标的时刻起，在尾攻时探测器距目标的距离越来越小，而在迎击时探测器距目标的距离越来越大。

由于弹目交会状态千变万化，使得引信生成的图像模式极多，且变形大，这必然给图像的处理和识别带来极大的困难。

5.4 成像探测目标的部位识别

与其他体制引信相比，红外成像引信的最大优点之一是实现目标特定部位的识别，从而使起爆控制更有效，提高引战配合效率。本节研究如何利用目标图像信息来实现飞机目标的部位识别问题。

根据飞机蒙皮与尾喷焰的红外辐射特性的明显差异，先将扫描图像中的尾喷焰识别出来，去除其影响，然后识别飞机的前机身、中机身、机翼、发动机影响区和尾翼五个特定部位。由于引信目标图像十分复杂，本节采用由上而下的知识驱动型识别算法，提出了一种基于知识的智能图像识别方法。本节的识别算法是一种专为硬件实现设计的高速算法，它针对具体目标，具有一定专用性，但其基本思路可用于一般目标识别。

5.4.1　部位识别总体设计

5.4.1.1　识别任务

部位识别的主要任务是确定图像中是否存在具有攻击价值的目标部位，并精确定位。如图 5-39 所示，引信的识别任务是有效识别出某飞机的 6 个特定部位：前机身 I、机翼 II、中机身 III、发动机影响区 IV、尾翼 V（包括水平尾翼和垂直尾翼）和尾喷焰 VI。

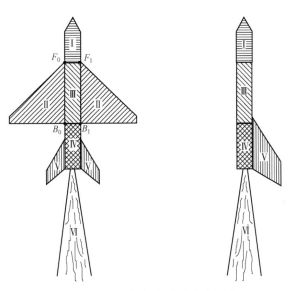

图 5-39　待识别飞机部位和关键点

针对识别任务，在充分分析目标图像特性的基础上，提出了基于知识的部位识别算法，包括以下两种。

（1）灰度分布识别法。灰度分布识别法即利用图像灰度分布特征识别尾喷焰和发动机影响区。

（2）关键点识别法。如图 5-39 所示，先定位机翼与机身的前交叉点 F_0、F_1 和后交叉点 B_0、B_1，然后根据这 4 个关键点 F_0、F_1、B_0、B_1 来识别机翼、前机身、中机身、尾翼等飞机部位。

显然，根据这 4 个关键点、图像起点、交会条件（迎头或尾追）及飞机的部位关系、比例关系，可推断出其他任一特定部位的大体位置，如驾驶舱等。

5.4.1.2 基于知识的识别方法

1. 引信目标图像识别的特殊性和复杂性分析

由于成像引信处于特殊的工作环境，其环视阵列探测元所获取的目标图像极其复杂（见图 5-40），因此，其灰度图像识别与常规的灰度图像识别截然不同，具体表现如下：

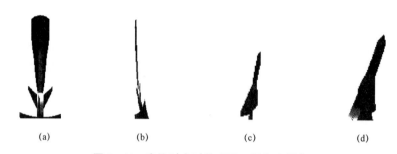

图 5-40　实战时实时处理的飞机灰度图像
（a）尾追交会；（b）尾追交会；（c）迎头交会；（d）迎头交会

（1）弹目的高速交会要求图像处理与识别必须具有实时性。

（2）环视阵列扫描成像体制和复杂的交会状态，使所获得的图像常常变形，且变形无法预测和修正。

（3）为了适时引爆战斗部，图像识别过程必须在引信得到目标完整图像之前完成，即识别对象是不完整的目标图像，且图像尺度是变化的，成像过程是动态的。

（4）考虑全向攻击，在不同弹目交会条件（脱靶量、脱靶方位角、导弹速度、目标速度、交会角度、目标姿态角）和目标飞行状态（飞行高度、速度、发动机工作状态）下，目标图像的模式无限多。

（5）弹目交会时，引信只能成一次像，无法重构目标三维形状。

因此，要对这样特殊而复杂的图像进行目标部位识别是非常困难的，常规的图像识别算法很难有效。如 5.2 节所述，在飞机以亚音速飞行时，飞机的前机身、中机身和机翼的图像灰度值几乎完全相同（见图 5-41），根本无法将前机身、中机身和机翼从目标图像中分割出来，所以无法采用基于图像分割、特征提取然后再用分类器识别的由下而上的数据驱动型识别算法，而必须利用智能化的信息处理技术。

2. 基于知识的部位识别系统总体结构

本节采用的基于知识的部位识别系统总体结构如图 5-42 所示。

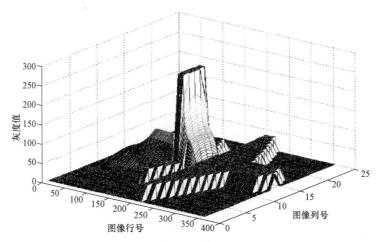

图 5−41　飞机加力飞行时的亚音速三维图像

（交会角：0°；方位角：0°；脱靶量：5 m；导弹速度：0.8Ma；目标速度：2.8Ma；目标图像大小：353×25）

图 5−42　基于知识的部位识别系统总体结构

目标图像知识库，是利用知识，结合目标图像的几何轮廓及灰度信息建立的，它不随各种交会图像的不同而改变。全局数据区包括识别系统的原始图像、状态变量、中间处理图像和最后结果图像。图像处理算子集包括各种图像处理算子，如图像分割、滤波、边缘提取、角点提取、连通元标记等。识别规则集实现系统识别策略：从全局数据区得到目标图像的初步信息，选取图像处理算子集的一些算子并按一定次序有机组合，并从目标图像知识库中选取相关知识模型，将图像处理结果与知识模型结合，得出识别结果。

3. 目标图像知识库的建立

正确识别目标部位必须建立准确的目标图像知识库。知识库必须建立在对大量有代表性的目标图像进行分析的基础上。通过对部分实测数据和大量仿真数据的分析，可建立如下的知识库。

（1）目标的红外辐射特征。飞机目标红外辐射特征反映在图像的灰度值大小上，表现在以下几点：

① 图像中天空背景的灰度值比飞机蒙皮灰度值低得多，可用一灰度阈值将背景与飞机分割开，数据分析表明，这个阈值取 18 即可。

② 在蒙皮图像中，发动机影响区的灰度值比其他部位蒙皮高，这一点可作为识别发动机影响区的依据。

③ 超音速飞行时，飞机机翼、尾翼的图像灰度值比前机身、中机身的高。

④ 尾喷焰图像与蒙皮图像相比，有着明显特点：尾喷焰的灰度值是渐变的，在尾喷焰图像中心附近灰度值最大，沿中心到喷口方向，图像灰度值变化很小，而在其他方向，从中心到边缘，灰度值逐渐变小，并在边缘处等于背景灰度值。这一特点是识别尾喷焰的重要依据。

（2）图像轮廓特征。各种交会条件下的飞机图像虽然千变万化，且常有变形，但也有其稳定不变之处：提取飞机图像的角点可以发现，4 个关键点 F_0、F_1、B_0、B_1 一般均为角点，且在以各角点为顶点构成的多边形中，4 个关键点所对应的多边形内角总为凹角，后交叉点对应的内角比前交叉点对应的内角更大。

（3）部位间的空间关系和比例关系。飞机各部位的空间位置关系在图像中保持不变，如对迎头攻击获得的图像中，最先出现前机身，接着是机翼和中机身，然后是发动机影响区和尾翼，最后是尾喷焰，中机身在两机翼的中间；前机身、中机身和发动机影响区的长度比例关系在图像中基本保持不变，且在短距离内，它们的对称轴相同。

根据以上的知识库，可设立一些应用规则对各部位进行识别。识别时，图像低层处理部分也运用由上至下的知识驱动型方法，将知识充分贯穿在整个识别过程。

5.4.2　识别策略和原则

人类视觉系统对信息的收集和处理是一个由粗到细的过程，并且具有选择性和层次性，为完成某任务，人眼首先粗略搜寻所获得的所有信息并初步处理，确定哪些信息与任务有关、哪些信息与任务无关。然后，将与任务无关的信息舍去，而专注于与任务有关的信息收集，并对其进行深一层次的处理，以达到完成任务的目的。基于以上的认识，对目标部位的识别提出了从粗到细的三层递进式识别策略，如图 5-43 所示。

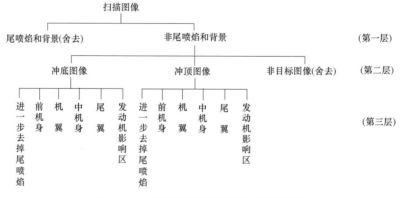

图 5-43　从粗到细的三层递进式识别策略

1. 第一层识别（粗检）

由所建的知识库可知，尾喷焰图像的灰度分布有着明显的特征，所以首先把尾喷焰从扫描图像中识别出来，并加以去除，同时通过中值滤波等方法去掉噪声干扰。

2. 第二层识别

第二层的识别是把图像区分为冲底图像、冲顶图像和非目标图像三种，如为非目标图像则无须进行第三层的细识别，否则对其进行进一步的细识别——第三层识别。

3. 第三层识别

第三层识别的内容有：针对冲顶图像或冲底图像，分别识别除尾喷焰外的其他特定部位。由于图像是随时间逐行扫描得到的，随着时间的推移，获得的图像信息越来越丰富，所以这一层的识别还包括部位定位的修正，使识别精度更高，如进一步去掉第一层识别时未能去掉的尾喷焰。

整个识别系统的设计始终遵循以下两个原则。

（1）要易于硬件实现。因为算法最终必须用硬件实现才能满足引信的实时性要求。

（2）要便捷、有效、高速。

下面根据识别策略和原则逐层描述知识库的运用和识别规则的设立。

5.4.2.1　第一层识别：去除尾喷焰和背景

尾喷焰红外辐射较强，尤其在飞机加力飞行时，其辐射亮度甚至远大于飞机蒙皮。在导弹尾追攻击目标时，它会对引信造成极大干扰，在导弹迎头攻击目标时，也会给飞机尾翼、发动机影响区的识别带来麻烦。因此，必须首先将其识别并去除——将其图像灰度值赋为 0。

由知识库可知，背景灰度很小，用一个合适的背景阈值即可把背景分割开。由大量图像数据分析可知，在各种飞行条件和飞行状态下，飞机非边缘处的蒙皮图像的灰度值总大于 18。所以，取背景阈值 $T_{min} = 18$。

识别分两步进行：一是像素级上的逐行处理，二是去小块处理。

1. 像素级上的逐行处理

有关尾喷焰图像的知识是：每行图像灰度值都具有渐变性，从行左到行右，灰度值先由背景的灰度值大小逐渐变到最大，再由最大逐渐变为背景的灰度值大小。所以，定义以下类似于 Roberts 算子的交叉算子来计算梯度幅值，以用于尾喷焰的识别：

$$G_x = f(i+1, j+1) - f(i, j) \qquad (5-92)$$

$$G_y = f(i, j+1) - f(i+1, j) \qquad (5-93)$$

G_x 和 G_y 也可由下面的卷积模板算得：

$$G_x = \begin{array}{|c|c|} \hline -1 & 0 \\ \hline 0 & 1 \\ \hline \end{array} \qquad G_y = \begin{array}{|c|c|} \hline 0 & 1 \\ \hline -1 & 0 \\ \hline \end{array}$$

存在尾喷焰的图像行必有灰度值为 $0 \sim T_{min}$ 的像素点，所以在像素级上的逐行处理算法是：逐行扫描图像，如发现存在灰度值为 $0 \sim T_{min}$ 的点，则此行可能为尾喷焰，需要处理。对这样的行,从左至右逐点扫描,首先出现梯度值 $G_x \in [1, T_{\min}]$ 或 $G_y \in [1, T_{\min}]$ 的像素点,记为此行的左边缘,而最后出现 $G_x \in [-T_{\min}, -1]$ 或 $G_y \in [-T_{\min}, -1]$ 的像素点,记为此行的右边缘。如能同时找到此行的左右边缘,则把此行识别为尾喷焰,并将其去掉:将左右边缘之间的像素的灰度值赋为 0,同时将灰度值小于 $T_{\min}$ 的像素的灰度值赋为 0(可同时去除背景)。

由 5.3 节可知,飞机蒙皮图像边缘可能会被弱化,或由于噪声的影响,用上述算法,偶尔会使一些含飞机蒙皮的图像行被误识别为尾喷焰行,但这样的图像行一般不会连续出现。避免这种误识别的措施是:只有连续多行(如连续 3 行)都能找到相应的上述的左右边缘,才把它当作尾喷焰去掉。

2. 去小块处理

经过像素级上的逐行处理,有些图像 [见图 5-44(a)] 处理后尾喷焰部分会残留下一些小块未被去掉,如图 5-44(b)所示。因此,还需把这些小块的尾喷焰彻底去掉。

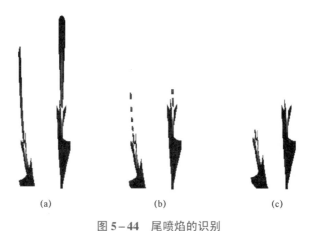

(a)　　　　　　　(b)　　　　　　　(c)

图 5-44　尾喷焰的识别
(a)原图像;(b)去小块尾喷焰前;(c)去尾喷焰结果

这里采用连通元方法去除这些分离的小块尾喷焰,算法如下:

(1)将图像进行二值化处理:

$$g(i,j) = \begin{cases} 0, & f(i,j) \leqslant T_{\min} \text{ 或 } f(i,j) = 255 \\ 1, & \text{其他} \end{cases} \qquad (5-94)$$

式中,$f(i,j)$ 为灰度图像第 i 行第 j 列像素的灰度值;$g(i,j)$ 为二值图像第 i 行第 j 列像像的灰度值。

(2)对二值图像进行连通元标记。具体标记算法在稍后描述。

(3)计算各连通元面积:连通元的面积等于它所含的像素数。

(4)对于不在扫描图像最底部(非当前扫描时刻)的连通元,如果其面积小于某一阈值(此处取 5)或在所有连通元中不是最大的,则认为它是小块尾喷焰,加以去除。

连通区域内的点构成表示物体的候选区域。为了确定物体的特性与位置，必须首先确定连通元。连通标记算法的目的是找到图像中所有连通元，且对同一连通元中的所有点分配同一标记。对二值图像，常用的两种连通元标记算法为递归算法和序贯算法。

1）递归算法

算法如下：

（1）扫描图像，找到没有标记的 1 点，给它分配一个新的标记 L。

（2）递归分配标记 L 给 1 点的邻点（8−连通邻点）。

（3）如果不再有没有标记的点，则停止。否则执行步骤（1）。

这一算法在串行处理器上的计算效率很低。因此主要用在并行机上。

2）序贯算法

序贯算法通常要求对图像进行二次扫描处理。

4−连通的序贯连通元标记算法如下：

（1）从左至右、从上到下扫描图像。

（2）如果像素点为 1，则分以下几种情况。

① 如果其上面点和左面点已有且仅有一个标记，则复制这一标记作为该像素的标记。

② 如果其上面点和左面点有着相同的标记，则复制这一标记作为该像素的标记。

③ 如果其上面点和左面点有着不同的标记，则复制上面点的标记作为该像素的标记，且将两个标记输入等价表中作为等价标记。

④ 如不是①、②、③的情况，则给该像素分配一新的标记，并将这一标记输入等价表中。

（3）如果需要考虑更多的点，则回到（2）。

（4）在等价表的每一等价集中找到最低的标记。

（5）扫描图像，用等价表中每一等价集的最低标记取代图像中包含在同一等价集中的其他标记。

采用 4−连通的序贯标记算法，对图 5−44（a）的扫描图像，去掉小块尾喷焰后的结果如图 5−44（c）所示。

用以上两步法不仅可去除尾喷焰和背景，而且可去除灰度值小于 $T_{\min}$ 的噪声和面积较小的干扰图像或噪声，算法具有较强鲁棒性，效果很好，可为其他部位识别提供干净的飞机蒙皮灰度图像。

5.4.2.2　第二层识别：识别冲底图像、冲顶图像及非目标图像

1. 角点特征的提取

F. Attneave 指出，物体的形状信息集中在边界上那些有高曲率的角点（支配点）。角点是指物体图像轮廓边界的最大曲率点或曲率的零交叉点，角点特征是在不完整图

像中应用得最为广泛和最为有效的特征之一，且比较容易硬件实现。角点特征主要包括两个相似不变性特征：由角点两边组成的内角的大小和这两边的边长比，另一个特征是角的方向，但它与旋转有关。

角点是图像中比较稳定的特征。然而，由于引信成像的特殊性，所得图像模式多而复杂，且变形大，使得有些角点不再稳定。为此，利用具体飞机目标的先验知识，提出在众角点中寻找稳定的点——4 个关键点 F_0、F_1、B_0、B_1，再以这 4 个稳定的关键点为基础识别飞机部位，这就是关键点法识别部位。

本书采用了由 Bimal 和 Ray 提出的基于多尺度滤波的角点检测方法。

2. 冲底图像、冲顶图像及非目标图像的定义

冲底图像是指含飞机目标，且机头在图像下方、尾翼在图像上方的图像，如图 5-45（a）所示。

冲顶图像是指含飞机目标，且机头在图像上方、尾翼在图像下方的图像，如图 5-45（b）所示。

非目标图像是指图像中不含飞机目标的扫描图像，如只含红外诱饵的图像等。

需要指出的是，冲底图像并不一定是由导弹尾追攻击飞机目标时扫描产生的，而冲顶图像则是由导弹迎头攻击飞机目标时扫描产生的。若图 5-45（c）中的图像交会角为 100°（迎头攻击），则为冲底图像。

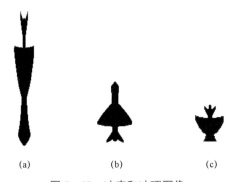

(a)　　　　　　(b)　　　　　　(c)

图 5-45　冲底和冲顶图像

（a）冲底图像；（b）冲顶图像；（c）非目标图像

3. 非目标图像、冲底图像及冲顶图像的识别

在去除尾喷焰和背景的图像中，识别出不具攻击价值的非目标图像，将其舍去。由于冲底图像和冲顶图像有很大差异：从上而下，部位出现的顺序相反。所以，从总体上把目标图像分为冲底图像和冲顶图像，便于识别和起爆控制，同时可以大大降低系统处理复杂度，简化问题，减少处理时间。

1）非目标图像的识别

飞机蒙皮和尾喷焰图像的灰度分布不均匀，且飞机各部位之间的连接必然构成图

像角点，所以，如果扫描图像不同时符合如下条件，则把它识别为非目标图像。

（1）图像有某个连通元含多个角点（5 个以上）。

（2）含多个角点的连通元的灰度值分布不均匀。

（3）含多个角点的连通元的灰度值大于背景阈值 $T_{\min}$。

2）冲底图像的识别

在去除背景和尾喷焰的冲底图像中，2 个水平尾翼和 1 个垂直尾翼最先出现。引信逐行扫过飞机目标的过程中，在扫描开始后的某一时间内，尾翼必然会同时形成 2 个或 2 个以上的连通元（见图 5-46），而这一特点在冲顶的图像中是不存在的——冲顶图像自始至终都是 1 个连通元。所以，识别冲底图像的规则为：对当前扫描的目标图像，进行连通元的标记和个数统计，如果连通元个数大于 1，则把该目标图像识别为冲底图像。

3）冲顶图像的识别

利用目标图像的角点及轮廓来识别冲顶图像。识别规则是：如果当前扫描的目标图像不是冲底图像，则对其提取角点，在以角点为顶点连成的多边形中，一旦发现有 1 个以上的内角是凹角（内角大于 180°），则把该扫描图像识别为冲顶图像。

由于扫描图像常常变形，不再是简单的多边形，在以角点为顶点连成的多边形中，凹角需自动识别，本书提出如下简单有效的凹角判别法则。

凹角判别法则：如图 5-47 所示，在连续的 3 个角点 C_1、C_2、C_3（下标编号顺序须使对应角点在图像中为逆时针顺序）中，面向 $\overrightarrow{C_1C_3}$ 所指方向，如 C_2 在直线 C_1C_3 的左手侧，则 C_2 所对应的多边形内角为凹角。

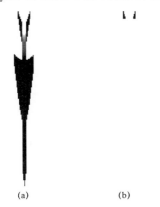

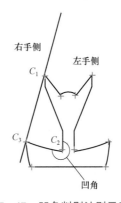

图 5-46　冲底图像及开始时形成 2 个连通元　　图 5-47　凹角判别法则示意图
（a）冲底图像；（b）连通元

4）漏识别图像

当弹目交会角很大（100° 左右）、脱靶量大于 5 m 时，得到的整个飞机的红外图像很小，利用以上方法，会有极少量图像被漏识别——既不是冲底或冲顶图像，也不是非目标图像。本节对这样的图像暂不做进一步的处理与识别，在引信的起爆控制中可根据小图像设立特殊的起爆规则。

利用以上的方法，识别效果很好，几乎可以准确识别出所有的冲底或冲顶的飞机目标图像，这为第三层的进一步识别提供了必要的前提条件。

冲底图像、冲顶图像及非目标图像的识别算法流程如图 5-48 所示。

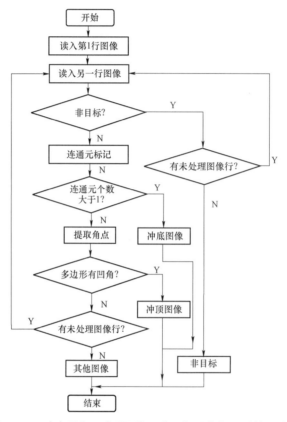

图 5-48　冲底图像、冲顶图像及非目标图像的识别算法流程

5.4.2.3　对冲底图像的目标部位识别

对于冲底图像，从飞机尾部开始扫描，首先用灰度分布法识别在图像中最早出现的发动机影响区和尾翼，然后用关键点法按顺序识别机翼和中机身、前机身，最后是部位修正。识别流程如图 5-49 所示。

1. 发动机影响区的识别

在冲底图像中，含丰富灰度信息的发动机影响区将较早出现。由知识库知，发动机影响区的灰度值比其他部位的灰度值大，尤其是在发动机加力时更明显，高出几十以上。因此，如果找出一个合适的阈值 T，就可以将发动机影响区和飞机其他部位区分开来。

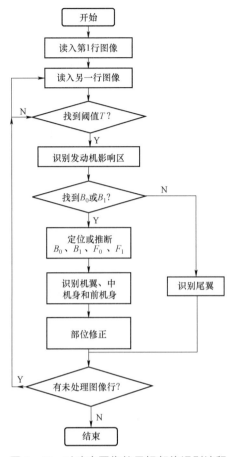

图 5-49　对冲底图像的目标部位识别流程

然而，飞机蒙皮的红外辐射特性与飞机的速度、高度、姿态、发动机工作状态及大气环境等条件密切相关，不同条件会使引信得到灰度值不同的蒙皮扫描图像。所以，用某一固定的阈值，无法在不同条件下都能把发动机影响区从图像中识别出来。因此，必须根据引信逐行扫描获得的图像来自适应地适时求取合适的阈值 T。

1）阈值 T 的自适应求取

绝大多数冲底图像都是导弹尾追攻击目标时获取的，尾翼和发动机最先与导弹交会，另一方面，由于发动机特征明显（灰度值较大），较易识别且颇具鲁棒性，所以它也是识别其他部位的重要依据。因此，为了及时起爆（如要炸发动机）和为其他部位的识别提供依据，需尽快把发动机识别出来，即要尽快确定阈值 T。冲底图像中，飞机尾翼最先出现，所以这里提出利用尾翼的灰度来自适应地确定 T，方法如下：

如前所述，在扫描开始的一段时间内，尾翼会形成 2 个或 2 个以上的连通元（见图 5-46）。逐行扫描图像时，在图像出现 2 个或 2 个以上连通元后且在重新合为 1 个连通元之前，立即计算所有连通元的灰度平均值，作为自适应阈值 T（一般等于尾翼图像灰度均值）。

2）发动机影响区的识别

考虑到尾翼、机翼前缘的灰度值要比阈值 T 高些，所以在识别时要对 T 作修正，设修正量为 $\Delta Gray$，在逐行扫描时，把灰度值大于（$T + \Delta Gray$）的像素点识别为发动机影响区。修正量为

$$\Delta Gray = \begin{cases} 5, & T > 40 \\ 4, & T \leqslant 40 \end{cases} \qquad (5-95)$$

式中，数值 40 是对大量图像数据分析后得到的。

为了增强识别的鲁棒性，提高系统的抗噪能力，实际处理时，在行或列方向上，只有当连续有 3 个以上灰度值都大于（$T + \Delta Gray$）的像素点，才把它们识别为发动机影响区的点。

2. 尾翼的识别

对于冲底图像，由部位的位置关系可知，在发动机影响区之前出现的飞机部位为尾翼部位。所以尾翼识别规则一：如果没有检测到发动机影响区的像素点，则所有已扫描到的非 0 像素点都为尾翼点。

但当尾翼、发动机影响区、机翼等部位同时在扫描图像中出现时，情况变得非常复杂，需要另外的规则识别尾翼。

为描述方便，在已扫描到的飞机图像中，把发动机影响区最顶部的像素所在的行号记为 MotorBegin，最底部的像素所在的行号记为 MotorEnd，发动机影响区图像所占的行数为

$$MotorLength = MotorEnd - MotorBegin + 1 \qquad (5-96)$$

在引信扫描完整个发动机影响区之前，MotorEnd、MotorLength 是动态增加的。

如图 5-50 所示，把机翼翼尖所在的最小行号记为 n_T。n_T 的确定方法如下：逐行扫描时，在第（MotorBegin + MotorLength/2）行之后，把开始出现 2 个或 2 个以上的连通元的图像行行号记为 i，则 $n_T = i$。

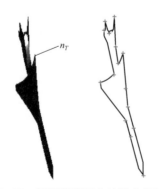

图 5-50　机翼翼尖所在的最小行号 n_T

尾翼识别规则二：第 n_T 行以前的非 0 像素，如果不属于发动机影响区，则为尾翼点。

在第 n_T 行到后交叉点 B_0 或 B_1 间也存在尾翼，同时还会有发动机影响区和机翼，还需采用以下凹角 – 连通元原理进一步识别。

在以扫描图像角点为顶点连成的多边形中，如有凹角，且此凹角所在行 y 在发动机影响区中部之后，即 $y>$（MotorBegin＋MotorLength/2），则记 $n_W = y - 1$。y 的意义是：它不是尾翼与机身前交叉点所在的行号就是 B_0、B_1 所在的行号。

因为在任一幅扫描图像中，尾翼和发动机影响区必在同一连通元内，所以，当确定 n_W 后，可得如下尾翼识别规则。

尾翼识别规则三：对第 n_W 行以前的图像进行连通元标记，并把跟发动机影响区在同一连通元但又不属于发动机影响区的非 0 像素，识别为尾翼。

用以上的三个尾翼识别规则，一般可把大部分尾翼图像识别出来。

3. 机翼、中机身、前机身的识别

机翼、中机身、前机身的识别用关键点法，最重要的是定位 4 个关键点：机翼与机身的 4 个交叉点 B_0、B_1、F_0、F_1（见图 5-51）。机翼、中机身和前机身的识别主要依据这 4 个关键点：中机身基本就是围在四边形 $B_0 B_1 F_1 F_0$ 里的图像，前机身则主要是直线 $F_0 F_1$ 下面的目标图像，剩下的图像基本就是机翼。

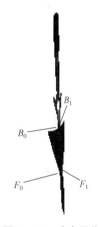

图 5-51　冲底图像

1）B_0、B_1、F_0、F_1 的图像定位

由所建的知识库知，B_0、B_1、F_0、F_1 一般都是图像的角点，而且，在以所有角点为顶点连成的多边形中，顶点 B_0、B_1、F_0、F_1 所对应的内角都是凹角。对大量图像数据的分析表明，B_0、B_1 所对应的内角总大于 $\frac{5\pi}{4}$，比 F_0、F_1 所对应的内角大得多。另外，在这样的多边形中，尾喷焰与尾翼、尾翼与机身后端、尾翼间所形成的角点，其对应的内角也是凹角（统称为尾翼凹角）。同时，由于是数字图像，角点算法有时也会检测出一些角度较小的干扰性的凹角。所以，定位 B_0、B_1、F_0、F_1 分以下四步：

（1）排除尾翼凹角对应的角点。

（2）识别后交叉点和前交叉点。

（3）区分左侧交叉点 B_0、F_0 和右侧交叉点 B_1、F_1。

（4）求取稳定的 B_0、B_1、F_0、F_1。

下面分别对其描述。

（1）排除尾翼凹角对应的角点。

由位置关系可知，在冲底图像中，尾翼凹角总是在交叉点的上方，因此排除尾翼凹角的关键是在扫描图像中，找到一分界行 n_J，使交叉点处于分界行的下方，从而行号小于 n_J 的凹角即为尾翼凹角。n_J 由发动机影响区的信息和 n_W 决定，由下式求得：

$$n_J = \begin{cases} n_W, & n_W \geqslant \text{MotorBegin} + \dfrac{\text{MotorLength}}{2} \\ \text{MotorBegin} + \dfrac{\text{MotorLength}}{2}, & \text{其他} \end{cases}$$

$$(5-97)$$

其中 n_W 的意义见本节 2。

（2）识别后交叉点和前交叉点。

前、后交叉点由其对应的内角大小来区分：在多边形的非尾翼凹角的内角中，把大于 $\dfrac{5\pi}{4}$ 的内角对应的角点识别为后交叉点（B_0 或 B_1），而把内角为 $\pi \sim \dfrac{5\pi}{4}$ 对应的角点识别为前交叉点（F_0 或 F_1）。

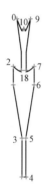

图 5-52　交叉点位置的区分

（3）区分左侧交叉点 B_0、F_0 和右侧交叉点 B_1、F_1。

左侧交叉点与右侧交叉点之分是就其在图像中的位置而言的。以处于左上方的角点为起始点（图 5-52 中的第 0 点），把角点按逆时针顺序排列，并找到图像右下方的角点（图 5-52 中的第 4 点）。这样，序号在起始点和右下方角点之间的交叉点为左侧交叉点（图 5-52 中第 1 点为 B_0，第 3 点为 F_0），其余的交叉点为右侧交叉点（图 5-52 中第 5 点为 F_1，第 8 点为 B_1）。

（4）求取稳定的 B_0、B_1、F_0、F_1。

随着逐行扫描的进行，凹角的个数和位置都在变化，需要自适应地修正 B_0、B_1、F_0、F_1 的定位，排除干扰凹角，使其定位更佳。方法如下：

① 找最大内角：在图像左侧，把大于 $\dfrac{5\pi}{4}$ 的内角中最大者所对应的角点识别为 B_0，把 $\pi \sim \dfrac{5\pi}{4}$ 的内角中最大者对应的角点识别为 F_0；同理，在图像右侧，把大于 $\dfrac{5\pi}{4}$ 的内角中最大者所对应的角点识别为 B_1，把 $\pi \sim \dfrac{5\pi}{4}$ 的内角中最大者对应的角点识别为 F_1。

② 有条件地替换修正：随着逐行扫描的进行，按上述方法，一旦同时找到 F_0、F_1，即把此扫描时刻已找到的 F_0、F_1、B_0、B_1 记录下来，在以后的扫描时刻中，只有按上述方法找到了更佳（对应更大内角）的交叉点，才用它来替换原来对应的交叉点。

2）交叉点的推断

因为成像引信是逐行扫描逐行识别的，所以，按时间顺序，最先出现的将是 B_0 或

B_1，然后是 F_0、F_1。当这 4 个关键点没有全找到时，未找到的点需由已出现的图像来推断，以便适时地识别机翼、中机身和前机身。具体可能出现以下情况：

（1）找到 B_0 或 B_1 中的一点，而另一点需推断。

（2）找到或推断出 B_0、B_1 后，F_0、F_1 都未找到而需推断。

（3）找到或推断出 B_0、B_1 后，只找到 F_0 或 F_1 中的一点，而另一点需推断。

下面分别讨论这几种情况下，未找到的关键点的推断方法。

（1）找到 B_0 或 B_1 中的一点，而另一点需推断的推断方法。

当能找到 B_0 或 B_1 中的一点时，发动机影响区已基本识别出来，可依据发动机影响区位置推断。在第（MotorBegin $+0.5\times$ MotorLength）行至第（MotorBegin $+0.85\times$ MotorLength）行范围内，求每行的水平投影——每行的非 0 像素个数，设其中的最大水平投影为 MotorWidth（发动机影响区宽度），则推断规则为以下两条：

① 若找到的 B_0 在图像中位置为 (i_{B_0}, j_{B_0})，则推断 B_1 的位置为 $(i_{B_0}, j_{B_0} + \text{MotorWidth})$。

② 若找到的 B_1 在图像中位置为 (i_{B_1}, j_{B_1})，则推断 B_0 的位置为 $(i_{B_1}, j_{B_1} - \text{MotorWidth})$。

其中，i、j 为图像的行和列。

图 5-53 为某一扫描图像的推断结果。

（2）找到或推断出 B_0、B_1 后，F_0、F_1 都未找到而需推断的推断方法。

如图 5-54 所示，此时，发动机影响区已基本被识别（阴影部分）。由先验知识可知，发动机影响区的中轴线就是中机身的中轴线，在此，假设在图像中也将如此，并假设圆柱形的机身在图像中为平行四边形（设图像不变形）。据此，推断的规则为：在已知的发动机影响区图像的前 1/3 和后 1/3 处，找到中轴线上的两点 $E_0(i_{E_0}, j_{E_0})$、$E_1(i_{E_1}, j_{E_1})$，并作 $B_0F_0 // E_0E_1$，$B_1F_1 // E_0E_1$，且 B_0F_0 与当前扫描行 i 交于 $F_0(i_{F_0}, j_{F_0})$，B_1F_1 与当前扫描行 i 交于 $F_1(i_{F_1}, j_{F_1})$。因已知 $B_0(i_{B_0}, j_{B_0})$、$B_1(i_{B_1}, j_{B_1})$，这样，可由几何关系推断出 F_0、F_1（注：此时 F_0、F_1 实际上是已出现的中机身最下面的两个顶点，而非前交叉点）：

已知的 B_1

推断出来的 B_0

图 5-53　后交叉点的推断

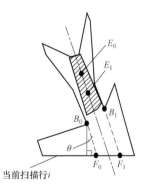

E_0

E_1

B_0

B_1

θ

当前扫描行 i

F_0

F_1

图 5-54　F_0、F_1 的推断示意图

$$\begin{cases} i_{F_0} = i_{B_0} \\ j_{F_0} = j_{B_0} + (i_{F_0} - i_{B_0}) \cdot \tan\theta = j_{B_0} + (i_{F_0} - i_{B_0}) \cdot \dfrac{j_{E_1} - j_{E_0}}{i_{E_1} - i_{E_0}} \end{cases} \qquad (5-98)$$

$$\begin{cases} i_{F_1} = i_{B_1} \\ j_{F_1} = j_{B_1} + (i_{F_1} - i_{B_1}) \cdot \tan\theta = j_{B_1} + (i_{F_1} - i_{B_1}) \cdot \dfrac{j_{E_1} - j_{E_0}}{i_{E_1} - i_{E_0}} \end{cases} \qquad (5-99)$$

一些图像的推断结果如图 5-55 所示。

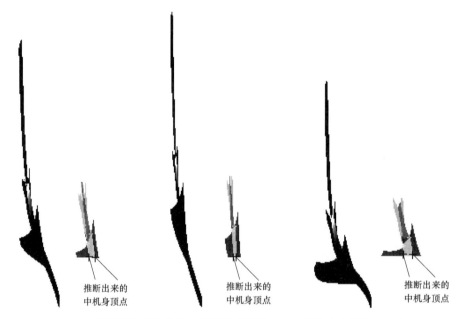

图 5-55　部分图像的中机身顶点的推断结果（每组图像中左侧为原图像）

（3）找到或推断出 B_0、B_1 后，只找到 F_0 或 F_1 中的一点，而另一点需推断的推断方法。

在飞机的实际几何结构中，$B_0B_1F_1F_0$ 为一矩形，所以假设图像不变形，则 $B_0B_1F_1F_0$ 为一平行四边形。所以，未找到的前交叉点可利用平行四边形法则来推断。如图 5-56 所示，如果已找到或推断出 B_0、B_1，并找到 F_1，则可推断 F_0 为

$$\begin{cases} i_{F_0} = i_{F_1} + (i_{B_0} - i_{B_1}) \\ j_{F_0} = j_{F_1} + (j_{B_0} - j_{B_1}) \end{cases} \qquad (5-100)$$

同理，如果已找到或推断出 B_0、B_1，并找到 F_0，则可推断 F_1 为

$$\begin{cases} i_{F_1} = i_{F_0} + (i_{B_1} - i_{B_0}) \\ j_{F_1} = j_{F_0} + (j_{B_1} - j_{B_0}) \end{cases} \qquad (5-101)$$

一些图像的推断结果如图 5-57 所示。

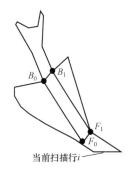

图 5-56　前交叉点的推断示意图

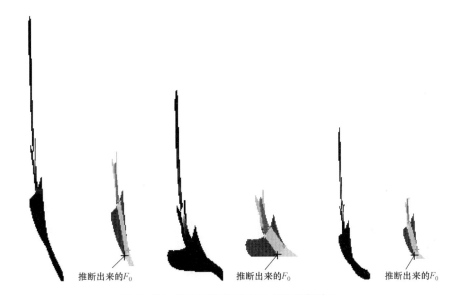

图 5-57　部分图像的前交叉点的推断结果

3）伪前交叉点的去除

按前述的定位方法，B_0、B_1 一般都能定位得较准确，而 F_0、F_1 在有些图像中会出现误定位，这主要是由扫描图像的变形等原因造成的，有以下两种情况：

（1）前交叉点误定位于机翼前缘。

（2）前交叉点误定位于尾翼前缘与机身的交叉处。

下面给出这两种情况下的解决方法。

（1）前交叉点误定位于机翼前缘的例子如图 5-58 所示。

如图 5-59 所示，B_0、B_1 为找到的后交叉点，F_1 为伪前交叉点，F_0 为推断出来的前交叉点，$B_0B_1F_1F_0$ 为平行四边形。因为在这种误定位的图像中，机翼的图像面积较大，所以用如下规则去伪：

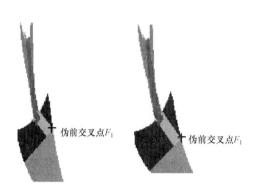

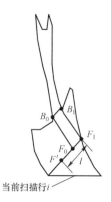

图 5-58　机翼前缘的伪前交叉点　　　　图 5-59　去除伪前交叉点示意图

当点 F' 为非 0 像素时，F_1 为伪前交叉点。

其中 F' 由图 5-59 中的长度 l 决定。考虑到图像变形等因素，根据大量试验，为了更有效地去伪存真，l 根据在图像的不同位置自动取值为

$$\begin{cases} l = 2|F_0F_1|, & \text{当}|k_i| > 0.55 \\ l = 3|F_0F_1|, & \text{当}|k_i| \leqslant 0.55 \end{cases} \qquad (5-102)$$

其中，k_i 为待处理的前交叉点处，图像水平投影曲线的斜率。因此有

$$k_i = \frac{N(i+5) - N(i-5)}{10} \qquad (5-103)$$

式中，$N(i)$ 为第 i 行图像的水平投影；i 为待处理的前交叉点的行号。

注：水平投影曲线是指以行号为横坐标，以水平投影为纵坐标所得到的曲线，如图 5-60 所示，为了便于观察，图中的坐标已顺时针旋转了 90°。

（2）前交叉点误定位于尾翼前缘与机身的交叉处的例子如图 5-61 所示。由图可见，

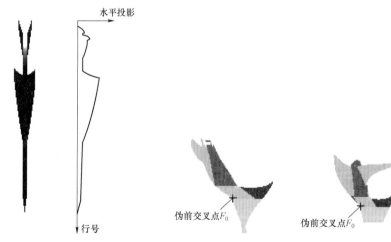

图 5-60　图像行的水平投影　　　　图 5-61　机身上的伪前交叉点

伪前交叉 F_0 点与 B_1 点纵向距离很近，而根据先验知识，前后交叉点在纵向距离应较远。由此，解决方法是：前交叉点在纵向上必须距最近的后交叉点有一段距离，否则认为它是伪前交叉点。通过大量试验，取经验值为（$0.35 \times MotorLength$）。

4）机翼、中机身、前机身的识别

在逐行扫描时，至少找到了 1 个后交叉点以后（此时如果其他的后、前交叉点未找到，则可通过推断定位），可通过关键点 B_0、B_1、F_0、F_1 来识别机翼、中机身、前机身。

对于飞机以亚音速飞行时，识别规则如下［注：此时尾喷焰、尾翼、发动机影响区已识别出来，并设 $f(i, j)$ 为飞机目标点］：

（1）如 $f(i, j)$ 在四边形 $B_0B_1F_1F_0$ 内，则 $f(i, j)$ 属于中机身。

（2）如 $f(i, j)$ 在直线 F_0F_1 的上方（左侧），且 $f(i, j)$ 尚未识别为任何部位，则 $f(i, j)$ 属于机翼。

（3）如 $f(i, j)$ 在直线 F_0F_1 的下方（右侧），且之前已有点被识别为机翼点，则 $f(i, j)$ 属于前机身。

由上述识别规则，中机身部分将是四边形 $B_0B_1F_1F_0$，这只是一种近似识别，因为实际扫描图像有时是变形的，中机身部分由曲线围成。亚音速图像的部分例子的识别结果见图 5-57。

由知识库知：当飞机以超音速状态飞行时，尾翼和机翼的灰度值要比中、前机身的灰度值大。可以利用这一特点来提高飞机以超音速飞行时的中机身和机翼的识别精度，步骤如下：

（1）判断当前扫描图像是否为超音速图像。

（2）在超音速图像中，找到中机身的灰度值。

（3）利用中机身的灰度值来识别中机身和机翼。

在后交叉点之后，只有同时存在中机身和机翼的图像行，且在超音速时，灰度曲线形状才会是图 5-62 中（a）、（b）、（c）之一，而在亚音速时，中机身和机翼的灰度值几乎一样。

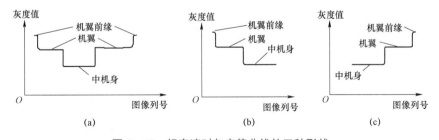

图 5-62　超音速时灰度值曲线的三种形状

由图 5-62 可见，图（b）、（c）的曲线形状只是图（a）的曲线形状的一部分，所以，超音速飞行的判别规则是：只要出现图（b）或图（c）的曲线特征，则认为此时飞机处于超音速飞行状态。对于含 128 个探测元的引信，图（b）或图（c）的形状特征可描述为以下几条：

（1）机翼前缘段所占列数≤2（一般为 1 或 0）。

（2）机翼段所占列数>2。

（3）机翼和中机身的灰度差≥3。

（4）中机身段所占的列数≥3。

如果已判断出飞机为超音速飞行，则由曲线即可得到中机身的灰度值。

若尾喷焰、尾翼、发动机影响区已识别出来，设 $f(i, j)$ 为飞机目标部分的图像点，则飞机以超音速飞行时，机翼、中机身、前机身的识别规则为以下几条。

（1）如果 $f(i, j)$ 同时符合如下条件，则 $f(i, j)$ 属于中机身。

① 在直线 F_0F_1 与直线 B_0B_1 之间。

② 已有机翼点被识别。

③ $f(i, j)$ 与求得的中机身灰度值之差的绝对值小于 3。

（2）如果 $f(i, j)$ 在直线 F_0F_1 的上方（左侧），且 $f(i, j)$ 尚未识别为任何部位，则 $f(i, j)$ 属于机翼。

（3）如果 $f(i, j)$ 在直线 F_0F_1 的下方（右侧），且已有机翼点出现，则 $f(i, j)$ 属于前机身。

超音速图像的两个例子的识别结果如图 5-63 所示。

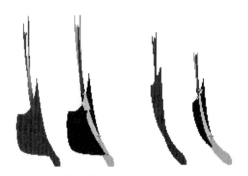

图 5-63　超音速图像的两个例子的识别结果（每组左侧为原图像）

以上机翼、中机身、前机身的识别方法的前提条件是至少找到了 1 个后交叉点。但是，当弹目交会的脱靶方位角在 90°左右、为小交会角时，将找不到后交叉点（见图 5-64），然而，图像是不变形的，飞机各部位的几何比例关系在图像中不会改变，所以，可以根据比例关系及尾翼起点、尾翼与机身的前交叉点来识别中、前机身，而机翼图像由于与机身图像重叠而不能识别。在这种特殊的情况下，由于没有后交叉点，定位出来的 F_0、F_1 就是尾翼与机身的前交叉点。

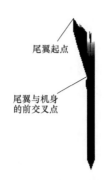

尾翼起点

尾翼与机身
的前交叉点

图 5-64　特殊交会图像

5.4.2.4　对冲顶图像的目标部位识别

冲顶图像中，最先扫描到的是前机身，然后是中机身和机翼，最后是发动机影响区和尾翼，按此顺序得出的部位识别流程如图 5-65 所示，下面具体介绍识别方法。

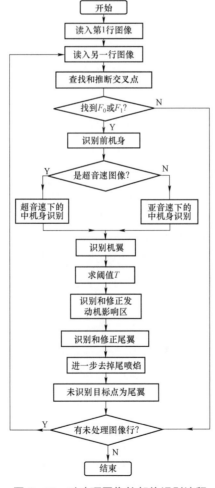

图 5-65　对冲顶图像的部位识别流程

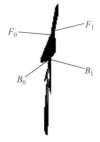

图 5-66　冲顶图像

1. F_0、F_1、B_0、B_1 的图像定位与推断

如图 5-66 所示，与对冲底图像的部位识别一样，在冲顶图像中，用关键点法识别前机身、中机身和机翼，主要是定位 F_0、F_1、B_0、B_1 这 4 个关键点。

1）关键点的定位

由先验知识可知：在以所有角点为顶点组成的多边形中，顶点 B_0、B_1、F_0、F_1 所对应的内角都是凹角。冲顶图像中，定位 B_0、B_1、F_0、F_1 的方法与冲底图像中的定位方法基本相同，只是排除尾翼凹角对应的角点所用的方法有所差异。由飞机的位置关系可知，在冲顶图像中，在发动机影响区出现之前，不存在尾翼凹角。当发动机影响区出现后，定义交叉点与尾翼凹角的分界行 n_J 为

$$n_J = \text{MotorBegin} + \frac{\text{MotorLength}}{2} \quad \text{（已出现的发动机影响区中部）}$$

则在 n_J 之后的凹角为尾翼凹角。

2）关键点的推断

在弹目交会时，按扫描时间顺序，最先出现的是 F_0、F_1，然后出现 B_0、B_1，当这 4 个点没有全找到时，未找到的点需由已出现的图像来推断，可能出现以下情况：

（1）找到 F_0 或 F_1 中的一点，而另一点需推断。

（2）找到或推断出 F_0、F_1 后，B_0、B_1 都未找到而需推断。

（3）找到或推断出 F_0、F_1 后，只找到 B_0 或 B_1 中的一点，而另一点需推断。

下面分别讨论这几种情况下，未找到的关键点的推断方法。

（1）找到 F_0 或 F_1 中的一点，而另一点需推断的推断方法。

① 若找到 F_0，则 F_1 为与 F_0 同在一行的飞机蒙皮图像右边界点。

② 若找到 F_1，则 F_0 为与 F_1 同在一行的飞机蒙皮图像左边界点。

图 5-67 为该种情况下某一扫描图像的推断结果。

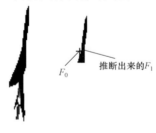

图 5-67　前交叉点的推断结果（左侧为原图像）

（2）找到或推断出 F_0、F_1 后，B_0、B_1 都未找到而需推断的推断方法。

如图 5-68 所示，此时前机身已识别出来，由飞机的几何结构可知，前机身与中机

身在同一圆柱体上，假设目标扫描图像不变形，则可以通过几何关系来推断 B_0、B_1。把像素坐标记为 (i, j)，i 为图像行号，j 为图像列号。在识别出的前机身图像的前 $1/3$ 和后 $1/3$ 处，分别找到其轴线上的两点 $E_0(i_{E_0}, j_{E_0})$、$E_1(i_{E_1}, j_{E_1})$，并作 $F_0B_0/\!/E_0E_1$，$F_1B_1/\!/E_0E_1$，且 F_0B_0 与当前扫描行 i 交于 $B_0(i_{B_0}, j_{B_0})$，F_1B_1 与当前扫描行 i 交于 $B_1(i_{B_1}, j_{B_1})$。因 $F_0(i_{F_0}, j_{F_0})$、$F_1(i_{F_1}, j_{F_1})$ 已知，这样，可由几何关系推断 B_0、B_1 在图像中的位置（注：此时 B_0、B_1 实际上是已出现中机身的最下面的两个顶点，而非后交叉点）：

$$\begin{cases} i_{B_0} = i_{F_0} \\ j_{B_0} = j_{F_0} + (i_{B_0} - i_{F_0}) \cdot \tan\theta = j_{F_0} + (i_{B_0} - i_{F_0}) \cdot \dfrac{j_{E_1} - j_{E_0}}{i_{E_1} - i_{E_0}} \end{cases} \qquad (5-104)$$

$$\begin{cases} i_{B_1} = i_{F_1} \\ j_{B_1} = j_{F_1} + (i_{B_1} - i_{F_1}) \cdot \tan\theta = j_{F_1} + (i_{B_1} - i_{F_1}) \cdot \dfrac{j_{E_1} - j_{E_0}}{i_{E_1} - i_{E_0}} \end{cases} \qquad (5-105)$$

图 5-69 所示为该种情况下某扫描图像的推断结果。

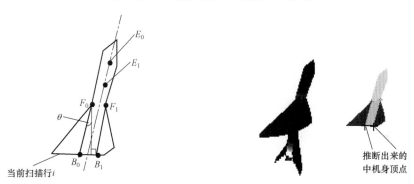

图 5-68　B_0、B_1 的推断示意图　　图 5-69　对某图像中机身顶点的推断结果（左侧为原图像）

（3）找到或推断出 F_0、F_1 后，只找到 B_0 或 B_1 中的一点，而另一点需推断的推断方法。

这种情况的推断方法类似于在冲底图像中，知道 B_0、B_1 后推断 F_0 或 F_1 中的一点的情况。因此，根据平行四边形法则，如果已找到或推断出 F_0、F_1，并找到 B_1，则可推断 B_0 为

$$\begin{cases} i_{B_0} = i_{B_1} + (i_{F_0} - i_{F_1}) \\ j_{B_0} = j_{B_1} + (j_{F_0} - j_{F_1}) \end{cases} \qquad (5-106)$$

同理，如果已找到或推断出 F_0、F_1，并找到 B_0，则可推断 B_1 为

$$\begin{cases} i_{B_1} = i_{B_0} + (i_{F_1} - i_{F_0}) \\ j_{B_1} = j_{B_0} + (j_{F_1} - j_{F_0}) \end{cases} \qquad (5-107)$$

图 5-70 所示为该种情况下某扫描图像的推断结果。

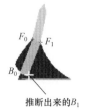

F_0 F_1

B_0

推断出来的B_1

图 5-70　对某图像的后交叉点的推断结果（左侧为原图像）

2. 前机身、中机身、机翼、发动机影响区及尾翼的识别

只要找到了前交叉点中的一点，另一前交叉点或两个后交叉点可找到或推断得到，所以当找到前交叉点中的一点后，需进行前机身、中机身、机翼的识别。

与对冲底图像的部位识别一样，超音速时，可以利用中机身图像与机翼图像有较大的灰度差别，来更准确地识别机翼和中机身（与亚音速相比）。因此，需要先判断当前扫描图像是否为超音速图像，然后分超音速和亚音速进行中机身和机翼的识别。

超音速时，有中机身和机翼同时出现的图像行，其灰度曲线必然出现图 4-62（b）或（c）的特征，而亚音速时则不然。冲顶图像中，在其前后交叉点之间存在同时有中机身和机翼的图像行。所以，判断冲顶图像是否为超音速图像的方法是：在其前后交叉点之间的图像行中，从上而下扫描，如发现有图像行的灰度曲线出现形如图 4-62（b）或（c）的特征，则认为其为超音速图像，并可求得中机身的灰度，否则为亚音速图像。

设 $f(i,j)$ 为飞机目标部分的图像点，依据关键点法，识别前机身、中机身、机翼的规则如下：

（1）如果 $f(i,j)$ 在直线 F_0F_1 上方，且已有机翼点出现，则 $f(i,j)$ 属于前机身。

（2）分是否超音速两种情况，来识别中机身。

① 亚音速情况下，如 $f(i,j)$ 在四边形 $B_0B_1F_1F_0$ 内，则 $f(i,j)$ 属于中机身。

② 超音速情况下，如 $f(i,j)$ 同时符合如下两个条件，则 $f(i,j)$ 属于中机身。

（a）$f(i,j)$ 在直线 F_0F_1 与直线 B_0B_1 之间。

（b）$f(i,j)$ 与求得的中机身灰度值之差小于 3。

（3）如果 $f(i,j)$ 同时符合如下三个条件，则 $f(i,j)$ 属于机翼。

① $f(i,j)$ 位于直线 B_0B_1 的上方。

② 尚未找到真正的后交叉点，或发动机影响区尚未出现。

③ $f(i,j)$ 尚未被识别为任何部位。

与冲底图像一样，在冲顶图像中，用灰度分布法来识别发动机影响区，即识别的关键是选取自适应的阈值 T，当得到阈值 T 后，就可以把发动机影响区分割出来。

在冲顶图像中，用识别出来的所有机翼点的灰度均值来作为阈值 T，因此，在逐行扫描的过程中，阈值 T 将随着机翼图像点增多而动态变化，它越来越准确地代表整个机翼图像的平均灰度。

因为在任一幅扫描图像中，尾翼必定和发动机影响区在同一连通元内，所以，对行号较大的后交叉点以后的图像进行连通元标记，然后把跟发动机影响区在同一连通元但又不属于发动机影响区的蒙皮图像像素，识别为尾翼，而把其余不属于发动机影响区的蒙皮图像像素，识别为机翼。

5.4.3　部位识别效果的评价指标

对于某一时刻的扫描图像，可能包含天空背景和前机身、机翼、中机身、发动机影响区、尾翼、尾喷焰 6 个部位。

对于每一个部位或背景，定义识别率、误识别率和漏识别率作为部位识别效果的评价指标。

$$某部位的认别率 = \frac{该部位被正确识别的像素数}{该部位实际像素总数} \times 100\% \tag{5-108}$$

$$某部位的误识别率 = \frac{该部位被误识别为其他部位或背景的像素数}{该部位实际像素总数} \times 100\% \tag{5-109}$$

$$某部位的漏识别率 = \frac{该部位未被识别的像素数}{该部位实际像素总数} \times 100\% \tag{5-110}$$

$$背景的识别率 = \frac{背景被正确识别的像素数}{背景实际像素总数} \times 100\% \tag{5-111}$$

$$背景的误识别率 = \frac{背景被误识别为飞机部位的像素数}{背景实际像素总数} \times 100\% \tag{5-112}$$

$$背景的漏识别率 = \frac{背景未被识别的像素数}{背景实际像素总数} \times 100\% \tag{5-113}$$

同样，对于某一幅扫描图像，也可定义识别率、误识别率和漏识别率作为该图像部位识别效果的评价指标。

$$某图像的部位识别率 = \frac{各部位被正确认别的像素总数}{该图像飞机各部位实际像素总数} \times 100\% \tag{5-114}$$

$$某图像的部位误识别率 = \frac{各部位被误识别为其他部位或背景的像素总数}{该图像飞机各部位实际像素总数} \times 100\% \tag{5-115}$$

$$某图像的部位漏识别率 = \frac{各部位被漏识别的像素总数}{该图像飞机各部位实际像素总数} \times 100\% \tag{5-116}$$

以上基于知识库的飞机目标部位识别算法已全部用 C++ 语言编程实现，并利用 Visual C++ 6.0 开发平台进行了程序的编译、调试和运行，识别系统的主界面如图 5-71 所示。

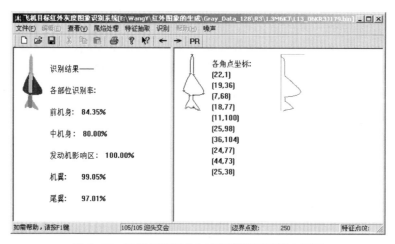

图 5-71　飞机目标红外灰度图像识别系统主界面

一些典型交会条件、飞行状态下的图像识别结果如图 5-72 所示：每两幅图像为一

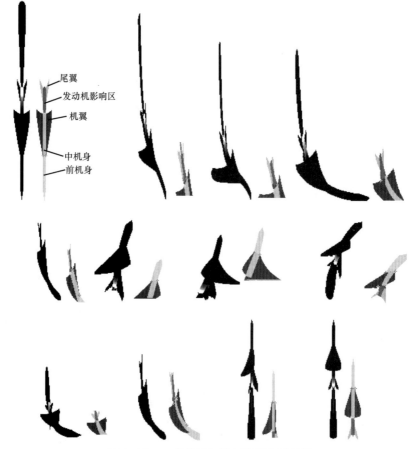

图 5-72　一些典型飞机图像的识别结果

组，每组中左侧图像为引信对整个目标扫描完毕时将得到的完整图像，右侧图像为部位识别结果；右侧图像不同灰度表示不同部位的识别结果，图像灰度与部位的对应关系见第一组图像中的标注；右侧图像有的是不完整的，表示引信在当前时刻扫描到的不完整图像的识别结果（边扫描边识别）。

为了全面地考量识别系统的性能，对 6 156 幅图像做了识别试验，其中尾攻图像 3 240 幅，迎击图像 2 916 幅，它们的交会条件及参数见表 5-6，识别结果的统计见表 5-7。

表 5-6　待识别样本的交会条件及参数

| 脱靶量：3～7 m，步长 2 m |
| 交会角（尾攻）：0°～90°，步长 10°；交会角（迎击）：91°～180°，步长 10° |
| 导弹相对目标的脱靶方位角：0°～360°，步长 20° |
| 目标侧滑角、滚动角和迎面角均为 0° |
| 引信视角：65° |
| 引信探测元数：128 |
| 对扫描时间的采样间隔：0.1 ms |
| 导弹速度：2.8Ma |
| 目标速度、交会高度、飞机发动机状态（共 6 组）：
（0.8Ma，3 km，额定）、（0.8Ma，3 km，加力）、（1.3Ma，6 km，额定）、（1.3Ma，6 km，加力）、
（1.6Ma，10 km，加力）、（1.8Ma，19 km，加力） |

表 5-7　对待识别样本的识别结果

对 3 240 幅尾攻图像的识别结果						
识别结果	前机身	中机身	机翼	发动机影响区	尾翼	尾喷焰	背景
该部位识别率在75%以上的幅数	2 916	2 829	3 078	3 110	3 008	3 238	3 240
占总数百分比	90%	87.3%	95.0%	96.0%	92.8%	100%	100%
部位识别率在 75%以上的图像幅数：3 134；占总数百分比：96.7%						
对 2 916 幅迎击图像的识别结果						
识别结果	前机身	中机身	机翼	发动机影响区	尾翼	尾喷焰	背景
该部位识别率在75%以上的幅数	2 686	2 204	2 425	2 700	2 391	2 805	2 916
占总数百分比	92.1%	75.6%	83.2%	92.6%	82.0%	96.2%	100%
部位识别率在 75%以上的图像幅数：2 604；占总数百分比：89.3%						

对尾攻和迎击图像识别结果的合计（共 6 156 幅图像）						
识别结果	前机身	中机身	机翼	发动机影响区	尾翼	尾喷焰	背景
该部位识别率在75%以上的幅数	5 602	5 033	5 503	5 810	5 399	6 088	6 156
占总数百分比	91.0%	81.8%	89.4%	94.4%	87.7%	98.9%	100%
部位识别率在 75%以上的图像幅数：5 738；占总数百分比：93.2%						

以上仿真实验表明，提出的基于知识的识别算法可以有效地识别飞机目标特定部位，试验还表明以下结论：

背景的识别率最高，都能准确地识别出来，这是因为背景的灰度值比飞机蒙皮的低得多的缘故，容易用阈值法滤去；尾喷焰的识别率也非常高，原因是尾喷焰的灰度值有"渐变性"的特点，较易识别。背景和尾喷焰的高识别率为引信不误炸提供了保障。

发动机影响区识别率较高，是由于发动机影响区的蒙皮温度较高，而前机身也能取得较好的识别效果，是因为在识别系统中采用了关键点法识别，前机身不易与其他部位混淆。飞机亚音速飞行时，中机身和机翼的图像灰度值几乎相同，所以用关键点法识别时，只能用 4 个关键点围成的四边形来代表中机身，这是影响中机身和机翼识别效果的主要原因之一。

尾攻图像的部位识别效果比迎击图像的部位识别效果好，一是由于尾攻图像的扫描时间长，行数多，能获取较多的图像信息；二是由于在迎头攻击时，弹目距离越来越远，使得处于后部的机翼、中机身、尾翼、发动机影响区的图像分辨率较低，有时甚至由于图像太小而连在一起（见图 5-73），大大影响识别效果；三是由于弹目交会过程中，图像的变形常常发生在图像的后半部，所以在尾追攻击时，只有前机身图像会发生较大的变形，而其他部位变形小，利于识别，而在迎头攻击时，机翼、中机身、

图 5-73　迎击图像的后半部分分辨率低

尾翼、发动机影响区的图像往往都有较大的变形，不利于识别。实际上，由于迎头攻击时弹目相对速度高，实战时主要要求识别飞机的前半部分，飞机后半部分识别效果的好坏不影响引信性能。

试验还表明，对交会角为 $0°\sim75°$ 和 $135°\sim180°$ 的图像，网络有很高的识别率，只是对交会角 $75°\sim135°$ 的图像，识别率有所下降。原因是在此区间内，目标图像变形大，不易提取稳定的识别规则，给识别工作带来困难；此外，由于目标图像区域较小，受量化影响严重，也是影响识别效果的重要因素。然而，制导理论表明，在导弹导引头的作用下，弹目交会的状态出现的概率不是均匀分布的，而是交会角在 $0°$ 和 $180°$ 附近出现的概率最大，大交会角出现的可能性较小。因此，图像处理器对交会角为 $75°\sim135°$ 的图像在交会状态下的识别率相对较低，对系统综合性能的影响不像均匀分布反映的那样强烈。

5.5　成像引信的精确起爆控制

成像引信的关键技术之一是目标特定部位和弹目交会状态的识别。识别目标易损部位在对空导弹引信中最有应用前景。在全向攻击情况下，目标飞行状态及弹目交会状态模式众多，成像探测获取的图像数据巨大且形态各异，加之作用的瞬时性和图像的不完整性，传统的目标识别与信号处理技术难以对其进行实时处理，因此研究信息处理的新方法必然成为成像引信的关键技术。基于知识库的飞机目标灰度图像的特定部位识别技术，是成像引信中一种切实有效的信号处理新方法，用于提高引信的性能。引信的起爆控制内容十分丰富，其技术层次概括起来可以用图 5-74 表示。

图 5-74　引信起爆控制的技术层次

精确起爆控制是引信技术的研究热点。随着各种高新技术在导弹系统中的广泛应用，先进的制导技术已能精确地将导弹导引到目标附近，但如何进行精确起爆控制来有效地摧毁目标成为导弹系统急待解决的问题。精确起爆技术是现代防空导弹向高层次发展的一项关键技术。精确起爆的含义包括导弹在最佳时刻和最佳方位（方向）起爆定向战斗部。本节研究的红外成像引信精确起爆控制模型能根据目标特定部位的位置和弹目交会条件，给出导弹战斗部的最佳起爆延迟时间和最佳起爆方位，准确地控制导弹命中目标特定部位，大大提高引战配合效率，为引信的精确起爆控制打下坚实的理论基础。

5.5.1 引信对体目标的最佳起爆控制模型

传统引信无法识别目标部位，所以人们在研究其起爆控制时，一般只能把整个目标看成点目标或线目标，建立相应的起爆控制模型。

红外成像引信能识别出目标特定部位（一般指要害部位），使对特定部位的打击成为可能。打击特定部位要求必须具备精确的起爆控制，因此，一方面，引信必须把目标看成体目标，而不能简单地把整个目标看成点目标或线目标，否则必然会带来较大的控制误差；另一方面，任何一个体目标都是由目标点组成的，利用成像引信的部位识别能力，可以对非打击部位的目标点不予处理，而只对要打击的部位进行最佳炸点的数学建模，减少控制的复杂度，同时又不会影响控制精度。

如上所述，最佳起爆控制分为最佳起爆延时控制和最佳起爆方位控制两部分，前者控制定向战斗部何时起爆，后者控制定向战斗部向何方打击，两者的综合则可使战斗部命中目标特定部位，对破片式定向战斗部而言，就是控制战斗部把最密集的破片流击中特定部位的中心（一般是其几何中心）。由此，引信的最佳起爆控制就转化为击中目标特定部位中心的控制，即把打击体目标转化为击中某一目标点——部位中心，进一步降低了最佳起爆控制建模的难度，当然，其前提是引信能及时有效地识别或预测出特定部位中心的位置，这一点恰恰是红外成像引信能做到的。

如图 5-75 所示，在引信所获得的图像中，阴影部分为待打击的目标特定部位 P，J 点为部位中心。引信在 0 时刻探测到目标，将于 t_0 时刻探测到目标中心。设对扫描时间的采样间隔为 t_Δ，用目标点的最佳起爆控制的计算模型（见 5.5.2 节）计算最佳延时和起爆方位所用的时间为 τ_c，完成定向战斗部成形和起爆需时间为 τ_0。红外成像引信的最佳起爆控制的步骤如下：

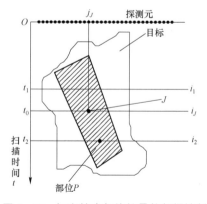

图 5-75 打击特定部位的最佳起爆控制

1. 粗预测

（1）根据已探测到的目标图像，在 t_1 时刻已识别出部位 P，对应的图像行号为 i_1。并在此时刻识别或预测部位 P 的中心点 J 在图像中的行号 i_{J1} 和列号 j_{J1}，并根据具体情况给出 J 点识别误差，设行误差为 $|\Delta i|$ 行。由列号 j_{J1}（探测元号）可知点 J 相对导弹的脱靶方位（见 5.3.1 节），然后根据 J 的脱靶方位、当前的交会条件、弹目参数等信息，利用 5.5.2 节的目标点最佳起爆控制的计算模型，在（$t_1 + \tau_c$）时刻计算出命中 J 点的最佳延时时间 τ_1 和最佳起爆方位 γ_1'。

（2）令 $\tau' = (\tau_1 + (i_{J1} - i_1) \cdot t_\Delta - \tau_0 - \tau_c)$，如果 $\tau' \leqslant |\Delta i| \cdot t_\Delta$，则在（$t_1 + (i_{J1} - i_1) \cdot t_\Delta + \tau_1 - \tau_0$）时刻根据最佳起爆方位 γ' 给出起爆信号。显然，如果 $(i_{J1} - i_1) \cdot t_\Delta + \tau_1 - \tau_0 < 0$，则战斗部无法准确击中部位 P。

2. 细修正

（1）如果第一步中的 $\tau' > |\Delta i| \cdot t_\Delta$，令 $i_2 = i_1 + \dfrac{(i_{J1} - i_1) \cdot t_\Delta + \tau_1 - \tau_0}{t_\Delta}$，则在引信得到第 i_2 行图像的时刻 t_2，根据此时得到的图像信息，再识别或预测部位 P 的中心点 J 在图像中的行号 i_{J2} 和列号 j_{J2}。据 j_{J2} 可得点 J 相对导弹的脱靶方位，利用 5.5.2 节的目标点最佳起爆控制的计算模型，在（$t_2 + \tau_c$）时刻，计算出命中 J 点的最佳延时时间 τ_2 和最佳起爆方位 γ_2'。

（2）在（$t_2 + (i_{J2} - i_2) \cdot t_\Delta + \tau_2 - \tau_0$）时刻根据最佳起爆方位角 γ' 给出起爆信号。

这里提出的用两步法进行起爆控制，可以适应不同的交会条件，获得较高的控制精度。在有些交会条件下，如迎头、大交会角、脱靶量小等情况，由于弹目交会时间短，必须在第一步就给出起爆信号，但在另一些情况下，可在第二步给出起爆信号。显然，在第二步里，能获得更多的目标图像信息，J 点在图像中的定位将更准确，从而能得到更准确的起爆信号。

5.5.2　目标点最佳起爆控制的计算模型

导弹失控后进入遭遇段，该段时间很短，因此做如下假设：导弹和目标均做匀速直线运动，其速度方向与各自的轴线重合。

目标点最佳起爆控制的计算模型是在导弹弹体坐标系 $O_M X_M Y_M Z_M$ 下给出的，如图 $5-76$ 所示。坐标系的原点设在导弹战斗部几何中心，$O_M X_M$ 轴沿导弹轴指向弹头，与导弹速度方向一致；$O_M Y_M$ 取在导弹对称平面内向上；$O_M Z_M$ 与 $O_M X_M$、$O_M Y_M$ 构成右手坐标系。A 点为红外成像引信环视探测阵列中，探测到目标某特定部位中心 J 的探测元在导弹上的位置，$L_m = O_M A$。V_0 为破片的初速，$V_R(M)$ 为目标相对于导弹的速度，目标部位中心 J 的相对运动轨迹为 $JFMH$，且与 $Y_M O_M Z_M$ 平面交于 H。导弹经最佳延时 τ 后完成定向战斗部的全部起爆过程，此时部位中心 J 到达 F 点，再过时间 t 后，部位中

心 J 在 M 点处被导弹破片命中，其中破片静态飞散中心 $O_M M$ 与 $Y_M O_M Z_M$ 平面的夹角为 φ。记 $R=AJ$，β 为引信视角，D 为 J 点在平面 $Y_M O_M Z_M$ 上的投影，γ 为部位中心 J 相对导弹的脱靶方位角（$O_M Y_M$ 在 $Y_M O_M Z_M$ 平面上绕 O_M 点逆时针旋转到 $O_M D$ 所成的角度，取值范围为 $0° \sim 360°$）。设部位中心 J 运动到 M 点处时的脱靶方位角为 γ'，则 γ' 为需计算的最佳起爆方位角。

φ 的大小表征破片静态飞散中心前倾或后倾的程度，φ 还可用下式表示：

$$\varphi=|\phi_0-90°|$$

式中，ϕ_0 为导弹战斗部破片飞散锥倾角，即破片静态飞散中心与导弹纵轴（导弹飞行方向）所成的角度。图 5-76 中，如果破片静态飞散中心在平面 $Y_M O_M Z_M$ 的上方，则为前倾，否则为后倾。

计算模型将用到的其他参数意义如下：

目标速度矢量 V_t 与 $Y_M O_M Z_M$ 平面的夹角 θ_T 称为目标速度矢量的俯仰角；目标速度矢量 V_t 在 $Y_M O_M Z_M$ 平面的投影与 Z_M 轴所成的角度 Φ_T 称为目标速度矢量的偏航角。相对速度矢量 V_R 在弹体坐标系中的俯仰角 θ_R 和偏航角 Φ_R 的定义与此类似。并规定不管 V_t、V_R 的方向如何，θ_T 和 θ_R 的取值范围都是 $0° \sim 90°$，Φ_T、Φ_R 顺时针为正，逆时针为负，取值范围都是 $0° \sim 360°$。

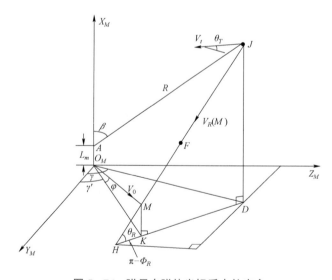

图 5-76 弹目在弹体坐标系中的交会

下面推导最佳起爆控制所需的两个量：最佳起爆延迟时间 τ 和最佳起爆方位角 γ'。

先求 M 点的坐标（x_M, y_M, z_M）。

J 点的坐标为

$$\begin{cases} x_J = R\cos\beta + L_m \\ y_J = R\sin\beta\cos\gamma \\ z_J = R\sin\beta\sin\gamma \end{cases} \tag{5-117}$$

$$DH = JD \cdot \cot\theta_R = x_J\cot\theta_R \tag{5-118}$$

由图 5-76 可知 H 点的坐标为

$$\begin{cases} x_H = 0 \\ y_H = y_J + DH \cdot \sin\Phi_R \\ z_H = z_J + DH \cdot \cos\Phi_R \end{cases} \tag{5-119}$$

图 5-76 中，K 为 M 点在平面 $Y_MO_MZ_M$ 上的投影，所以

$$\sin\varphi = \frac{MK}{O_MM} = \frac{\pm x_M}{\sqrt{x_M^2 + y_M^2 + z_M^2}} \tag{5-120}$$

式（5-120）中，破片静态飞散中心前倾时取正号，后倾时取负号。

JH 的空间直线方程为

$$\frac{x - x_J}{x_H - x_J} = \frac{y - y_J}{y_H - y_J} = \frac{z - z_J}{z_H - z_J}$$

M 在直线 JH 上，将 M 点坐标代入上方程，并结合式（5-120），得计算 M 点坐标的方程组为

$$\begin{cases} \dfrac{x_M - x_J}{x_H - x_J} = \dfrac{y_M - y_J}{y_H - y_J} \\[2mm] \dfrac{y_M - y_J}{y_H - y_J} = \dfrac{z_M - z_J}{z_H - z_J} \\[2mm] \sin\varphi = \dfrac{\pm x_M}{\sqrt{x_M^2 + y_M^2 + z_M^2}} \end{cases} \tag{5-121}$$

解方程组（5-121），得 M 点的坐标：

$$\begin{cases} x_M = x_J + y_p \cdot C \\ y_M = y_J + y_p \\ z_M = z_J + y_p \cdot B \end{cases} \tag{5-122}$$

其中

$$B = \frac{z_H - z_J}{y_H - y_J}, \quad C = \frac{x_H - x_J}{y_H - y_J}, \quad y_p = \frac{-B_p \pm \sqrt{B_p^2 - 4A_pC_p}}{2A_p} \tag{5-123}$$

$$A_p = \tan^2\varphi + \tan^2\varphi \cdot B^2 - C^2, \quad B_p = 2\tan^2\varphi \cdot y_J + 2\tan^2\varphi \cdot B \cdot z_J - 2C \cdot x_J$$

$$C_p = \tan^2\varphi \cdot y_J^2 + \tan^2\varphi \cdot z_J^2 - x_J^2$$

下面分忽略和不忽略空气对破片飞行速度的衰减两种情况，分别求解最佳起爆延时 τ 和最佳起爆方位角 γ'。

1. 忽略空气对破片速度的衰减

因

$$O_M M = \sqrt{x_M{}^2 + y_M{}^2 + z_M{}^2} \qquad (5-124)$$

目标从 F 点飞到 M 点所用的时间 t 等于破片的飞行时间，如果忽略空气对破片速度的衰减，有

$$t = \frac{O_M M}{V_0} = \frac{\sqrt{x_M^2 + y_M^2 + z_M^2}}{V_0} \qquad (5-125)$$

由于 $\tau + t = \dfrac{JM}{V_R}$，所以忽略破片速度衰减时的最佳起爆延时为

$$\tau = \frac{JM}{V_R} - \frac{O_M M}{V_0} = \frac{\sqrt{(x_M - x_J)^2 + (y_M - y_J)^2 + (z_M - z_J)^2}}{V_R} - \frac{\sqrt{x_M^2 + y_M^2 + z_M^2}}{V_0} \qquad (5-126)$$

由图 5-76 可知

$$\tan\gamma' = \frac{z_K}{y_K} = \frac{z_M}{y_M}$$

所以忽略破片速度衰减时的最佳起爆方位角为

$$\gamma' = \begin{cases} \arctan\left(\dfrac{z_M}{y_M}\right), & z_M > 0 \text{ 且 } y_M > 0 \\[2mm] \pi + \arctan\left(\dfrac{z_M}{y_M}\right), & z_M > 0 \text{ 且 } y_M < 0 \\[2mm] 2\pi + \arctan\left(\dfrac{z_M}{y_M}\right), & z_M < 0 \text{ 且 } y_M > 0 \\[2mm] \pi + \arctan\left(\dfrac{z_M}{y_M}\right), & z_M < 0 \text{ 且 } y_M \leqslant 0 \end{cases} \qquad (5-127)$$

最佳起爆时的方位变化为

$$|\Delta\gamma| = \begin{cases} |\gamma' - \gamma| & , \ |\gamma' - \gamma| < \pi \\ 2\pi - |\gamma' - \gamma| & , \ \text{其他} \end{cases} \qquad (5-128)$$

2. 考虑空气对破片速度的衰减

1）空气对破片速度的衰减特性

在破片打击目标时，由于其飞行距离短，因而重力的影响可以忽略，即认为破片的飞行弹道为一直线。研究表明，当破片以初速 V 飞出，经距离 S 后，速度下降为

$$V_S = V \exp(-K_a S) \tag{5-129}$$

式中，K_a 为破片速度衰减系数。

$$K_a = \frac{C_D \cdot \rho_H \cdot A}{2m} \tag{5-130}$$

式中，C_D 为大气阻力系数，对于规则破片（矩形、菱形）C_D 取 1.24；ρ_H 为高度 H 处的空气密度，kg/m^3，可查大气表获得；A 为破片迎风面积，m^2，与破片质量有关，对于规则钢质破片 $A = 0.005\, m^{2/3}$；m 为单枚破片的实际质量，kg。

2）破片飞行时间和目标相对速度的计算

在导弹起爆后，破片相对空气运动速度为破片本身初速 V_0 与导弹速度 V_m 的矢量合成速度 V_{0m}。所以，在图 5-76 中，战斗部爆炸后，破片本身初速 V_0 变为破片的一个分速，破片的另一分速为 V_m，计算时分别考虑它们在空气中的衰减。

对破片分速 V_0，由于其衰减速度为

$$V_{0S} = \frac{\mathrm{d}S}{\mathrm{d}t} = V_0 \cdot \exp(-K_a S) \tag{5-131}$$

则 $V_0 \mathrm{d}t = \exp(K_a S)\mathrm{d}S$，两边取定积分得

$$\int_0^t V_0 \mathrm{d}t = \int_0^{O_M M} \exp(K_a S)\mathrm{d}S$$

可求得破片从 O_M 点飞到 M 点的时间 t 为（见图 5-76）

$$t = [\exp(K_a \cdot O_M M) - 1] / (V_0 \cdot K_a) \tag{5-132}$$

当考虑破片分速 V_m 在空气中的衰减时，目标沿点 J 飞到点 M 分两段计算，在 JF 段，目标将以弹目相对速度 V_R 匀速直线飞行。而在 FM 段，目标速度 V_t 不衰减，而破片分速 V_m 衰减，所以目标相对速度（目标速度 V_t 与破片分速 V_m 的合成）不再是恒定的 V_R，而是随飞行距离变化的相对速度 V_{RS}，同时，目标在 FM 段也不再是直线运动而是曲线运动。一方面考虑到由分速 V_m 衰减引起的目标在 FM 段的相对飞行曲线轨迹计算很复杂，另一方面考虑到其对目标相对飞行方向影响很小，所以，计算时不考虑相对运动轨迹的改变（仍按直线段 FM 计算），而只考虑相对速度大小的衰减。

下面计算相对速度 V_{RS}。

如图 5-77 所示，弹目交会角 θ 定义为导弹速度矢量和目标速度矢量所成的角度。当 $\theta = 0° \sim 90°$ 时，为尾追攻击；当 $\theta = 90° \sim 180°$ 时，为迎头攻击。目标飞至 F 点时（战斗部刚炸时），破片分速 V_m 和目标速度 V_t 为

$$V_m = \frac{V_R \sin(\theta + \Omega_r)}{\sin\theta} \tag{5-133}$$

$$V_t = \frac{V_R \sin\Omega_r}{\sin\theta} \tag{5-134}$$

其中，$\Omega_r = \pi / 2 - \theta_R$，并由图 5-76 和 θ_T、θ 的定义可知：

$$\theta = \begin{cases} \dfrac{\pi}{2} + \theta_T & , \text{迎头时} \\[2mm] \dfrac{\pi}{2} - \theta_T & , \text{尾追时} \end{cases} \qquad (5-135)$$

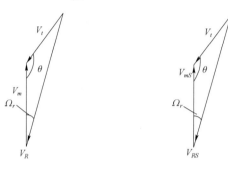

图 5-77　目标相对导弹速度的计算

经距离 S 后，V_m 衰减为

$$V_{mS} = V_m \exp(-K_a S)$$

由图 5-77 知：

$$V_{RS} = \sqrt{V_{mS}^2 + V_t^2 - 2 V_{mS} V_t \cos\theta} \qquad (5-136)$$

3）最佳起爆延时及起爆方位角的计算

先计算 FM，记 $a = FM$。

因为

$$\frac{\mathrm{d}S}{\mathrm{d}t} = V_{RS} = \sqrt{V_{mS}^2 + V_t^2 - 2 V_{mS} V_t \cos\theta}$$

$$\mathrm{d}t = \frac{1}{\sqrt{V_m^2 \exp(-2K_a S) + V_t^2 - 2 V_m \exp(-K_a S) \cdot V_t \cos\theta}} \mathrm{d}S \qquad (5-137)$$

目标以相对速度 V_{RS} 从 F 到 M 所用时间等于破片飞行时间 t，对式（5-137）两边求定积分，得

$$t = \int_0^t \mathrm{d}t = \int_0^a \frac{1}{\sqrt{V_m^2 \exp(-2K_a S) + V_t^2 - 2 V_m \exp(-K_a S) \cdot V_t \cos\theta}} \mathrm{d}S \qquad (5-138)$$

由此

$$t = \frac{1}{K_a V_t} \ln \frac{\exp(a K_a + K) + \sqrt{[\exp(a K_a) + K]^2 + M^2}}{N} \qquad (5-139)$$

式中，$K = -(V_m \cos\theta)/V_t$，$M = (V_m \sin\theta)/V_t$，$N = 1 + K + \sqrt{(1+K)^2 + M^2}$，所以

$$a = \frac{1}{K_a} \ln\left(\frac{P^2 - M^2}{2P} - K\right) \tag{5-140}$$

式中，$P = N \cdot \exp(tK_a V_t)$，$t$ 由式（5-139）求得。

因此，考虑空气对破片速度衰减时，引信的最佳起爆延迟时间为

$$\tau = \frac{JF}{V_R} = \frac{JM - FM}{V_R}$$

即

$$\tau = \frac{\sqrt{(x_M - x_J)^2 + (y_M - y_J)^2 + (z_M - z_J)^2} - a}{V_R} \tag{5-141}$$

如忽略破片速度衰减引起的目标相对运动轨迹的改变，则空气对破片速度的衰减不影响 M 点坐标的计算。由于引信的最佳起爆方位角计算只与 M 点的坐标有关，所以，考虑空气对破片速度衰减时，最佳起爆方位角 γ' 及最佳起爆时的方位变化 $|\Delta\gamma|$ 仍由式（5-127）和式（5-128）给出。

需要说明的是，式（5-123）中的 y_p 为二次方程的解，在实数范围内，可能出现无解、一个解或两个解的情况，对应 τ、γ' 和 $|\Delta\gamma|$ 无解、有一个解或有两个解。

（1）如果 τ、γ' 和 $|\Delta\gamma|$ 无解，则说明在给定的参数和弹目交会条件下，破片静态飞散中心无法击中目标部位中心 J。

（2）如果 τ、γ' 和 $|\Delta\gamma|$ 有一个解，对应 $\varphi = 0°$，即破片飞散锥倾角为 90°。

（3）如果 τ、γ' 和 $|\Delta\gamma|$ 有两个解，对应 $\varphi = 0°$，当破片静态飞散中心前倾时，只有非负的 x_M 所对应的解为有效解；当破片静态飞散中心后倾时，只有非正的 x_M 所对应的解为有效解。

第 6 章　激光成像探测与控制

　　激光成像引信可以利用成像探测技术获取目标的形体轮廓，提高导弹的目标识别与引战配合性能，并具有有效抵抗各种电磁干扰能力，是适应未来空战的新体制近炸引信。

　　和现有的激光引信相比，激光成像引信可提供一般激光引信难以提供的交会状态信息和目标部位信息。激光成像引信根据目标的阵图来识别弹目交会状态和目标关键部位，进而根据实时识别出的目标部位来确定引爆战斗部的最佳时刻。这样不仅使弹目相对速度对引战配合的影响大为削弱，甚至可以用从图像信息中获得的相对速度信息来消除此影响，在理论上保证激光成像引信与战斗部能实现较为理想的配合。

　　激光成像探测是主动型的成像探测技术，和已经开展研究的红外被动成像引信相比，激光成像引信对目标的探测不依赖于目标的飞行速度、飞行高度等，所接收的目标反射信号只与目标形体有关，因而获取目标图像的可靠性更高，对不同类型目标成像探测的适应性更好，即使对慢速目标也能取得较好的探测效果。与红外成像引信相比，激光成像引信的目标特性更易于研究，利用激光成像引信进行目标测试时，目标特性只与目标的材料有关，而不取决于目标的飞行速度、飞行高度等条件。从仿真试验难易程度看，激光成像容易做地面仿真试验，并且能获取目标距离信息。另外，激光成像探测的成本要比多元阵列红外成像引信的成本低。可以预计，激光成像技术将成为引信在复杂战术环境下自主进行目标探测和实施战斗部定向起爆的最有前景的关键技术之一。

6.1　激光成像探测的基本原理

　　激光引信的探测原理可用图 6-1 表示，探测器主要由发射系统和接收系统两大部分组成。发射系统产生所要求的波长、能量的激光，并以光束的形式向空间辐射光能量，在空间形成所需的探测场，同时给出同步信号。接收系统主要完成由目标返回激光的探测，为信号处理电路提供信号。

　　发射系统包括：振荡源、控制电路、激光发射器和发射光学系统。控制电路中有功放电路及延迟电路。如果是编码体制的激光引信，则应有编码器电路。功放电路主要产生激光发射器激励电路所需的电压信号。目前，大峰值功率的激光发射器所需的激励电流

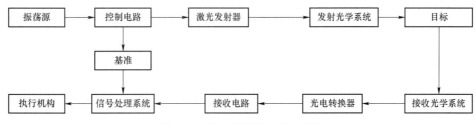

图 6-1　激光引信探测原理框图

都很高，要求激励电路产生大峰值电流激励信号。发射光学系统要求其出光效率高、出光波束符合设计指标。

接收系统包括：接收光学系统、光电转换器、接收电路。发射系统发出的激光光束在大气中传播，一部分被吸收，剩余部分透过大气，照射到目标表面上。照射到目标表面的激光发生漫反射，其中一部分反射信号经接收光学系统接收后，照射在光电转换器上，产生电信号。这些信号经前置放大器放大后，被送至信号处理系统。信号处理系统依据目标方位识别准则，判别目标方位，确定是否输出起爆信号。

激光引信的光源通常采用砷化镓激光器，这是由于引信的体积、质量有限和半导体激光器的特点所致。半导体激光器结构简单、体积小、质量轻、量子效率高，能有效利用注入电流。在脉冲工作时，其重复频率使用得较高。

光电转换器一般采用硅光电二极管。硅光电二极管的优点是有较高的量子效率和低的暗电流，结构简单、坚实，近红外响应度较高，其峰值响应波长在 0.9 μm 左右，正好与砷化镓激光器的中心波长相吻合，有利于提高接收灵敏度。

激光引信的发射光束和接收视场根据目标特性和引信的战术技术要求来确定。现在激光引信采用的探测场有单路发射和接收的圆锥形探测场、多路锥形或扇形组合探测场、全空域工作的空心锥形探测场及全空域工作的旋转扫描探测场等方式。

为了满足现代战争的防空需要，要求引信更加充分地获取信息，使引信对目标的识别更加精细化，对付空中飞行目标的防空导弹应该增强对弹目交会状态和目标易损部位的识别能力，实现定向精确引爆功能。成像探测引信是当前国内外引信技术的一个重要发展方向。为了使引信更加可靠地识别目标与弹目交会状态，需要在近距离获取目标的几何形状与表面特征。利用成像探测技术，可为武器探测系统的研制开辟新的研究思路，提供新的工作原理和技术途径。激光成像探测已经应用于雷达和制导中。尽管如此，由于引信对目标探测的特殊性，引信中的激光成像探测不同于制导和雷达中的成像探测。为了实现引信中的成像探测，必须采用新的探测原理。

对空导弹中引信在导弹上的配置与作用具有其特殊性。第一，由于导弹头部被导引头占据，引信只能配置在导弹头后部的圆柱形部位；第二，由于引信对目标的作用有效区处于距目标几米至几十米的近区，目标可能出现在导弹的任一侧，因此在高速的弹目交会条件下要捕获目标，引信必须具有全向的 360°视场；第三，对于中、近距对空导弹在空战中，要求导弹能够做到"全向攻击"，使我方导弹能够在任何有利位置对敌方目标进行攻击，因此引信必须适应"全向攻击"的要求。

以上特点使得引信难以像制导光学系统那样位于导弹前部实现前向探测，无法采用制导中的焦平面式探测成像系统。激光成像引信中目标图像的生成及其识别处理不能简单地套用传统的图像获取与图像识别技术，必须研究实用的成像引信探测技术。

激光成像引信的光学系统必须设计成环视系统，即引信的多元探测器分布在导弹赤道面的圆周上，如图 6-2 所示。为了满足成像的要求，引信又要具有一定的角分辨率，放置在圆周方向上的探测器，通过相应的光学系统，实现导弹圆周方向的扫描。然后利用弹目相对运动，激光引信的发射光束照射到目标的不同部位，在相应的接收系统中，不同瞬间接收到目标上不同部位所形成的激光回波脉冲信号。这样将不同瞬间接收到的回波脉冲信号置于时-空坐标系中，组合成一幅目标形体的图像。因此激光引信所成的图像是利用环视光学系统的多元探测器在弹目交会过程中随时间推移扫描目标得到的时空图像。

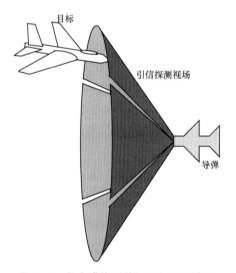

图 6-2　激光成像引信探测视场示意图

与一般激光引信相比，激光成像引信能够以一定的分辨率获取目标的几何形状。其对目标的识别也不仅仅依靠回波信号的大小、回波脉冲的个数，还利用目标的形状信息，可以实现目标类型识别、弹目交会状态识别以及目标易损部位识别，为战斗部精确定向起爆提供必要的信息，从而提高引战配合效能和对目标的毁伤效果。

6.2　激光成像探测的图像获取方案

6.2.1　激光成像系统的构成

激光成像引信的原理框图如图 6-3 所示。激光成像引信系统由探测系统、信号处理系统、安全保险与执行机构等部分组成。探测系统包括发射系统、接收系统两部分。

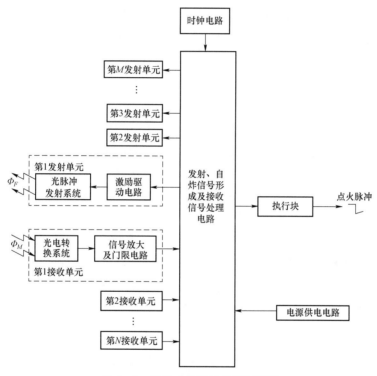

图 6-3　激光成像引信的原理框图

其工作原理是利用砷化镓激光器产生激光脉冲，由发射光学系统根据某种方向要求，将该脉冲发射到周围空间去。如果碰到某种物体，便产生回波脉冲，并由接收光学系统中的光电转换器接收，将光脉冲信号转换成电脉冲信号。该电脉冲信号再经过放大和整形，多路回波信号形成多路并行信号，该信号为具有一定光强特征的图像信号。多路并行信号送入图像识别处理电路，根据图像特征进行目标识别，最终给出点火脉冲，引爆战斗部，毁伤目标。

发射系统具有 M 个独立发射单元，接收系统具有 N 个独立的接收单元，M、N 可以相等，也可以不等。

6.2.2 图像分辨率的确定

激光成像引信探测系统的功能是获取目标的形体轮廓，引信所成的图像是利用环视光学系统的多元探测点在弹目交会过程中随时间推移扫描目标得到的时空图像。为了满足探测和识别的要求，引信获取的目标图像应当具有一定的分辨率。

在一定程度上，图像分辨率越高，获得的图像越精细，为目标识别提供的信息越多。当图像分辨率达到一定程度后，图像分辨率的提高并不能为引信的目标识别提供更多信息。但是为提高图像分辨率，所需的探测元数量增加，使得引信成本与系统结构复杂程度增加。从系统实现的角度考虑，引信的体积是有限的，这就决定了探测元的数量不能无限制增加。从识别方面考虑，图像分辨率提高会对目标的识别率提高，但也使识别系统复杂程度增加，识别时间变长，而由于弹目交会过程非常短暂，识别过程必须具有实时性。因此，图像识别率的确定要综合考虑多方面因素折中选择，在一定程度上既保证引信能够识别目标，又尽量减少探测元数量。

激光成像引信获取的二维图像的分辨率反映了对目标形体距离的分辨率。由于激光成像引信采用的是掠视扫描的成像方式，图像其中一维的分辨率体现为引信在导弹圆周方向的角分辨率，另一维的分辨率体现为引信在时间轴上的采样频率。激光成像引信是主动探测引信，对目标在时间轴上的采样频率体现为激光脉冲重复频率。

6.2.2.1 导弹圆周方向角分辨率的确定

导弹圆周方向角分辨率的确定要考虑目标尺寸的大小、引信与目标之间的距离。目标形体尺寸较大，或者弹目之间的距离较小时，可以采用较低的角分辨率。以飞机目标为例，当引信与目标之间的距离较大时，要实现一定的飞机目标形体的距离分辨率，要求探测器的角分辨率较高。表 6-1 给出了一些具有代表性的固定翼飞机的形体尺寸和飞行速度。

表 6-1　典型固定翼飞机参数

型号	翼展/m	机长/m	机高/m	最大平飞速度/Ma
J8II	9.344	21.389	5.41	2.2
F15	13.05	19.43	5.63	2.5
MIG-29	11.5	17.2	1.1	2.2
ATE	13.11	19.57	5.39	
SU-27	15	22	5.9	2.35
B-52	56.4	17.7	12.4	
B-2	52.43	21.03	5.18	
F-111	19.2	22.4	5.22	2.2

续表

型号	翼展/m	机长/m	机高/m	最大平飞速度/Ma
F-117	13.2	20.8	8.78	0.87
TU-26	34.3	40.28	10.8	2.0
TU-160	55.7	54	12.8	2.1

为了目标识别尤其是实现目标易损部位识别，在目标各部位上的采样点数应足以反映该部位的形体特征。

若引信与目标之间的距离为 l，则距离分辨率 d 与导弹圆周方向角分辨率 θ 之间的关系为

$$\tan\theta = \frac{d}{l} \qquad (6-1)$$

在探测系统中，角分辨率通常是固定的，在不同的弹目距离下，所实现的目标形体的距离分辨率是不同的。若探测系统角分辨率为 3°，当引信与目标距离 l 为 6 m 时，能够实现的距离分辨率 d 为 0.3 m；当引信与目标距离 l 为 9 m 时，能够实现的距离分辨率 d 则为 0.5 m。

导弹圆周方向角分辨率的确定一方面要考虑导弹的脱靶量，另一方面还要考虑目标的形体尺寸，尤其是目标的关键部位的尺寸，同时还要考虑其实现的可能性和难易程度。

6.2.2.2　激光脉冲重复频率的确定

为了实现一定的目标形体的距离分辨率，激光成像引信采用脉冲发射的方式。由于弹目高速相对运动，在激光光束沿同一方向两次发射的时间段内，目标的相对位置发生变化。同一方向上相邻两次发射的激光光束照射到目标上的不同两点，这两点之间的距离反映了引信对目标距离的分辨率。因此距离分辨率 d 与目标相对速度 v 和激光脉冲重复频率 f 有关。三者之间的关系为

$$d = \frac{v}{f} \qquad (6-2)$$

激光脉冲重复频率越高，实现的距离分辨率越高。但在系统实现时，还应考虑激光器能够达到的最高重复频率。以引信中采用较多的半导体脉冲激光器为例，其脉冲重复频率约为 15 kHz。考虑最高的弹目交会速度可以达到 2 000 m/s，15 kHz 的激光脉冲重复频率可以实现的距离分辨率为 0.13 m。较高的弹目交会速度出现在迎头攻击时，而尾追交会弹目相对速度较小，实现的距离分辨率更高。

激光发射频率的确定与引信成像方式有关。若采用固定发射视场方式，激光发射频率与激光脉冲重复频率相等。若采用激光窄光束扫描成像方式，每一个激光器发射

的激光沿着导弹圆周方向扫描。相邻发射的激光光束决定角分辨率，同一方向上相邻两次发射的激光光束决定距离分辨率。设单路激光光束扫描范围为α，单路激光发射频率为f'，激光扫描角速度为ω，则实现的角分辨率θ为

$$\theta = \frac{180\omega}{\pi f'} \tag{6-3}$$

激光脉冲重复频率f为

$$f = \frac{\theta f'}{\alpha} = \frac{180\omega}{\pi \alpha} \tag{6-4}$$

实现的距离分辨率d为

$$d = \frac{v}{f} = \frac{\pi \alpha v}{180\omega} \tag{6-5}$$

式（6-3）~式（6-5）中，各参数的单位分别为：θ、α：（°）；ω：rad/s；f'、f：Hz；v：m/s；d：m。由式（6-3）~式（6-5）可以看出激光发射频率越大，导弹圆周方向角分辨率越高，对应的图像的一维上距离分辨率越高；激光发射频率远大于扫描速率时，激光发射频率不影响时间轴上的采样频率，对图像另一维上的距离分辨率没有影响。

6.2.3 激光成像的探测方式

为了获取具有一定分辨率的目标图像，激光引信在导弹圆周方向要实现一定的角分辨率。需要若干个发射单元和接收单元，二者数量可以相等，也可以不等，可以有以下实现方式。

1. 多路小视场发射小视场接收系统

该方案是采用小角度发射、小角度接收系统。发射单元数与接收单元数相等，发射视场与接收视场一一对应，每个接收单元接收一个发射单元的激光回波信号。为了实现 360°视野角内的角分辨率为θ，则需要采用$\dfrac{360°}{\theta}$路激光发射单元和$\dfrac{360°}{\theta}$路激光接收单元。这种方案的优点是探测回波功率大，图像提取容易；缺点是采用的光学器件较多，结构复杂、成本较高，由于引信体积有限，该方式不能实现较高的角分辨率。从结构安排和产品的经济性上考虑，采用如此多的收发单元显然不合适。

2. 多路大视场发射小视场接收系统

为了减少发射单元的数量，可以采用扇形发射视场。为了区别回波信号方位，每个发射视场对应若干个小角度的接收视场。接收单元数远大于发射单元数。大视场发射小视场接收系统收发视场关系示意图如图6-4所示。

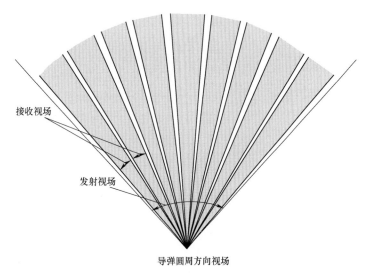

接收视场

发射视场

导弹圆周方向视场

图 6-4　大视场发射小视场接收系统收发视场关系示意图

在 360° 视野角内，发射单元的视野角越大，采用的发射单元越少，发射光学系统复杂程度越小，体积越小；但是在接收探测元数一定的情况下，探测回波功率也越小。因此，在保证足够的探测回波功率的前提下，采用尽量少的扇形发射视场。

这种方案比前面的方案采用的发射光学系统少，因此，结构较简单，成本较低，但采用的接收单元依然较多。

3. 高速电动机扫描成像探测方式

在激光成像引信中，通过一套光学系统使发射脉冲宽度很窄、重复频率很高，发射光束的束散角很小，利用高速电动机，使发射光束在导弹赤道面内快速扫描。在弹目交会过程中，激光引信的发射光束照射到目标的不同部位，在相应的接收系统中，不同瞬间接收到目标上不同部位所形成的激光回波脉冲信号，而在这些回波信号中又载有目标上各部位与引信接收器之间的距离信息。这样将不同瞬间接收到的回波脉冲信号和与之相对应的相对距离信号置于时-空坐标系中，组合成一幅目标形体的图像。

在该方案中，发射光学系统采用窄光束同步扫描方式。每个窄光束扫描的角度为 ϕ，为了形成 360° 探测视场需要几个发射单元。其扫描发射形成的探测视场如图 6-5 所示。每个光束的扫描角速度为 ω，激光发射频率为 f'，实现的角分辨率可由式（6-3）计算。

接收单元数与发射单元数相同。每个接收单元的视野角为 ϕ，一个接收单元接收一个发射单元的回波信号。由于这些回波信号出现的时间不同，利用它们之间的时序关系，可以确定回波信号所对应的角度。为了便于图像处理，须将多象限接收器输出的串行脉冲信号转换成多路并行信号，即通过图像行信号形成技术实现图像的提取。

利用电动机扫描成像探测方式采用较少的探测元，是一种不错的探测方案。但由于在导弹中采用了高速电动机，能否保证系统的可靠性能有待深入研究。另外电动机

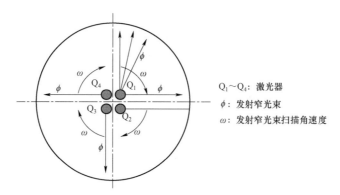

Q₁~Q₄：激光器

φ：发射窄光束

ω：发射窄光束扫描角速度

图 6-5　电动机扫描方案发射光学系统视场示意图

运转过程中转速有可能改变，在这种情况下，如何实现系统的发射与接收系统的同步是需要突破的一项关键技术。从国内的技术水平和工艺水平的现状来看，发展激光成像引信，可以先从性能有保证、工艺实现更容易的方案做起。

6.3　视场分割-交叉方式激光成像探测

激光成像引信与一般激光引信的区别在于一般激光引信在导弹赤道面上能够区分几个象限，而激光成像引信在导弹赤道面上具有较高的角分辨率。为了实现一定的角分辨率，可以采用多个探测元，或者利用少量探测元通过扫描实现。若想减少发射单元的数量，需采用大的发射视场，为了区别不同方位的回波信号，则需采用多个小视场的接收单元。若要减少接收单元的数量，需采用大的接收视场，因此不同方位的回波信号被同一接收单元接收；为了区别信号对应的方位，不同方位上则需设置多个发射单元，且多个发射单元采用轮流发射的方式。

为了减少探测单元的数量，发射单元需采用轮流发射的方式。同一发射光束被不同的接收单元接收，从物理器件上可以区分回波信号方位；同一接收单元接收不同发射光束的回波信号，从信号时序上可以区分回波信号方位。在这个基本思想指导下，提出了视场分割-交叉基本原理。

6.3.1　视场分割-交叉基本原理

若减少发射单元的数量，则同一发射单元发射的光束被不同的接收单元接收；为了减少接收单元的数量，则同一接收单元接收不同激光器发射光束的回波信号。为了实现这一思想，同一激光器的发射光束通过分割，分为几个不同方向的窄光束。不同激光器发射的光束通过交叉，按一定规则排列，其回波信号被同一接收单元接收。

视场分割-交叉的基本原理如图 6-6 所示。每一个激光器发射的光束通过分光镜

分出 n 束激光（图中 $n=4$），m 为参与某一组视场交叉的激光器的数量（图中 $m=5$）。第 i 个激光器分出的 n 束光为 $F_{i,1}$，$F_{i,2}$，$\cdots$，$F_{i,n}$。图中由同一激光器发射的光束用相同颜色表示，$F_{i,j}$ 表示第 i 个激光器发射的光束通过分光形成的第 j 束光，$i=1$，$\cdots$，m；$j=1$，$\cdots$，n。设系统实现的角分辨率为 θ，则同一激光器分出的相邻两光束 $F_{i,j}$、$F_{i,j+1}$ 之间的夹角 $\beta=m\theta$。

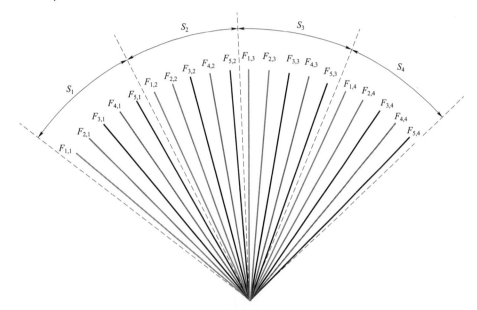

图 6-6　视场分割 - 交叉的基本原理

在同一激光器分出的相邻两束激光之间，交叉另外的 $m-1$ 个激光器分出的 $m-1$ 束光。如图 6-6 所示，在 $F_{1,1}$、$F_{1,2}$ 两光束之间，依次设置 $F_{2,1}$，$F_{3,1}$，$\cdots$，$F_{m,1}$ 共 $m-1$ 束光。依此类推。这样，在导弹圆周方向，$F_{1,1}$，$F_{2,1}$，$\cdots$，$F_{m,1}$；$F_{1,2}$，$F_{2,2}$，$\cdots$，$F_{m,2}$；$\cdots$，$F_{1,n}$，$F_{2,n}$，$\cdots$，$F_{m,n}$ 依次排列，相邻光束光轴之间的夹角为 θ。m 个激光器发射 $m\times n$ 束激光，均匀分布在 $m\times n\times\theta$ 的视野角内。为了使引信具有 360° 视场，需要若干组这样的交叉视场。

在 $m\times n\times\theta$ 的视野角内，采用 n 个接收单元，每路接收单元视野角为 $m\times\theta$，即每路接收器接收 m 路发射光束的回波信号，见图 6-6。第 i 路接收视场 S_i 包含 $F_{1,i}$，$F_{2,i}$，$\cdots$，$F_{m,i}$ 共 m 个发射光束。由于激光器采用轮流发射，这 m 路发射光束不会同时出现，因此在该路接收器上有回波信号出现时，也可以区分回波信号是与哪一路发射相对应的，即可以判断信号所对应的目标的方位，从而实现导弹圆周方向上角分辨率为 θ。

与多路小视场发射小视场接收方案相比，视场分割 - 交叉探测方式可以大大减少发射单元和接收单元的数量。多路小视场发射小视场接收方案中，在 $m\times n\times\theta$ 的视野角内，需要 $m\times n$ 个发射单元和 $m\times n$ 个接收单元。而采用上述视场分割 - 交叉方式，发

射单元数为 m，接收单元数为 n，分别为原来的 $\dfrac{1}{n}$ 和 $\dfrac{1}{m}$，从而利用较少探测单元，实现了较高的角分辨率。探测单元的减少，使得在导弹圆周方向实现高的角分辨率成为可能，并且降低了探测系统的成本，增强了系统的可靠性。接收单元的减少，可以增大每个接收单元的通光口径，从而提高系统的探测灵敏度，增大探测距离。

发射单元中增加了分光装置，考虑到系统实现的可能性与难易程度，m、n 也不能无限制增大。若 n 过度增大，会使单个激光光束的能量减小，使得探测灵敏度下降。由于视场交叉按组进行，所以发射单元在导弹圆周上不是均匀分布的。图 6-6 中，$m=5$，$n=4$，5 个发射单元的 20 束激光光束为一组完成视场交叉。为了具有 360° 视场，需要 k 组这样的交叉，实现的角分辨率为

$$\theta = \frac{360°}{m \times n \times k} \tag{6-6}$$

其中，k 为自然数。若 $k=4$，则 $\theta=4.5°$。在整个导弹圆周上需要 $m \times k$ 个发射单元和 $n \times k$ 个接收单元。接收单元在导弹圆周上可以均匀分布，而 $m \times k$ 个发射单元的原始光束不是均匀分布的，如图 6-7 所示，图中 F_i 为第 i 个激光器发射的原始光束的中心线。这也为系统的实现带来了一定困难。

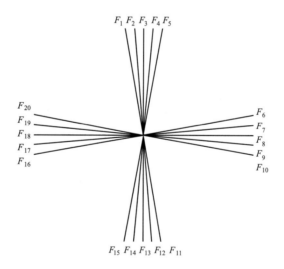

图 6-7　发射单元原始光束在导弹圆周分布示意图

在视场分割-交叉方式中，最容易实现的是二光束分割。在具体实现时，也可以不采用分光装置，相邻激光器的发射视场也不交叉，利用接收视场与发射视场的重叠，实现角分辨率提高，如图 6-8 所示。在角分辨率要求不高的探测系统中可以采用二光束视场重叠方式。

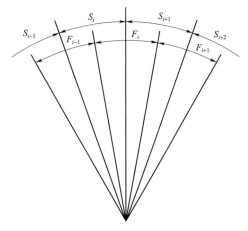

图 6-8　二光束视场重叠示意图

三光束视场分割－交叉方式，由于激光光束和交叉光束较少，可以采用有别于图 6-6 所示的探测方式，将发射单元均匀分布于导弹圆周上，使系统实现和光学机械设计简单。与二光束视场重叠相比，探测单元数会大大降低，而系统复杂程度仅略有增加，因此可采用三光束视场分割－交叉方式。

6.3.2　三光束视场分割－交叉方式

在导弹的圆周上，均匀放置 N 个激光发射器（$N \geqslant 3$），通过会聚透镜和分光镜，每个激光器的发射光束分成具有一定间隔角度的 3 束窄光束。为了便于说明，第 i 个激光器的 3 束光定为 $F_{i,1}$、$F_{i,2}$、$F_{i,3}$，如图 6-9 所示。在导弹赤道面上，相邻两束光中心线之间的夹角为 $2\theta = \dfrac{360^\circ}{3N} \times 2$，每束光束的束散角很小。

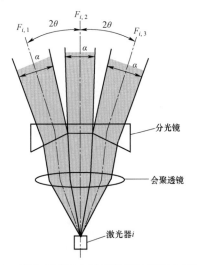

图 6-9　导弹赤道面上激光器发射光束分光示意图

相邻激光器的分光光束交叉，交叉方式为：第 i 个激光器的第 1 路光束 $F_{i,1}$ 落在第 $i-1$ 个激光器的第 2 路光束 $F_{i-1,2}$ 与第 3 路光束 $F_{i-1,3}$ 之间，$F_{i,1}$ 与 $F_{i-1,2}$ 两光束光轴之间的夹角为 θ，即 $\dfrac{360°}{3N}$，$F_{i,1}$ 与 $F_{i-1,3}$ 两光束光轴之间的夹角也为 θ；同样，第 i 个激光器的第 3 路光束 $F_{i,3}$ 落在第 $i+1$ 个激光器的第 1 路光束 $F_{i+1,1}$ 与第 2 路光束 $F_{i+1,2}$ 之间，第 N 个激光器的第 3 路光束 $F_{N,3}$ 落在第 1 个激光器的第 1 路光束 $F_{1,1}$ 与第 2 路光束 $F_{1,2}$ 之间，如图 6−10 所示。这样 N 个激光器的发射光束通过这种分割−交叉的方式，形成 $3N$ 束激光，均匀分布在导弹赤道面上。相邻两束光光轴之间的夹角为 $\theta = \dfrac{360°}{3N}$。

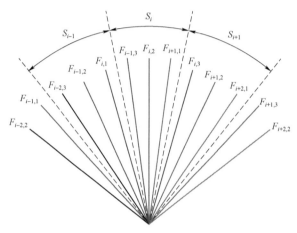

图 6−10 激光光束视场分割−交叉示意图

N 路激光器采用轮流发射的方式，每路发射频率为 f。N 路轮流发射脉冲激励信号如图 6−11 所示。图中，$U_{F,i}$ 是第 i 个激光器的脉冲激励信号。在每个时钟周期，只有 1 个激光器发射激光脉冲信号，即只有 3 路激光发出。

图 6−11 N 路轮流发射脉冲激励信号

接收系统采用 N 个接收单元，在导弹赤道面上，每路的接收视野角为 $\frac{360°}{N}$，即每路接收器接收 3 路发射光束的回波信号。第 i 路接收视场 S_i 包含 $F_{i-1,3}$、$F_{i,2}$、$F_{i+1,1}$ 这 3 个发射光束。接收视场与发射视场的关系见图 6-10。由于激光器是轮流发射，这 3 路发射光束不会同时出现，因此在该路接收器上有回波信号出现时，也可以区分回波信号是与哪一路发射相对应的，即可以判断信号所对应的目标的方位。因此在导弹圆周方向上角分辨率可以达到 $\frac{360°}{3N}$。

这种利用发射视场分割-交叉方式的激光成像探测方式，采用 N 个发射单元和 N 个接收单元，使导弹圆周方向上角分辨率达到 $\frac{360°}{3N}$。发射单元与接收单元均匀分布，该方案切实可行。

因此，应综合考虑攻击目标的形体尺寸尤其是关键部位的尺寸、对空导弹的脱靶量来确定角分辨率。考虑系统实现的难易程度和成本，在满足一定的探测和识别要求的前提下，采用低的角分辨率。本书按照 5° 角分辨率进行设计，根据三光束视场分割-交叉原理，在导弹圆周上需要分布 24 个发射单元和 24 个接收单元。

6.3.3　收发系统及图像行信号形成电路

在激光成像引信中，激光发射系统的功能是在导弹圆周方向上，产生具有一定数量、一定波长和能量，并且满足一定角度的激光光束，在空间形成所需的探测场。发射系统由激光器、发射光学系统和发射电路三部分组成。激光成像引信的接收系统要完成一般激光引信中对激光的接收、光电转换及放大整形等功能，还要完成信号的提取，形成多路并行数字信号供图像处理器处理与识别。接收系统主要包括接收光学系统、光电转换器、放大电路和信号提取电路。本小节将主要介绍成像引信的并行信号提取电路，其他部分与一般激光引信相近，请读者参考第 3 章内容。

信号接收电路对光电转换器输出的信号进行放大、转换等处理，然后将数字脉冲信号送到信号处理系统进行处理，所以接收电路要根据光电转换器和信号处理电路的要求来确定其形式和参数。

光电转换器的输出信号为幅度为几百毫伏的脉冲信号，信号处理电路要求输入的信号为 72 路脉冲数字信号。所以信号接收电路要实现一般激光引信中对光电转换器输出的脉冲信号进行放大、整形、去噪的功能，还要实现 72 路信号的提取功能，形成 72 路并行数字信号供图像处理器处理与识别。

在本设计的激光成像引信中，有 24 个光电转换器。每一路光电探测来的信号都要进行放大处理。为了简化接收电路，可以令某些路的光电转换器的信号共用一路放大电路。

分析图 6-10 所示的激光发射接收视场，相邻 3 个光电转换器不能共用一个放大电路。因为 3 个光电转换器有可能同时接收不同方向上的目标回波信号。为了实现 5°的角分辨率，不同方向上的回波信号必须加以区分。而第 1、4、7、…、22 路接收器所对应的发射脉冲在时间上不在同一发射周期，根据发射脉冲与回波脉冲的对应关系，可以判别回波脉冲所对应的目标的方位，因此这 8 路接收器可以共用一个主放大电路。同理，第 2、5、8、…、23 路接收可以共用一个主放大电路，第 3、6、9、…、24 路接收可以共用一个主放大电路。放大电路原理框图如图 6-12 所示。图中，$U_{S,i}$ 为经过前置放大的光电转换器输出的电压信号。K_i 为主放大器，B_i 为电压比较器。$U_{B,i}$ 是比较器输出的 3 路数字信号。这样有效地缩小了接收电路的规模，减小了引信的体积。

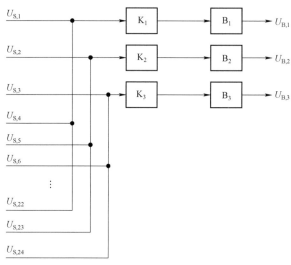

图 6-12　放大电路原理框图

放大后的接收信号中还存在干扰信号和随机噪声，这会影响到系统的整体性能，因此要对接收到的信号进行滤波，消除噪声信号；同时由于后边的信号提取延迟电路要求输入为数字脉冲信号，所以通过模/数转换，把放大器输出的模拟脉冲信号变换为数字脉冲信号。

噪声信号幅度与实际目标信号幅度有显著差异，将接收电路处理过的信号脉冲与预先设定的阈值电平相比较，采用电压幅度比较的方法去掉背景噪声；同时比较器输出数字逻辑电平。

为了简化放大电路和比较电路，24 路接收信号经 3 个放大、比较电路形成 3 路串行脉冲信号。而这 3 路信号实际对应着 72 束激光发射光束的回波信号，因此必须研究图像行信号形成技术，将 3 路串行信号转变为 72 路并行同步输出信号。

图像行信号形成技术将时间上可分离、物理线路上混在一起的信号利用信号间的时序关系转化为物理上分离的信号。在激光成像引信中，图像行信号提取包括信号分离和信号同步输出两部分。

1. 接收信号提取电路的设计

接收信号提取电路实现 3 路串行数字信号的分离。由比较电路输出的 3 路数字信号不同时刻对应不同的发射光束。根据发射脉冲与回波脉冲的对应关系，可以判别回波脉冲所对应的目标的方位。因此可以利用不同的选通门将 3 路信号转变成对应不同方位的 72 路信号，每一路对应 5° 的导弹圆周方向。

选通门表明回波信号可能出现的时间段。图 6-13 中，$U_{F,i}$ 是某一路基准脉冲信号。$U_{F,i}$ 通过激励电路产生激励脉冲激励激光器发光。设计中激励脉冲相对于基准脉冲存在延时。因此选通门脉冲 $U_{TD,i}$ 相对于基准脉冲 $U_{F,i}$ 也应存在延时。由第 3 章试验测试得知，该延时大约为 100 ns。选通门脉冲 $U_{TD,i}$ 的宽度既要考虑激励脉冲宽度，即发射激光持续时间 τ_1，又要考虑由于引信与目标之间的距离而产生的延时 τ_2，保证在一定距离内的回波信号落在选通门内。激励脉冲宽度 $\tau_1 = 200$ ns；τ_2 的大小与弹目之间的距离 L 有关，二者之间的关系为

$$L = \frac{c \cdot \tau_2}{2} \tag{6-7}$$

式中，c 为光速。假设导弹的脱靶量不大于 9 m，可以估算激光成像引信照射到的目标上的点与导弹之间的最大距离为 18 m，于是 L 取 18 m。由式（6-7）计算对应的时间间隔 τ_2 为 120 ns。因此选通门的宽度为

$$\tau = \tau_1 + \tau_2 = 320 \text{ ns}$$

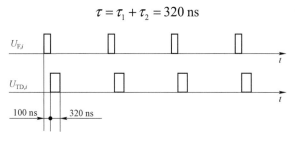

图 6-13　选通门脉冲 $U_{TD,i}$ 与基准脉冲 $U_{F,i}$ 的时序关系

选通门脉冲 $U_{TD,i}$ 与基准脉冲 $U_{F,i}$ 的时序关系见图 6-13。与基准脉冲 $U_{F,i}$ 相对应，选通门脉冲 $U_{TD,i}$ 有 24 路。

激光器发出的激光遇到目标反射回来产生的脉冲信号落在选通门内，而在选通门外出现的信号视为干扰信号。因此一些杂波干扰信号可以被滤除。

在不同的选通门内出现的信号，对应某一时刻某激光器发光。而该时刻该激光器发出的 3 束光，都可能产生回波信号，落在同一路选通门中。这 3 路回波信号被相邻的 3 个接收器接收，而这 3 路接收信号在放大时是被分别放大的，因此 24 个激光器发

射的 72 束光对应的目标回波信号都可以区分。接收信号提取框图如图 6-14 所示。图中 Y 是与门。通过比较器输出的信号与不同的选通门相与处理，实现 72 路信号的分离。

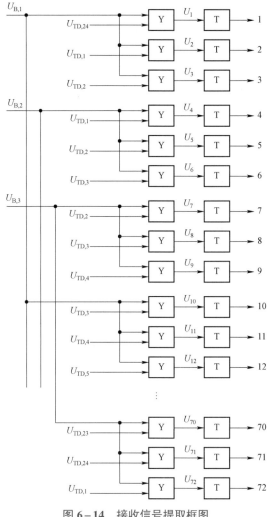

图 6-14　接收信号提取框图

2. 同步输出电路

接收信号提取电路输出的 72 路信号 $U_i(i=1,2,\cdots,72)$ 不能直接送到信号处理器进行处理。由于引信的激光器采用 24 路轮流发射，24 路基准信号是不同步的，由它们所触发的选通门信号也是不同步的，因此 $U_i(i=1,2,\cdots,72)$ 是不同步的。为了便于信号处理，要对 72 路信号进行同步处理，产生 72 路同步输出并行信号。图 6-14 中 T 为每一路信号对应的同步输出电路。

多路并行同步输出电路完成的功能是：使同一个发射周期的回波脉冲在同一个时刻输出，即把这些信号进行排列，形成多路并行输出。在弹目交会过程中，多路并行输出信号在时间轴上形成多路并行目标图像，送至信号处理电路进行处理。

从图 6 – 14 可以看出，72 路信号中存在 24 种输出时间。为了减少系统设计，可以采用时钟脉冲计数来实现对信号的延迟，且有很高的精确度。利用时钟脉冲计数实现信号延迟的原理如下：

（1）以输入信号脉冲作为触发器的触发信号，触发器的初态为低电平，当输入脉冲信号时，使触发器翻转。

（2）触发器输出的信号从低电平跳为高电平时，计数器开始计数，计数到 24 时，即过了 24 个 CLK 脉冲时，计数器输出一个脉冲信号。

（3）计数器输出的脉冲信号反馈到触发器中，触发器接收到这个脉冲信号后使触发器再次翻转，使触发器输出信号跳转为低电平，实现信号的延迟。

（4）令 72 路延迟后的脉冲信号与某一个单路时钟相与，使 72 路信号在同一时刻输出，实现同步输出。

选择延迟时间为 24 个基准脉冲 CLK 时钟周期，是因为 72 路输出信号都延迟 24 个基准脉冲周期后，所输出的 72 路数字信号在时序上有一起存在的时候，可以用一个相同的脉冲将信号提取，使 72 路信号在同一时刻输出。由图 6 – 15 可以看出，24 路输出信号在各自延迟 24 个基准脉冲周期后，如果该路有信号，则在 24 个基准时钟脉冲出现的位置上为高电平，可以用任一路时钟对信号采样，实现 72 路同步输出。如图中的虚线所示，用 $U_{\text{TD},24}$ 作为信号的提取时钟，实现 72 路信号脉冲的同步输出。

图 6 – 15　同步输出信号时序

同步输出电路用触发器和计数器实现，虽然 72 路信号都需经过同步输出电路完成同步输出，但这部分电路采用数字电路实现，可以用 FPGA 集成，既提高电路的可靠性，又减小电路体积，减少了电路板的内部噪声。

按照某种形状设定 3 路串行信号的输入，电路通过行形成电路，提取目标图像。

图像行信号形成电路的仿真输出波形如图 6-16 所示。图中 IN1～IN16 是 72 路输出信号中的 16 路。IN2～IN16 这 15 路上有输入信号，其他各路上没有信号输入。由图 6-16 可以看出，接收电路输出 72 路数字图像信号，送至信号处理电路进行图像识别。

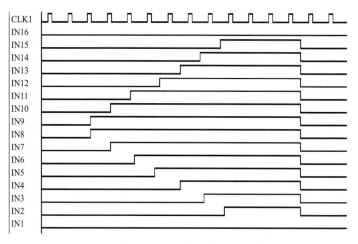

图 6-16　图像行信号形成电路的仿真输出波形

6.4　电动机扫描激光成像探测

视场分割-交叉探测方案结构简单，但并不能实现很精确的角分辨率，且仍需要十几个激光器，成本依旧很高，也可以采用快速扫描激光成像探测方案，仅用少量的几个激光器和光电转换器也能实现高像素的图像分辨率。

6.4.1　扫描成像探测原理

将 360°圆周视野均分成四个象限，每个象限内均有一束脉冲激光束发射，并由电动机带动，同时沿弹轴旋转。每象限固定一个接收器，各负责本象限的激光光束接收，光束每旋转 90°，完成一次 360°的周视探测，以实现二值图像的横向扫描。通过弹目交会过程中的高速相对运动来实现时间轴上的纵向扫描。因为是脉冲体制的激光发射，且每个象限只由一个激光器发光，所以每个象限中的各束激光光束的发射是有先后顺序的，从而使各像素点的探测有时间间隔，在弹目交会过程中，各探测点间会出现相对位移，使得激光光束在目标上打出的光斑是一条斜线。需要通过一定的理论计算来论证这样的探测误差是否可忽略。若设单个激光器发射频率为 F (Hz)，电动机旋转速度为 ω（rad/min），或 6ω（(°) /s），角分辨率为 θ（(°)），象限个数为 N，激光光束扫满一周所用时间称为扫描周期 T (s)，即采样时间间隔，其倒数——单位时间内扫描的次数称为扫描探测频率 S（次/秒），弹体圆周上能够生成的光束个数为 n，相邻两束激光光束发射的时间间隔为 $t\,(\mathrm{s})$，弹目交会相对速度为 $v\,(\mathrm{m/s})$，相邻两束激光在目标上的光斑的相对位移为 $l\,(\mathrm{m})$，扫描一周后弹目相对位移，即距离分辨率为 $L\,(\mathrm{m})$，则它们之间有如下关系：

扫描周期：

$$T = \frac{360/N}{6\omega} = \frac{60}{N\omega} \qquad (6-8)$$

扫描探测频率：

$$S = \frac{1}{T} = \frac{N\omega}{60} \qquad (6-9)$$

相邻光束时间间隔：

$$t = \frac{1}{F} \qquad (6-10)$$

角分辨率：

$$\theta = t \cdot 6\omega = \frac{6\omega}{F} = \frac{360S}{NF} \qquad (6-11)$$

图像像素个数：

$$n = \frac{360}{\theta} = \frac{60F}{\omega} \qquad (6-12)$$

光斑相对位移：

$$l = vt = \frac{v}{F} \qquad (6-13)$$

弹目相对位移：

$$L = vT = \frac{60v}{N\omega} \qquad (6-14)$$

若取象限个数 $N=4$，则经计算得出角分辨率 $\theta = \dfrac{90S}{F}$，采样时间间隔 $T = \dfrac{1}{S} = \dfrac{15}{\omega}$。

当要求探测角分辨率固定时，即像素个数一定时，扫描探测频率（电动机转速）和激光发射频率成正比。在激光发射频率固定的情况下，扫描频率越低，即电动机转速越低，角分辨率越高，像素个数越多，但是在时间轴上分辨率差（圆周方向脉冲角度间隔小，时间轴方向时间间隔大），相邻两行像素在目标上的距离跨度大；当扫描探测频率（电动机转速）一定时，激光发射频率越高，角分辨率越高，像素越多，光斑相对位移越小；激光发射频率远大于扫描频率时，激光发射频率不影响时间轴分辨率。由上面的推导可以看出，在满足角分辨率要求的前提下，激光发射频率和扫描探测频率都是越高越好。

若取 $S=1\,000$ 次/秒，$F \geqslant 18\ \mathrm{kHz}$，则角分辨率可以达到 $\theta \leqslant 5°$。而采样时间间隔 T 决定了图像在时间轴上的距离分辨率，若弹目相对速度为 $Ma = 1 \sim 3$，则目标图像的距离分辨率为 $0.5 \sim 1\ \mathrm{m}$。激光扫描原理示意图如图 6-5 所示。

根据上述原理，如果采用 3 对收发系统，形成每象限 120° 的三象限发射三象限接收，或是更低象限数的收发系统，也可以实现环视扫描成像的功能，但为了提高图像分辨率需要更高的扫描探测频率，而目前国内的技术水平还不能实现如此高的旋转速度，所以选择四象限收发系统的方案。

为进一步提前预知目标并为图像处理赢得尽可能多的时间，采用前倾发射前倾接收方式。前倾角大小可根据实际情况调整确定。另外，通过测量激光脉冲在导弹和目标间的往返时间可以实现激光测距，弥补红外成像引信不能测距的缺陷。

实现这种扫描原理的过程主要是：由基准脉冲信号产生电路发出 4 路具有一定频率的脉冲信号，经过 4 个脉冲激励电路产生大电流脉冲来激发激光器产生足够功率的激光光束，通过准直透镜准直为小角度光束（2°×2°），再由电动机带动绕弹轴方向旋转，通过弹体上的通光孔，形成具有一定扫描频率的激光光束。

接收部分采用与发射四象限相对应的 4 个接收器，接收光学系统具有 90°扇形视场，同一接收器接收的信号在不同时刻代表不同探测元的回波信号。对回波信号进行放大、滤波处理，模/数转换后送入信号处理电路进行图像提取。

因为引信有实时性强、体积小等特点，且成像引信有对信息的处理量大、算法复杂、处理速度快、集成度高等要求。而随着微电子技术的飞速发展，数字系统的半导体技术含量不断增加，现场可编程门阵列技术已经可以很好地满足这些需求，并且具有较高的可靠性。所以采用 FPGA 芯片作为发射控制和图像生成电路的主要实现载体。

本节研究的激光扫描成像探测器的原理框图如图 6-17 所示。

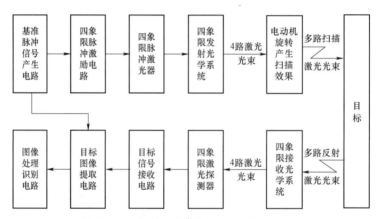

图 6-17　激光扫描成像探测器的原理框图

6.4.2　发射控制与图像提取

发射控制与图像提取电路是激光成像引信的核心。它主要为激光的发射提供频率、脉宽，为图像提取电路提供时间基准的建立，从串行的回波信号中提取出并行的目标图像信号，以及弹目距离和速度信息。由于弹目高速交会，要求信号处理时间极短，这对引信信号处理提出了更高速的要求。因此，有效的快速算法和高速的信号处理器技术至关重要。同时，由于引信的结构特点，其空间有限，所以在体积上也有较苛刻的要求。本节所研究的发射控制与图像提取部分电路主要是复杂的数字逻辑和时序控制，所以高速、可靠、集成度高的数字处理芯片成了首选解决方案。

1. 发射方案

由于接收视场较大，以及目标表面对光束的漫反射作用，使得本象限发射的光束可能会被相邻象限的光电转换器接收到，若 4 个激光器同时发光，在某一时刻光电转换器接收到的信号不能被确定就是本象限激光器发出的激光光束的回波，在目标方位和形体上会产生误判。所以可采用 4 个激光器轮流发射的方法，每个激光器按照相等的 3 kHz 的频率和相等的脉宽发射脉冲激光，但相邻两个激光器的激光脉冲前沿的出现存在先后顺序，4 路激光发射脉冲的时间点将单个激光发射周期均分成四等份。激光发射时序如图 6−18 所示。在某一时刻，成像探测器只有一个激光器向空间发出一束光束，此时只对该激光器所在象限的接收器探测到的信号进行处理，就可以唯一确定该反射回波的位置。这样不仅没有增加探测周期，而且可以利用时序上的错位将旁路的干扰屏蔽掉。

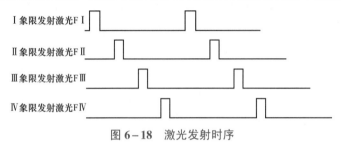

图 6−18　激光发射时序

沿弹轴方向各象限的激光发射时序示意图如图 6−19 所示。光束出现的先后顺序为 F I 1、F II 1、F III 1、F IV 1、F I 2、F II 2、F III 2、F IV 2、F I 3、F II 3、F III 3、F IV 3、… 即先对每个象限 0° 位置的像素点探测，当本象限激光的第二束激光光束发射时，电动机相对上一光束发射的位置旋转了 5°，然后再分别对每象限的下一个 5° 的位置进行探测，且各像素点之间间隔 1/4 个激光发射周期。当电动机旋转了 90° 时，每象限已各发出了 18 束激光光束，各光束间隔 5°，此时完成一次 360° 的周视探测。图像像素点的形成顺序如图 6−20 所示。

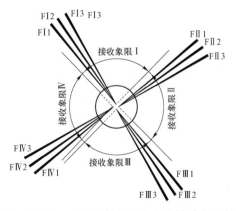

图 6−19　沿弹轴方向各象限激光发射时序示意图

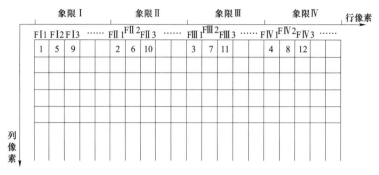

图 6-20 图像像素点的形成顺序

2. 回波处理方案

由于每象限各用一个光电转换器负责 90°范围光束的探测，所以每象限发出的 18 路光的回波都是同一路信号串行输出的。需要从这种串行信号中分离出各个发射光束所分别对应的回波，每束光束的回波作为一路信号，即一个像素点，形成并行的图像信号。主要采用距离门的方法对回波信号进行采样。距离门是一种脉宽与弹目距离有关的单脉冲。假设弹目之间的距离为 H，发射光脉冲在空间中往返的时间为 t，光的传播速度为 c，则弹目距离与时间有如下关系：

$$H = \frac{ct}{2} \tag{6-15}$$

一般情况下认为光速 $c = 3 \times 10^8$ m/s，只要确定了光束的往返时间，就可以知道相应的弹目距离。在数字逻辑电路中，可以用脉冲的上升沿和下降沿相对于激光发射脉冲的上升沿的时间间隔来限定光束从发射到接收的往返时间，从而得到弹目的相对距离信息。可以以激光发射脉冲的上升沿作为时间原点（此处便成为发射基准脉冲），经过一段系统延时时间（其中包括了 6.3 节提到的发射、接收电路系统延时）后，产生一个一定宽度的脉冲，其脉冲上升沿对应的发射接收时间间隔为 0 s，即距离为 0 m 处，脉冲的宽度就是从激光发出到接收所需的最长时间，即探测到的弹目间最远距离。如果希望探测最小距离不是 0 m，则可以减小脉宽，即将脉冲的上升沿相对时间原点再向后延时一段时间，此时间段也符合距离时间关系式（6-15），而脉冲的下降沿距时间原点的时间不变。将回波信号和此距离门相与，当回波脉冲的上升沿落在距离脉冲的高电平区时，就可得知弹目相对距离在所需的探测距离范围内，如果落在了门以外，则认为不满足距离要求。距离门的产生与回波脉冲关系示意图如图 6-21 所示。

若系统探测距离最小为 0 m，最大为 15 m，根据式（6-15）可知，激光发射到 15 m 处再反射回来所需时间为 100 ns。则可以设计一个脉宽为 100 ns 的距离门脉冲，其上升沿距时间基准的时间为系统延时。下降沿对应的时间就为 15 m 处的回波。为了保证 15 m 处回波的上升沿能够被距离门脉冲采样到，距离门脉冲还需展宽一些。

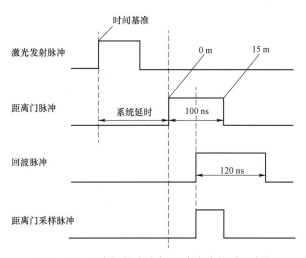

图 6-21　距离门的产生与回波脉冲关系示意图

根据距离门的原理，可以以激励激光的每一个发射脉冲为基准，产生相同的距离门脉冲，再将这些串行的距离门转换成并行信号，每一路对应一个方位上的激光发射脉冲，相邻两路距离门上升沿间隔一个激光发射周期。将串行回波信号分别和这些并行距离门相与，与发射脉冲在时间和空间上相配合的回波脉冲会落到相应的距离门中，最终输出并行的采样信号，每一行输出作为图像的一个像素进行处理。回波信号串并转换关系如图 6-22 所示。

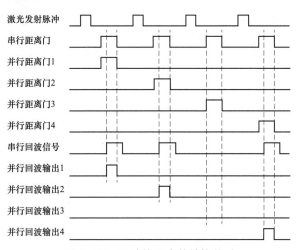

图 6-22　回波信号串并转换关系

3. 位置信号的选定

从上述图像像素点的形成过程中发现，每象限的第 1 束光束，即第 1 个像素点位置的确定十分重要。因为对一个象限的 18 路光只由 1 个接收器进行探测，无论这 18 个方位上哪个有回波，它都是混在一路信号中接收。即使可以通过由 1 个激光器发出的每一个脉冲作出一个距离门脉冲信号，分别对串行回波信号进行采样，以确定哪个光束有回波、哪个光束无回波，但这些光束具体在整个扫描过程中处于什么位置并不能确定。如果能够确定激光器发出的一串脉冲中哪个脉冲是在象限的 0° 位置发射的，则可以利用专门的计数器对由此以后发射的脉冲进行计数，并配合电动机的测速功能来推算出以后发射光束的位置。但若不对初始位置进行辨别或判断有误，会使本在 0° 位置发射的光束的回波可能被判断成象限中的其他位置像素，而非本象限的第 1 个像素点。由此以后发射的光束回波在图像中的像素点都会依次向右偏移，超出第 18 个像素点的回波会被重新从第 1 个像素点的位置开始排列，而它们实际上是本象限 90° 范围中，后半部分角度发出的光的回波。更关键的是，由于是 4 个象限同时工作，如果一个象限有像素偏移，其他象限的像素也一定有偏移，而这种偏移并不是完整的图像整体循环移位，而是每个象限各自循环偏移，这样它们拼出来的就不是一幅完整的图像，所以在图像识别过程中不能简单地对其进行图像移位处理。图像像素的循环移位效果如图 6-23 所示。

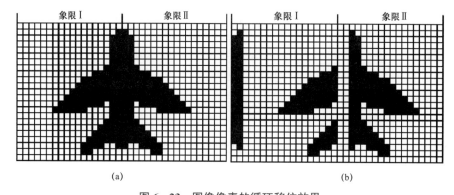

图 6-23　图像像素的循环移位效果

（a）正确位置图像；（b）循环错位图像

由此看出，有必要给出一个位置信号，作为激光发射脉冲的时间基准。当激光器转到每个象限的 0° 位置时，机电控制系统发出一个脉冲信号，以这个脉冲上升沿为时间基准来产生激光发射脉冲。本系统采用的电动机转速为 2 500 rad/min，即激光器每转动 1° 大约需要 66 μs，而系统延时为纳秒级，所以位置信号的传输延时误差不会影响图像的质量。

6.4.3　电动机转速与像素个数的关系

由于激光发射频率和电动机转速这两个因素共同作用才能定出图像像素点个数，所以在激光发射频率一定的情况下，为保证 5° 的角分辨率，还需要固定电动机的转速。如果电动机转速过高，扫描一周所用时间过短，其速度又不能和激光发射频率配合时，在有限的弹目交会过程中，获得的图像信息不足，达不到图像识别所需像元数的要求，无法进行图像识别。在电路系统的设计中，总线的位宽不可能无限宽，一旦整个系统硬件化以后，信号处理的总线位宽基本上就固定下来了，对于位宽超过总线位宽的信号虽然可以通过分时复用的方法来处理，但这将大大增加设计的复杂度并降低整体系统的处理速度。所以，当电动机转速过低，激光发射频率相对较快时，每象限的探测会超过 18 个光束，而电路系统只能对前 18 个光束的回波进行处理，这将损失一部分角度上的目标信息，光束越多，损失的信息越多。这样，需要对电动机的转速进行实时的监控并显示出来，以确定电动机是否和激光器配合工作。所以，电动机的转速测定系统成了必不可少的环节。

可以利用 6.4.2 节所给出的位置信号进行测速。每象限激光器转到本象限 0° 时会给出一个位置信号，即电动机每转动 90° 会输出一个脉冲。具体测速方法有两种：第一种，采用计数器对相邻两个脉冲的上升沿进行计数，根据系统时钟周期和计数值可以计算出相邻脉冲时间间隔，其 4 倍的倒数就是电动机转速。第二种，限定一个测速时钟，在此时钟周期内对位置信号脉冲进行计数，其计数值就反映了电动机的转速。例如，采用四象限探测，每 90° 出一个位置脉冲，则测速时钟周期为 0.25 s，在每个时钟上升沿到来时，对计数器清零并开始对位置脉冲计数，在下一个测速时钟上升沿到来时，计数器所计出的脉冲个数就为电动机转速，单位为 rad/s。第一种方法的优点在于其对速度检测的频率高，速度值刷新快，即电动机每转 90° 就可以输出一个测速结果，实时性较好，且测速精度较高，测速误差仅为 1 个系统时钟周期。但不足的是由计数值到显示输出设备之间代码的转换需要一定的计算，增加了电路系统的复杂度。第二种方法的优点是直观，电路实现容易，从计数值到显示设备的输出转化过程简单。但缺点是速度检测频率较慢，每 0.25 s 速度值才刷新一次，精度较低，测速度误差为 1/4 个电动机旋转周期。在实际应用中，这部分测速功能主要是用来显示给测试者观测的，而人眼能辨别的更新频率不高，再加上显示器件的响应速度有限，所以不需太高的速度刷新频率。一般对电动机速度的显示以 rad/s 的形式就已足够，这种显示方法的误差本身就很大，所以也无须对测量精度有过高要求。综合以上考虑，采用第二种方法进行测速显示。

由于基于电动机扫描的成像探测是个光、机、电一体化的系统。光学精度、机械装置、电力控制三者互相影响，互相制约。三者都要协调、稳定、正常地工作才能达到此方案的最佳效果。一般电信号的误差为纳秒级，在机电配合上可以忽略。机械装卡和光学镜片的加工误差在制作完成后基本固定，在安装完成后可以对其进行整体的系统误差矫正。但目前，技术再先进的电动机在旋转时也不能达到非常精确的稳定转速，尤其是高速电动机的速度更容易有变动。这种转速变化相对于几千赫兹的激光发射频率来说是不可忽略的，而且其转速变化具有随机性，变化的大小也无规律可循，所以像素个数的误差不可避免。

例如，采用激光发射频率为 3 kHz，电动机转速为 2 500 rad/min，正常工作情况下，每象限会发射 18 束光束。但当电动机转动速度小于 2 369 rad/min 时，每象限发出的光会多于 19 束，当电动机转动速度大于 2 648 rad/min 时，每象限发出的光会少于 17 束。假如所设计电路系统的总线位宽为 18 路，每一路对应于一个像素点。当每象限发出了 19 束光，或者更多光束时，多于 18 路的信号将被舍弃，不作处理，这样会丢失部分图像信息。当每象限仅发出了 17 束光，或更少光束时，不足 18 路的信号将为低电平，对应于图像上的像素点为空，认为此位置无目标，这将引起图像识别的误判。

由此可看出转速误差的严重性，有必要对像素个数的误差进行校正。由上面的计算可以看出，当电动机正常工作在 2 500 rad/min 时，出现 19 束光或 17 束光的转速变化幅度约为±140 rad/min，大部分电动机在稳定工作时都不会再超过这样大的变化幅度，所以只要通过速度显示系统的读数来控制电动机在额定转速下工作，就可以保证光束的误差个数在±1 左右。对于多出的一路光束，可对它的回波不作处理，这仅损失不到 5° 的图像信息，整体像素仍是 72 个，不影响识别精度。对于缺少一束光束的情况，要对其相应缺少的像素位置进行补充。缺少的那束光的回波一定对应的是 18 路信号中的最后一路。本象限的第 17 路信号和下一象限的第 1 路信号都是可靠获得的，它们的回波能如实反映相应位置是否有目标，又因为一般目标的形体是连贯的，所以如果这两路都有回波，则第 18 路也一定应该有回波，如果这两路都没有回波，则第 18 路也一定应该没有回波，如果这两路其中有一路有回波，另一路没有，则说明此时位置在目标图形的边界处，第 18 路可以看成有回波，也可以看成无回波，只是图像边界多一点和少一点的区别，对图像识别不会产生太大影响。所以，可看出这个缺少的第 18 路回波可以和本象限的第 17 路回波有相同的回波特性，也可以和下一象限的第 1 路回波有相同的回波特性。而第 17 路要比下象限第 1 路光束先发射，所以按照成像的顺序，缺少的第 18 路信号将由它的前一路回波信号来定，即如果第 17 个像点为高电平，则第 18 个像点补为 1，否则补为 0。

从前面的分析可知，仅从速度显示设备读取转速来判断每象限实际发射光束个数是不精确的。为了保证获得精确的像素点个数，还需要对每象限实际发射光束数是否为 18 进行判断，并将判别结果显示出来。这项功能可以通过对相邻两个位置脉冲之间的发射脉冲个数进行计数来实现，并显示多于 18、正好 18、少于 18 这三种状态值，以确定电动机应增速还是减速。每象限各需一套这种系统，分别独立工作。

6.5 典型目标激光成像仿真建模

为了验证激光成像探测原理的可行性，确定最佳性能价格比的探测元数目，进行了激光成像引信的计算机仿真工作。另外，为了进一步的目标图像识别，必须研究飞机目标的激光散射特性，获取各种弹目交会条件下的飞机目标图像。飞机目标的激光散射特性，可以利用直接测试的方法获得。但由于战场目标的多样性、非合作性以及背景的复杂性，对目标与背景的特性进行实际测量十分困难。直接测试方法主要存在以下难以克服的问题：① 由于任务的复杂性，研究周期长，耗资大，其结果的局限性很大，准确性也比较差；② 对研究中的飞机，尤其是敌方飞机无法进行实际测量；③ 直接测试难以得到特殊条件下的飞机特性，尤其是引信目标，由于弹目距离很近，其测试难度更大。同时，为了在探测器部件研制的同时，进行目标图像信号处理技术的研究，利用计算机仿真的方法，获取各种交会条件下的目标图像，满足识别的需要，同时验证探测器的设计。

激光成像引信的计算机仿真是通过建模的方法验证探测原理是否可行。激光成像引信激光器采用轮流发射的方式。激光成像引信获得的目标图像是在弹目交会的过程中通过对目标的扫描而形成的时空图像。本节对成像的过程进行计算机仿真，以获得目标仿真图像。

为得到激光成像引信中的目标图像，首先对目标的几何形体进行建模，再对弹目交会过程进行数学建模，最终获得弹目交会时引信所"看到"的目标的图像。

弹目交会模型可参考第 5 章中的内容，本节主要介绍飞机和坦克两种典型目标几何建模和激光引信的成像建模及建模图像结果。

6.5.1　目标几何形体建模

1. 飞机目标

以某歼击机飞机为原形，建立目标形体的解析方程。该飞机几何形体示意图如图 6－24 所示。该飞机形体被分割成一个圆柱体（机身）、一个圆锥体（机头）、五个无厚度的平面（机翼、水平尾翼、垂直尾翼）等部分，分别建立各几何体在目标坐标系中的解析表达式。

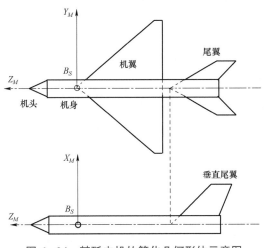

图 6－24　某歼击机的简化几何形体示意图

2. 坦克目标

坦克目标模型的建立采用 3D 建模的方式。在 3D Max 环境中建立坦克模型，将坦克目标分为不同的部位，如车体、车侧部、车后部、履带、炮塔以及炮筒，对于每一个部位再进行划分，分为若干个物体，如长方体、圆柱体、锥体等，而每一个物体都由三角面元组成，即每一个面元均为平面，且有三个顶点，这些顶点是由空间坐标描述的。顶点的表示为点序列的索引值，可以根据索引值到点序列中查找顶点，其中包含了点的三维坐标，在 3D Max 中表述为向量。

在目标模型建立过程中，设定坦克处于 XY 水平面上，以坦克车体几何中心在 XY 平面上的投影为坐标原点，以炮筒 0° 方位时的指向为 X 轴正方向，水平面内垂直于 X 轴的方向确定为 Y 轴正方向，依据右手定则确定垂直于水平面指向天空方向为 Z 轴正方向。由此得到目标坐标系，模型中所有顶点的坐标都是基于目标坐标系的。建立好的坦克 3D 目标模型如图 6–25 所示。

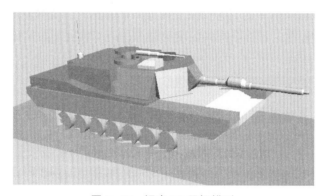

图 6–25　坦克 3D 目标模型

6.5.2　激光成像探测建模流程

根据第 5 章建立的弹目交会数学物理模型，利用计算机模拟引信成像的全过程，给定一组交会条件参数，可以计算出各次采样中各探测元的探测数据，构成一个二维数组，形成目标的二维阵图，从而获得引信上所探测到的目标图像，建立模式样本库。设采样间隔为 ΔT，导弹圆周上探测元为 N 个，引信视线为 $3N$ 个，T_{END} 为完成目标探测的时间。激光成像探测仿真的流程图如图 6–26 所示。

激光成像引信仿真过程的计算机程序由 C++ 语言代码写成，利用 Visual C++ 6.0 开发平台进行了程序的编译和调试，最后得到的目标图像以文件形式存储。用 "0" 或 "1" 来记录探测单元的探测结果，得到的图像是一幅二值图像。输出图像的格式是一种自定义的图像格式：BIN 格式。该图像格式分为两个部分：文件头和图像数据。文件头为一结构体，定义了有关的图像参数和交会参数。

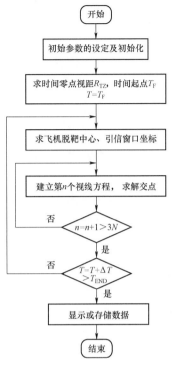

图 6－26　激光成像探测仿真的流程图

激光成像引信图像生成程序主界面如图 6－27 所示。在对话框中可以输入任意弹目交会状态参数，包括交会角、脱靶方位角、侧滑角、迎面角、滚动角、脱靶量、目标速度、导弹速度；输入激光成像引信探测参数，包括引信视角、扫描时间间隔、扫描角度间隔；然后选择飞机形体几何参数，就可以生成给定交会状态下的目标二值图像。

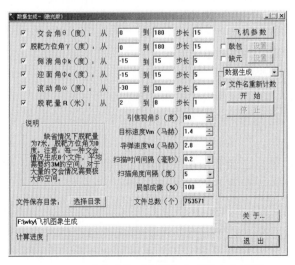

图 6－27　激光成像引信图像生成程序主界面

6.5.3 激光成像仿真目标图像库

利用激光成像引信计算机仿真软件,可以获得任意交会条件下的飞机目标二值图像。显然,要获得导弹赤道面上角分辨率较高的图像,需要的激光发射器和探测元的数量就要增加。在有限的导弹体积上不可能放置太多的探测元,另外实现成本较高,同时带来需要处理的信号数量的增加。而探测元太少,获得的图像较粗,图像中不能体现出目标的轮廓信息,引起图像识别率的下降。因此,在保证能获取较精细的目标轮廓的前提下,尽量采用少的探测元。

图 6-28 是在角分辨率为 5°,即探测元数为 24,激光扫描光束为 72 个,脱靶量为 7 m,扫描时间间隔为 0.1 ms,即单路激光发射频率为 10 kHz 的条件下的仿真飞机图像。图中,T 轴为时间轴,P 轴为弹轴方向。在不同时刻引信探测器扫描飞机不同部位,随着弹目交会过程的进行完成对目标的探测,所获得的图像为时空图像。从仿真图像可以看出,所获得的图像中,比较清楚地反映了飞机的轮廓特征和角特征,并且在脱靶量更小的情况下,获得的图像会更精细,能够满足识别的要求。

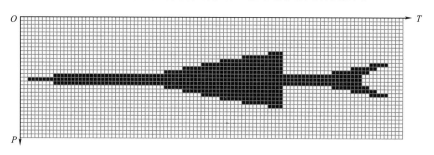

图 6-28　角分辨率为 5°的仿真飞机图像

因此,在激光成像引信中,采用 24 个激光发射器,通过分光形成 72 束激光,均匀分布在导弹赤道面上。相邻两束光光轴之间的夹角为 $\theta = 360° / 72 = 5°$。同样采用 24 个光电探测器。利用激光成像引信实现导弹圆周方向上 5°的角分辨率。

图 6-29 和图 6-30 是仿真生成的各种弹目交会条件下的飞机和坦克目标图像。每幅图像右下角标注的是图像对应的弹目交会角 θ 和目标的脱靶方位角 γ。图像横坐标为探测元,纵坐标为时间。

从仿真图像可以看出,激光成像引信可以获得飞机目标的形体轮廓特征,从仿真图像看,弹目迎头交会和尾追交会所获得的图像具有一定的差别,利用这些特征可以进行弹目交会状态的识别;同时,从仿真图像可以看出目标不同部位之间的连接关系,通过对图像形体变化趋势的研究,可以实现目标关键部位识别。另外,由于采用了环视成像探测的原理,图像畸变严重,这也对信号处理提出了更高的要求。这些图像可以作为图像识别的数据基础。

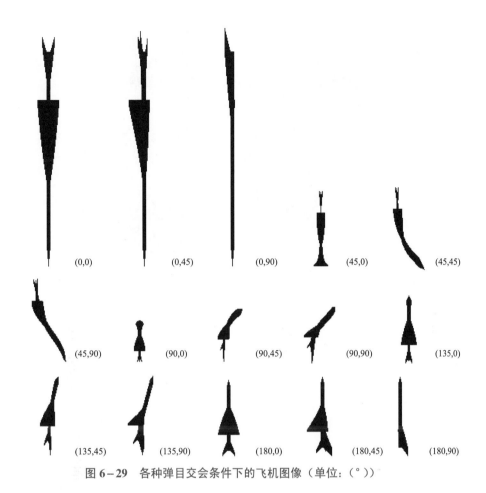

图 6-29　各种弹目交会条件下的飞机图像（单位：（°））

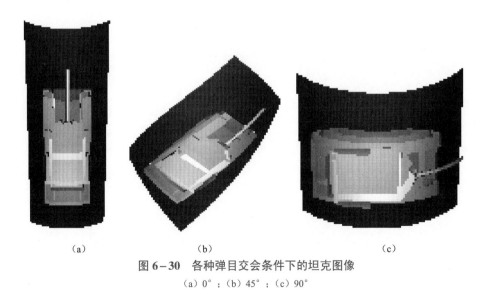

图 6-30　各种弹目交会条件下的坦克图像

（a）0°；（b）45°；（c）90°

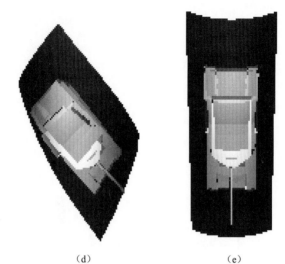

(d) (e)

图 6-30 各种弹目交会条件下的坦克图像（续）

（d）135°；（e）180°

第7章 光成像探测智能目标识别技术

引信作为武器终端威力系统必不可少的信息控制子系统，获取目标信息之后，应对得到的信息进行处理，以便给出炸点控制信号。对于成像引信，信息处理就是对得到的图像进行处理和分析，识别目标与非目标、目标的方位和特定部位等。这一过程是引信系统中承上启下的重要环节，也是引信智能化的重要体现。考虑到引信本身作用环境的复杂性和特殊性，目标图像识别有特殊的要求和困难，主要表现为：① 弹目交会条件复杂，获得的图像形态千变万化，处理过程应对此作出自适应的反应；② 由于引信工作于目标近区（几十米范围），获得的目标图像常常是局部和不完整的，这增加了识别工作的难度；③ 弹目交会过程极为短暂，目标图像的变换、识别与判决必须在瞬时完成，处理的实时性是对该识别过程的又一要求。采用传统的图像识别方法难以实现这些要求和克服这些困难，因此我们采用了近年来被普遍重视的人工神经网络技术，进行目标图像的识别。

7.1 成像探测目标图像的特征提取

7.1.1 目标图像模式识别概述

1. 模式识别的一般概念

从模式识别的技术途径来说，由模式空间经过特征空间到类型空间是模式识别所经历的过程，可用图 7-1 形象表达。

物理上可观察到的世界是指在物理上可以测量的物体和事件的可测数据的集合，这个世界的维数是无限多的。适当地从中选择某些物体和事件并综合其观测数据（模式采集）来构成模式空间，空间的维数一般都很大，但为有限值。对模式空间中的各元素进行综合分析，获取最能揭示样本属性的观测量（特征提取），以这些观测量形成特征，构成特征空间。在经过特征提取后，特征空间的维数大大压缩了。

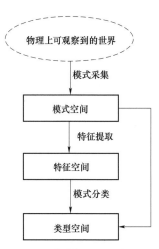

图 7-1 模式识别的映射过程

最后，把特征空间里的样本区分成不同的类型（模式分类），特征空间就塑成类型空间，类型空间的维数与类型的数目相等，一般要小于特征空间维数。

模式采集一般是由各种传感器或其他测量装置完成的，对于二维图像模式，采集工作要将物理上的目标图像转化为数字化目标图像，采样间隔和探测元数目决定了目标图像的分辨率，量化级决定目标图像的灰度分布；当采用两级量化时，目标图像变为二值图像。

在模式空间里，针对研究对象，往往需要进行适当的预处理，如消除或减少在模式采集中的噪声及其他干扰，提高信噪比，消除或减少数据图像模糊及几何失真，提高清晰度等，以有利于后续处理。

由模式采集并经预处理后得到的模式空间的维数一般很大，这带来的问题是处理的困难，处理时间的消耗，有时模式直接用于分类甚至是不可能的。特征提取的目的就是从原始的模式数据中提取那些与分类最有关的信息，减少同类模式的差异，增强类间模式的区别。特征提取的方法是通过某种变换得到有益分类的表征量，形成特征集，构造特征空间。

由某些知识和经验可以确定分类准则，称之为判别准则。根据适当的判别准则，把特征空间里的样本区分成不同的类型，形成类型空间。类型空间里的不同类型之间的分界面称为决策面，它可以是点、线、面、超平面或超曲面，确定该决策面的函数为决策函数。决策函数也可以是这样一种概念，即它由距离测度组成，模式可以根据相邻域中最近距离的隶属类进行分类，也可以根据最近的样本或聚类中心进行分类。当一个模式或特征作用于决策函数时，函数的输出确定该模式为类型空间里的某一个类或者给出分类的隶属度。在实际过程中，分类中出现错误是不可避免的。因此，分类过程只能以某种错误率来完成，当然，分类错误率越小越好，但它受许多条件的制约，如分类方法、分类器设计、选用的模式及提取的特征等。

2. 图像识别的方法

针对模式特征的不同选择及其判别决策方法的不同，常用的图像模式识别方法有模板匹配法、统计模式识别法、句法模式识别法、模糊集识别法、逻辑特征方法、神经网络方法等。这些方法无论是在理论基础上还是在操作方式上都有较大的差异，但是由它们构成的识别系统大都由以下几个部分构成，如图 7-2 所示，这也是实现成像引信目标识别所采用的系统框架。

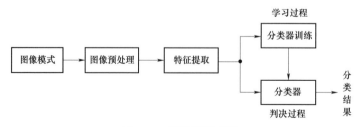

图 7-2　图像识别系统

此外，上面提到的各种方法并不是截然分开的，而是相互渗透、互相联系的，如统计模式识别与句法模式识别相结合，已经成了近年来的一个发展趋势，特别是神经网络方法的引入，为模式识别开辟了一条新的途径。

3. 成像引信目标图像识别的内容

成像引信的信号处理阶段的本质是进行模式识别。在弹目交会的过程中，针对得到的全部或部分目标图像，对目标的各种属性作出实时的识别，其中包括目标的类型、目标位于以弹为中心的方位、目标的特定部位等。面临的问题主要来自三个方面：图像模式采集、目标图像的特征提取、目标的按属性分类。

1）图像模式采集

这是整个研究工作的基础，由引信的光学成像系统完成。成像体制不同，得到的目标图像会有很大的差异，即使针对某一体制，鉴于目前的试验条件，我们尚无法获得真实的试验数据。采用计算机仿真技术是解决这一问题的有效手段，通过对一种引信光学成像系统成像机理的深入研究，建立合理、有效的数学物理模型，模拟引信成像的全过程，以得到的仿真图像作为进一步处理所需的模式样本。

2）目标图像的特征提取

引信成像获得的图像模式分布广，模式集合庞大，图像质量不高（如噪声、图像缺损等），采用传统的模式识别难以胜任实时的识别和分类工作，我们采用了神经网络技术来处理这一问题。神经网络的输入为模式特征，作为图像一般有两种方式：一是输入整幅图像作为特征，这在图像分辨率不高、图像较小时是可行的，对于高分辨率、相对较大的图像，这样做会造成数据量、计算量过大，而且随样本数的增加，会影响网络的性能，即使效果不错，网络运行耗时也难满足实时处理要求；二是首先提取图像特征，以取得的特征集作为网络输入，从而降低计算复杂度，提高运行速度，同时达到较好的识别效果。提取出合理有效的图像特征是这部分工作的重点和难点。

3）目标的按属性分类

神经网络作为模式分类器，能在输入被噪声污染的情况下确定最能代表输入样本的类，适于处理环境信息十分复杂、背景知识不清楚、推理规则不明确的分类问题。对于类似图像识别这样的感知性信息处理问题，神经网络有着比传统方法更为明显的优势。我们要做的工作是根据具体的模式分类任务，选择合适的网络，确定合理的网络结构、算法和网络参数，以能很好地完成分类。引信应完成的识别任务主要是区分不同目标、目标与非目标，判定弹目交会状态及目标特定部位等。

7.1.2　基于目标图像边界的特征提取

1. 目标图像的描述

对图像的处理，尤其涉及对图像的理解，通常是从计算机视觉的角度出发来研究问题。按照 Marr 的视觉计算理论,整个视觉过程所要完成的任务分成三个过程:① 获得要素图,即获得图像中强度变化剧烈处的位置及其几何分布和组织结构;② 由输入图像和第一步得到的要素图而获得 2.5 维图,即在对二维图像理解的基础上,增加物体表面朝向和深度信息;③ 由输入图像、要素图、2.5 维图获得物体的三维表示,即以物体为中心,以体积基元和面积基元对物体进行模块化的分层次表示,同时给出各物体之间的空间关系描述。

参照视觉计算的三个过程,对前两章得到的目标图像进行简要的分析。首先,通过扫描得到的是一幅"畸变"了的目标图像,这是由引信动态成像机理决定的。普通的扫描成像,其探测器与光源是固定的,扫描线的变化代表了物体的外形变化和深度信息。而引信探测元对目标的扫描,由于光源来自运动目标本身,引信和目标处在不断接近或远离的过程中,扫描线的变化并不真正代表物体在外形上的变化。此外,如果引信视线存在一个前倾角(引信视角 β 小于 90°),使引信视场呈一圆锥面,探测器对目标进行的是一种空间曲线的扫描,曲线的形状由目标表面与视场圆锥面的截线决定。交会条件的不同、飞机形体的差异导致了曲线形状的多变。而且,由于探测器在导弹上的分布是单列线性的,这样就将曲线扫描得到的信号强制转化为一条直线列。以上原因引起了图像上的"畸变",即扫描图像的形状并不真正代表目标外形。其次,红外成像得到的是灰度图像,要考虑由飞机蒙皮的热辐射强度和视差引起的图像灰度变化,激光成像得到的是二值图像。不论是灰度图像还是二值图像,图像上的点与飞机形体外表面上的点都没有明确的对应关系。这就像手影游戏,单从墙上看到的各种有趣的形状,无法确定两手怎样叠放,各手指的空间位置又如何。最后,图像深度信息、物体表面朝向信息的丢失使得从二维形状恢复物体三维结构变得不可能,因而由目标三维结构来确定交会状态是困难的。

由于存在着以上的困难,从现有的试验数据出发,重点研究它们在模式空间的分布情况。从计算机模拟得到的大量数据来看,在交会参数变化较大的情况下,二维阵图的形状有较大的差异。因此,如果从模式空间向特征空间的映射得当,即提取到好的目标图像特征,那么在由特征空间向类型空间转化时,就能得到较为理想的分类效果。当然分类的结果应满足引信进行弹目方位识别所提出的分类精度要求。

对于一幅二维图像,形状是定义在二维范围内一条简单连接曲线的位置和方向的函数。"简单连接"指的是曲线上任何一点至多有两个也属于该曲线的邻点。这样,形状的描述涉及对一条封闭边界的描述或者一个封闭边界包围区域的描述。对应这两种对形状的描述,分别可获得多种特征,而选择哪一种特征,取决于模式样本集中目标形状的固有差异以及识别精度和速度的要求。

在识别系统中,特征的提取主要考虑以下原则:

(1)对于类间的多数目标,特征应具备足够的精度,以有效地区分两类间的主要差异。

（2）特征的计算应简单明了，如果特征描述较为复杂，应考虑其是否有可实现快速算法的潜力。

（3）在满足识别要求的前提下，特征量维数应尽量低。

（4）提取出的用于识别的特征应有足够的容错能力，特别是对局部不完整的图像，特征应具有较高的稳定性。

（5）系统的适应性，即设计好的系统应有适应识别对象集变化的能力。

（6）具备进一步硬件实现潜力。

要使提取到的特征很好地满足以上每一原则是相当困难的，而且如果脱离整个识别系统，特别是随后进行的分类工作，仅从特征提取角度来考虑满足上述要求也是不现实的。针对模拟生成的图像，选择了基于图像边界的空间域特征作为对目标形状的描述，下面是对这种方法的详细阐述。

2. 图像边界的获得与编码

通常，获得图像的稳定、明晰的边界是一项比较复杂和困难的工作。一般可分为边缘提取和边缘跟踪两个步骤。由计算机模拟生成的图像可以看作经过了去除噪声、图像分割等一系列预处理工作后得到的理想图像，采用边界跟踪技术即可得到图像理想边界。一个常用的边界跟踪算法可归纳为以下几步：

（1）确定起始点 S（如图像最上最左点）。

（2）使 S 点与边界跟踪模板中心 P［见图 7-3（a）］重合，以 P 点为基准，寻找右、右下、左、左下的四个邻点的一个边界点，记为 A。

（3）将模板中心移至当前点 A，按 0、1、2、3、4、5、6、7 的方向找相邻点的边界点为当前点。

（4）判断该点是否为 S，若为 S 点则算法结束，否则返回（3）。

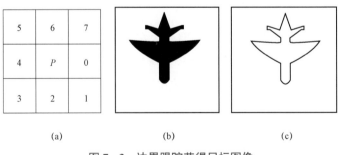

(a)　　　　　　　　　　(b)　　　　　　　　　　(c)

图 7-3　边界跟踪获得目标图像

（a）边界跟踪模板；（b）原始图像；（c）边缘图像

图 7-3（b）、（c）给出了一幅目标图像和用边界跟踪技术提取出的图像边界。需要指出的是，假设图像区域内无孔洞，则图像边界为区域外边界。由上述边界跟踪技术得到的图像边界上的一点与其邻接点的连线是一条有标准长度和方向的线段，对其进行编

码处理后，便可得到图像边界的数学描述。

对二维图像边界的编码常采用八向 Freeman 链码形式，它有 8 个标准的、经过编号的方向，如图 7-4（a）所示，按这些方向矢量化图像边界，沿跟踪方向形成的数码序列就是 Freeman 链码，可用下式表示：

$$A_n = a_1 a_2 \cdots a_n, \qquad a_i \in \{0, 1, 2, \cdots, 7\}, i = 1, 2, \cdots, n \qquad (7-1)$$

图 7-4（b）给出了用 8 个方向对曲线编码的例子。

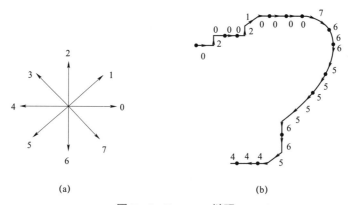

图 7-4　Freeman 链码

（a）8 个方向码方向；（b）用 8 个方向对曲线编码的例子

3. 图像边界特征点的提取

对比区域描述，边界描述的优势在于它可对目标形状进行局部描述，使用目标的局部信息对残缺或不完整图像的描述是有优势的。在局部描述方法中，需要对目标边界进行分段处理。图像边界的链码表示实质上就是对边界的分段表示，但它对边界噪声和量化非常敏感而且会累积误差，使用它更主要是考虑它作为边界基元在边界的表达和以后数学处理上的方便。

F. Attneave 曾经指出，物体的形状信息集中在边界上那些有高曲率的角点（支配点，Dominant Point）上，以它们作为特征能较好概括出目标的形状，可以边界上的角点作为目标特征完成对成像引信弹目交会状态的识别。

关于寻找边界曲线上角点或支配点的算法很多，大体上可分为两种：一种是用多边形近似的方法对边界曲线进行逼近，将得到的多边形上的断点（Break Point）作为角点；另一种是直接从边界上的角、弧入手，使用各种角探测策略求出角点。

1）多边形逼近

对二维图像来说，物体的边界均可视为在平面中的曲线。多边形逼近即是用多边形来拟合边界。其基本思想是，一条曲线的"两点"形式可推广成折线，连接在一起的几条线段可表示为一组点 $x_1, x_2, x_3, \cdots$，连接 x_1 到 x_2，x_2 到 x_3 的线段，当起始点和终止点是同一个点时，即构成一条封闭边界线。用多边形逼近的目的，在于用最少的多边形来描述边界形状特征。其中主要的算法有合并方法和分裂方法等。

多边形逼近的方法比较直观，而且运算也相对简单，它的缺点是多边形的获得与起始点的选取有关，得到的多边形通常不是唯一的，这给以后支配点的检测带来困难。况且，算法本身并没有说明多边形的断点与曲线上支配点之间的必然联系，有时会得到假点，而且此方法对噪声较为敏感，难以处理多尺度问题。因此，该方法在我们的试验系统中未予采用。

2）曲线的曲率

在二维平面中曲线 $y = f(x)$ 上每一点 (x, y) 的曲率为

$$c(x, y) = \frac{\dfrac{\partial^2 y}{\partial x^2}}{\left[1 + \left(\dfrac{\partial y}{\partial x}\right)^2\right]^{\frac{3}{2}}} \qquad (7-2)$$

对于离散图像，如果曲线的边界由八邻域的 Freeman 链码表示，它受图像量化影响较大。如果用一阶差分表示曲率以代替上式，即

$$\text{CUR}_i = f_{i+1} - f_i \qquad (7-3)$$

则曲线斜率的变化就只能是 45° 的倍数，一些精细的角度是探测不到的。解决这一问题的方法之一是采用"k 阶差分"，也称"k – 曲率"测量，即

$$\text{CUR}_{ik} = \frac{1}{k} \sum_{j=-k}^{-1} f_{i-j} - \frac{1}{k} \sum_{j=0}^{k-1} f_{i-j} \qquad (7-4)$$

其中，$f_{i-j} = 0, 1, \cdots, 7$。

3）角和曲率的探测

这一类算法的主要思想是，对于离散边界上的每一点，选择其适当的邻域来计算该点的曲率值（或能表现曲率性质的其他参量），在得到曲率之后，分两个步骤来获得支配点。首先，选择适当的门限来消除那些低曲率的点；其次，进行伪极值点的排除，即在余下的高曲率点中除去那些在更大的分割区间上并不是曲率极值的点。在试验中，采用了其中有代表性的一种角探测方法：Rosenfeld–Johston 角探测法。

对于一幅离散图像的边界曲线，可以用 n 个整数坐标的序列来表示：

$$C = \{p_i = (x_i, y_i), i = 1, \cdots, n\}$$

首先，在 p_i 点处定义向量

$$\vec{a}_{ik} = (x_i - x_{i+k}, y_i - y_{i+k}), \qquad \vec{b}_{ik} = (x_i - x_{i-k}, y_i - y_{i-k}) \qquad (7-5)$$

及定义 $\overrightarrow{a_{ik}}$ 和 $\overrightarrow{b_{ik}}$ 之间的夹角的余弦 $\cos_{ik}$：

$$\cos_{ik} = \frac{\vec{a}_{ik} \cdot \vec{b}_{ik}}{\left|\vec{a}_{ik}\right|\left|\vec{b}_{ik}\right|} \tag{7-6}$$

其中，$-1 \leqslant \cos_{ik} \leqslant 1$，当 $\cos_{ik} = +1$ 时两条线的夹角为 $0°$，是最尖锐的角，$\cos_{ik} = -1$ 时两条线的夹角为 $180°$，即是一条直线，是最平坦的角。因此，可以用 $\cos_{ik}$ 来代表曲线的斜率。然后，根据曲线 C 的先验知识，选择平滑参数 m（如取 $n/10$ 或 $n/15$），对曲线上的每一点 p_i 计算 $\{\cos_{ik}, \quad k = 1, 2, \cdots, m\}$，并找出满足下式的最大支持区域（region of support）$h_i(1 < h_i < m)$：

$$\cos_{im} < \cos_{i,m-1} < \cdots < \cos_{i,h_i} \geqslant \cos_{i,h_i-1} \tag{7-7}$$

如果对所有满足 $|i - j| \leqslant \dfrac{h_i}{2}$ 的 j 有 $\cos_{i,h_i} \geqslant \cos_{j,h_j}$，此时的 p_i 为曲率极值点。该算法为并行算法，需给定的参数为 m。

对部分目标图像进行这种方法的角点检测，图 7-5 所示是一些结果。

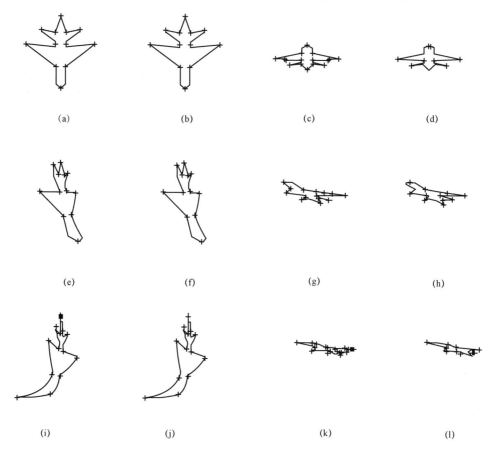

图 7-5　Rosenfeld-Johnston 角探测算法部分试验结果

（a）$m = n/15 = 18$；（b）$m = n/10 = 27$；（c）$m = n/15 = 14$；（d）$m = n/10 = 21$；（e）$m = n/15 = 15$；（f）$m = n/10 = 22$；（g）$m = n/15 = 13$；（h）$m = n/10 = 19$；（i）$m = n/15 = 18$；（j）$m = n/10 = 27$；（k）$m = n/15 = 10$；（l）$m = n/10 = 1$

从试验结果分析，上述方法对模拟生成图像的边界支配点检测存在明显的不足，主要表现在：对于两幅尺度差异较大的图像边界 ［见图 7-5（a）和图 7-5（c）］，用同样的输入参数进行支配点检测，会产生漏点或假点，即遗漏掉应该为曲率极值的点或产生本不应该是角点的伪点；对于单一的图像边界，选用固定的输入参数 ［见图 7-5（c）和图 7-5（d）］，常常会把边界在小尺度上的支配点当作噪声或量化点而忽略掉，或者反之，探测到了小尺度上的支配点，而把噪声或量化点也当作支配点保留下来。因此，输入参数的选择在上面的方法中至关重要，选择固定的参数是假定被探测的边界有相同的尺度特征，而且要有关于该尺度的一些先验知识。从得到的引信目标图像看，目标的形状差异较大，尺度分布广，即使一幅图像，其显著的特征也同时存在于精细和粗糙尺度上。用单一尺度表达图形一般不是失去了形状的精细特征，就是忽略了形状的粗特征。因而在试验中难以找到一个最佳参数来满足多数情况。

虽然如此，仍然可以从试验中得到一些有意义的结论。对于局部边界的特征提取，其基本思路是对边界曲线进行分段处理，这种分段在单尺度检测中是固定的，在上述试验中体现在输入参数中，该参数在物理上对原始曲线进行了一定程度的平滑。平滑的结果一方面是有利的，它部分地消除了边界量化和噪声的影响，平滑掉并不代表目标形状特征的粗糙边界；另一方面却丢失了物体在小尺度上的精细特征。

4. 空间尺度滤波法提取图像边界特征点

对于大多数物理现象，它们在时间和空间上的变化都覆盖了一个较大的尺度范围。研究其在不同尺度下的变化可以得到许多有益的信息。人类视觉本身就是建立在多尺度表达的基础上的，人们对于眼前视场中的场景或物体，先采取一个关于"粗"情节的理解，而后在关注目标时，再对场景中的极为局部的区域进行"细" 情节的理解，这种"粗""细"情节分阶段性的理解过程，几乎比比皆是、不胜枚举。目前，基于尺度的分析越来越受到研究者的重视，这方面的理论研究进展很快，如小波理论、金字塔理论等。成像引信可采用空间尺度滤波法对图像边界进行支配点的检测。

1）角点的尺度空间描述

在 Marr 的视觉计算理论中，为了有效地检测图像强度的变化，使用了 LOG 滤波器 $\nabla^2 G$，将该问题划分为两部分：一是选择适当的滤波器，用来模糊或聚焦图像细节；二是在此基础上，对图像做一阶或二阶空间导数运算，检测图像中强度的突兀变化。对于第一部分，Marr 等研究者选择了高斯滤波器，原因是该滤波器可调，能在任何需要的尺度上工作，更为重要的是高斯滤波器无论是在空间域还是在频率域内都是平滑的、定域的，这意味着引入任何在原始图像中未曾出现过的变化的可能性为最小。高斯滤波器的一维分布函数为

$$g(s,\sigma) = \frac{1}{\sigma\sqrt{2\pi}}e^{-\frac{s^2}{2\sigma^2}} \tag{7-8}$$

其中 σ 为空间尺度因子。对于第二部分，使用具有各向同性的二阶拉普拉斯算子 $\left(\dfrac{\partial^2}{\partial x^2}+\dfrac{\partial^2}{\partial y^2}\right)$ 求过零点，从而得出图像中强度变化的点。那么怎样将不同大小的滤波器得出的过零点联系起来呢？Marr 认为，如果过零点在一组大小递变的独立的 $\nabla^2 G$ 信道内部都出现，而且在每一信道上都有相同的位置和方向，那么就表明图像中出现了由单一物理现象所引起的强度变化。但是他并未能从理论与实践上加以证实。

Witkin 在 1983 年及随后的几年提出的尺度滤波理论对该问题进行了深入而直接的研究。他指出，信号和它的前几阶导数的极值点常可以反映信号的基本骨架，然而这种描述不仅依赖于信号本身，也同样与测量所选用的尺度有关。对于非常精细的尺度，描述会被太多的细节所淹没，而选用过于粗糙的尺度，会丢失多数重要的信号特征，即使那些剩余下来的特征也会被过分的平滑所歪曲。他提出用尺度滤波来处理这一问题，通过连续改变滤波器的空间尺度常数，对信号进行卷积，跟踪平滑后曲线的过零点，并将其映射到尺度空间图中，形成树状结构，从而提供在所有观察层上信号简洁而完整的定性描述。通过研究一维信号，Witkin 发现有较好性质的尺度空间图应具备这样一种性质，即从粗糙尺度向精细尺度的渐变过程中，会出现新的过零点，但已存在的过零点则不会消失，这样，在任何尺度上观察到的过零点都可以投影到相应的最精细的尺度上，以从最粗糙尺度到最精细尺度的过零点划分信号可形成一个严格的层次结构。Witkin 进一步指出，能够得到具有这一良好特性的尺度空间图的滤波器只有高斯滤波器。

Mokhtarian 和 Mackworth 提出了平面曲线的基于尺度的描述和识别方法，将该方法扩展到二维平面中。他们首先将物体边界表达为曲率表示形式，经过多尺度滤波求解不同细节水平上的高斯平滑曲线，然后使用曲率过零点对物体边界进行描述。Rattarangsi 和 Chin 使用尺度空间滤波的概念对边界曲线进行了多尺度下细节的探测，完成了曲线上的支配点检测。本节正是在这些前人的理论和实践的基础上进行的。

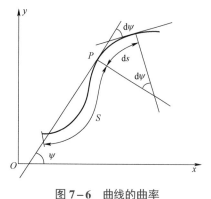

图 7-6 曲线的曲率

（1）连续边界角点的多尺度描述。

为了进行曲线上角点的尺度空间描述，应当建立一种能够在不同的尺度上对曲线的曲率和曲率上的极值点进行计算的表达。首先将曲线方程写为参数表达的形式 $x(s)$ 和 $y(s)$，s 是曲线上路径的长度，如图 7-6 所示，曲线上 P 点的曲率 C 是角 ψ 对弧长 s 的一阶偏导数，角 ψ 为曲线在 P 点的切线与 X 轴的夹角，即

$$C = \frac{\partial \psi}{\partial s} \tag{7-9}$$

令

$$\dot{x} = \frac{\partial x}{\partial s} \quad \dot{y} = \frac{\partial y}{\partial s} \quad \ddot{x} = \frac{\partial^2 x}{\partial s^2} \quad \ddot{y} = \frac{\partial^2 y}{\partial s^2} \tag{7-10}$$

于是可以得到

$$\frac{\partial y}{\partial x} = \frac{\dot{y}}{\dot{x}} \quad \frac{\partial^2 y}{\partial x^2} = \frac{\dot{x}\ddot{y} - \dot{y}\ddot{x}}{\dot{x}^3} \tag{7-11}$$

将式（7-11）代入式（7-2），就可以得到曲线曲率的参数表达式：

$$C(s) = \frac{\dot{x}\ddot{y} - \dot{y}\ddot{x}}{\left[\dot{x}^2 + \dot{y}^2\right]^{\frac{3}{2}}} \tag{7-12}$$

注意到

$$\frac{\partial x}{\partial s} = \cos\psi, \qquad \frac{\partial y}{\partial s} = \sin\psi$$

于是有

$$C(s) = \dot{x}\ddot{y} - \dot{y}\ddot{x} \tag{7-13}$$

为了能对曲率在各个尺度上进行描述，将 $x(s)$、$y(s)$ 与高斯函数 $g(s,\sigma)$ 进行卷积：

$$x(s,\sigma) = x(s) * g(s,\sigma) = \int_{u=s-\frac{S}{2}}^{s+\frac{S}{2}} x(u)g(s-u,\sigma)\mathrm{d}u$$

$$\tag{7-14}$$

$$y(s,\sigma) = y(s) * g(s,\sigma) = \int_{u=s-\frac{S}{2}}^{s+\frac{S}{2}} y(u)g(s-u,\sigma)\mathrm{d}u$$

固定积分的上下限是为了防止卷绕效应的影响，这对于保证尺度空间的收敛性是很重要的，也即保证过零点随尺度 σ 的增加而减少。

从式（7-14）中可以看出 $x(s,\sigma)$ 和 $y(s,\sigma)$ 是"平滑"的函数，因为对 $x(s,\sigma)$ 或 $y(s,\sigma)$ 的任意阶导数都等于 $x(s)$ 或 $y(s)$ 与高斯函数 $g(s,\sigma)$ 的同阶导数的卷积。由此可得到 $x(s,\sigma)$ 和 $y(s,\sigma)$ 的一阶和二阶导数如下：

$$\dot{x}(s,\sigma) = \frac{\partial x(s,\sigma)}{\partial s} = \frac{\partial[x(s) * g(s,\sigma)]}{\partial s} = x(s) * \left[\frac{\partial g(s,\sigma)}{\partial s}\right] \tag{7-15}$$

及

$$\ddot{x}(s,\sigma) = x(s) * \left[\frac{\partial^2 g(s,\sigma)}{\partial s^2}\right]$$

$$\dot{y}(s,\sigma) = y(s) * \left[\frac{\partial g(s,\sigma)}{\partial s}\right]$$

$$\ddot{y}(s,\sigma) = y(s) * \left[\frac{\partial^2 g(s,\sigma)}{\partial s^2} \right]$$

于是高斯平滑曲线的曲率为

$$C(s,\sigma) = \dot{x}(s,\sigma)\ddot{y}(s,\sigma) - \dot{y}(s,\sigma)\ddot{x}(s,\sigma) \qquad (7-16)$$

为了确定曲率极值点（角点），需要找出在给定的 σ 下曲率的绝对值 $|C(s,\sigma)|$ 为最大的点，即 $\max_{s,\sigma}|C(s,\sigma)|$，这可以通过求曲率 $C(s,\sigma)$ 的一阶和二阶导数得出。

当 $C(s,\sigma) > 0$ 时，角点的点集 $\{s_i\}$ 满足

$$\frac{\partial C[x(s,\sigma),y(s,\sigma)]}{\partial s} = 0 \text{ 且 } \frac{\partial^2 C[x(s,\sigma),y(s,\sigma)]}{\partial s^2} < 0 \qquad (7-17a)$$

当 $C(s,\sigma) < 0$ 时，角点的点集 $\{s_i\}$ 满足

$$\frac{\partial C[x(s,\sigma),y(s,\sigma)]}{\partial s} = 0 \text{ 且 } \frac{\partial^2 C[x(s,\sigma),y(s,\sigma)]}{\partial s^2} > 0 \qquad (7-17b)$$

根据式（7-16）和式（7-17），我们就可以求出从 $\sigma = 0$ 到所有 σ 的角点集。

（2）离散边界角点的多尺度描述。

由以上对连续边界的研究过程，我们可以导出离散边界角点的尺度空间描述。以离散坐标序列 $\{x_i, y_i\}$ 来代替连续坐标的参数表达形式 $x(s)$ 和 $y(s)$，其中 $i = 1, 2, \cdots, n$，n 为边界点数，也即边界周长。边界上 i 点的曲率可由下式给出：

$$C_i = \Delta x_i \Delta^2 y_i - \Delta y_i \Delta^2 x_i \qquad (7-18)$$

其中 Δ 表示一阶差分算子，本节采用表达式：

$$\Delta x_i = \frac{x_{i+1} - x_{i-1}}{\sqrt{(x_{i+1} - x_{i-1})^2 + (y_{i+1} - y_{i-1})^2}} \qquad (7-19a)$$

$$\Delta y_i = \frac{y_{i+1} - y_{i-1}}{\sqrt{(x_{i+1} - x_{i-1})^2 + (y_{i+1} - y_{i-1})^2}} \qquad (7-19b)$$

Δ^2 表示二阶差分算子，其表达式为：

$$\Delta^2 x_i = \frac{\dfrac{x_{i+1} - x_i}{\sqrt{(x_{i+1} - x_i)^2 + (y_{i+1} - y_i)^2}} - \dfrac{x_i - x_{i-1}}{\sqrt{(x_i - x_{i-1})^2 + (y_i - y_{i-1})^2}}}{\sqrt{\left[\dfrac{1}{2}(x_{i+1} + x_i) - \dfrac{1}{2}(x_i + x_{i-1})\right]^2 + \left[\dfrac{1}{2}(y_{i+1} + y_i) - \dfrac{1}{2}(y_i + y_{i-1})\right]^2}} \qquad (7-20a)$$

$$\Delta^2 y_i = \frac{\dfrac{y_{i+1} - y_i}{\sqrt{(x_{i+1} - x_i)^2 + (y_{i+1} - y_i)^2}} - \dfrac{y_i - y_{i-1}}{\sqrt{(x_i - x_{i-1})^2 + (y_i - y_{i-1})^2}}}{\sqrt{\left[\dfrac{1}{2}(x_{i+1} + x_i) - \dfrac{1}{2}(x_i + x_{i-1})\right]^2 + \left[\dfrac{1}{2}(y_{i+1} + y_i) - \dfrac{1}{2}(y_i + y_{i-1})\right]^2}} \qquad (7-20b)$$

用于平滑边界的高斯函数用其离散形式的高斯窗模板来表示，高斯窗大小为 $K = 3$，

其中各项数值如下：

$$h[-1] = 0.223\ 6 \qquad h[0] = 0.547\ 7 \qquad h[1] = 0.223\ 6$$

$h[1]$ 是窗口中心，$\sum_K h[k] = 1$。

对于尺度因子 σ 增大时的情况，可用上述 $K = 3$ 的高斯窗重复卷积得出，如下式所示：

$$X_i^j = \sum_{m=-1}^{1} X_{i+m}^{j-1} h[m] \qquad (7-21\text{a})$$

$$Y_i^j = \sum_{m=-1}^{1} Y_{i+m}^{j-1} h[m] \qquad (7-21\text{b})$$

式中，$\{X_i^j, Y_i^j\}$ 表示点 $\{x_i, y_i\}$ 经过 j 次迭代（卷积）后的坐标，$j = 1, 2, \cdots, t$；$X_i^0 = x_i, Y_i^0 = y_i, i = 1, 2, \cdots, n$。卷积次数（高斯窗大小）$t$ 可由下式确定：

$$t = \frac{K-1}{2} \qquad (7-22)$$

为了防止卷绕效应，尺度最大时的高斯窗大小应不超过边界曲线的周长 n。

为了确定离散边界曲线的曲率极值点（角点），应首先由式（7-19）、式（7-20）及式（7-18）计算出曲线上各点的曲率值 C_i。曲率的极值点定义为一段邻域上的曲率有最大绝对值的点。也就是说，如果 i 点为曲率极值点，则应当满足在序列 $\{|C_l|, \cdots, |C_{i-1}|, |C_i|, |C_{i+1}|, \cdots, |C_r|\}$ 中，$|C_i|$ 最大，序列中 $|C_l|$ 和 $|C_r|$ 分别为距离 i 点最左端和最右端的 l 点和 r 点的曲率，且满足从 i 到这两点的 $|C|$ 严格递减。

图 7-7 是对一幅目标图像分别在不同尺度下滤波的部分结果。从图中可以看出随着尺度逐渐增大，图像的边界变得越来越平滑，其对应的由式（7-18）计算的位置-曲率曲线也越来越平缓。边界的局部曲率极值点随尺度的增大而逐渐减少，但在某些边界点上，曲率峰值在各个尺度上始终存在。

2）尺度空间图及其性质

由上面所述方法可以得到对图像边界在各个尺度上的综合描述，研究工具是尺度空间图。尺度空间图是一幅二维 $s\sigma$ 平面图，σ 轴是尺度轴，s 轴是曲线上点的位置坐标轴。将图 7-7 中各个尺度下位置-曲率曲线中的局部极值点集 $\{s_i\}$ 映射到 $s\sigma$ 平面中，就形成曲率极值点的尺度空间图。图 7-8 所示为一条目标边界的尺度空间图。

为了研究角点在尺度空间中的性质，可以将几种典型的角点模型从图像中孤立出来加以研究。几种典型的角模型如图 7-9 中各分图的左图所示，右图为角的尺度空间线模式。

几种线模式如下：

（1）存在于所有的尺度之下，并独立于平滑过程，在尺度空间中成一条垂直线（垂直于 s 轴），线的一端起始于角点所在位置，如图 7-9（a）所示。

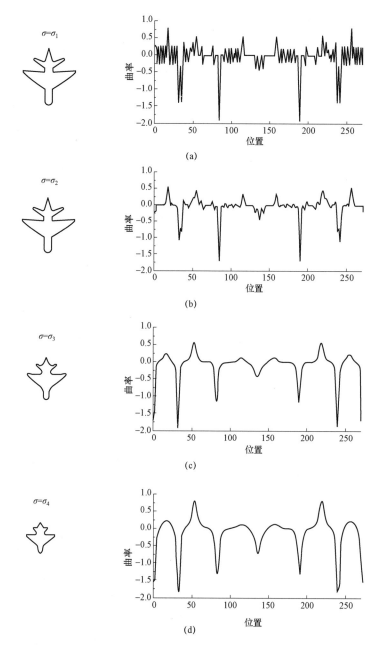

图7-7 离散边界曲线在不同尺度下的高斯平滑（左边一列为平滑后的边界曲线，右边一列为曲线上的点由式（7-18）计算的曲率值。其中$\sigma_1<\sigma_2<\sigma_3<\sigma_4$）

（2）对于两个角点，尺度空间内形成两条线，随尺度的增大而相互吸引，其中一条在某一尺度上终止，另外一条在所有的尺度下始终存在，如图7-9（c）所示。

（3）小尺度下，情况类似（2），但在某一尺度下，两条线合并为一条线模式，如图7-9（b）所示。

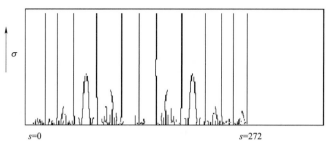

图 7-8　一条目标边界的尺度空间图

（4）两条线随尺度的增大而相互排斥，如图 7-9（d）、（e）、（f）所示。

（5）两条线相互平行，且始终存在，如图 7-9（g）所示。

同时注意到在图 7-9 的各模式中，随着尺度的增大，并没有出现新的线模式，这同前面对高斯滤波器的描述相吻合，图中 W 为 s 轴最大位置值。

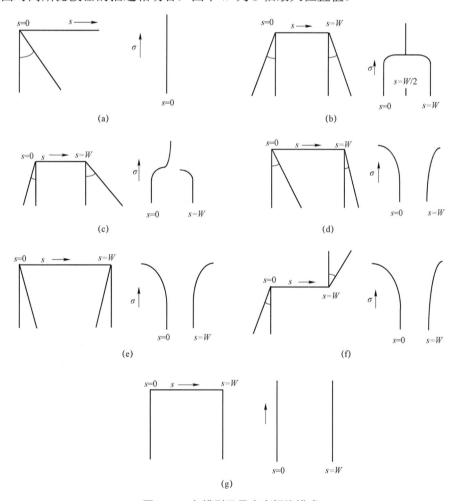

图 7-9　角模型及尺度空间线模式

对于一条离散的封闭曲线，在尺度 σ 最小时（高斯窗大小为 3），曲线可看作一多边形的近似，也即上述典型角模型的组合，虽然它们在尺度空间中的行为同孤立的角模型不尽相同，但由尺度空间中的曲率极值点形成的线模式不外乎上面提到的几种。

3）边界支配点的探测

在得到了图像边界的尺度空间图之后，需要对其进行进一步的组织和规范化，以便对角点的变化作整体的描述和理解，进而求取稳定的角点。

可以使用树结构对得到的尺度空间进行组织，一个完整的树结构包括树根、树枝、树叶。

树根：由曲率极值点构成的线模式稳定存在，线的一端到达最大尺度 σ_{max}。随着尺度因子 σ 减小，代表树根的线模式有两种变化趋势，一是分解为两枝或几枝，二是一直到达最小尺度 $\sigma = 0$。

树枝：连接树根和树的其他部分，随着尺度因子 σ 减小，可分为两枝或几枝，但它不连接最大尺度 σ_{max} 和最小尺度 $\sigma = 0$。

树叶：一端连接树根或树枝，另一端连接最小尺度 $\sigma = 0$。

在尺度空间的树组织结构中，树根、树枝、树叶有特定的意义。树根用来标识一个区域内的一个或几个有关联的角点。在不同尺度下得到的曲率极值点形成了连续的线模式，我们假设边界上的一个角点（曲率极值点）只受邻近几个角点的影响，则该角点的线模式从最小尺度 $\sigma = 0$ 开始不断生长，受不同尺度平滑的影响，它或者不断兼并邻近的角点，或者被邻近的角点所吞没，最后在某一较大的尺度上达到稳定的状态，形成树根。可以说一个树根代表一个区域上的角点随尺度变化的总趋势。树的树叶用来标识角点的定位，在最小尺度 $\sigma = 0$ 上，边界曲线尚未受到平滑的作用，为原始边界，当尺度增大时，边界曲线逐渐变得平滑，大多数角点受到不同程度的扭曲，所以当确定角点在边界上的位置时，应当定位在最小尺度，即原始边界上。树的树枝用来表明邻近角点之间在不同尺度下的联系，它表明一个相对稳定的角点可以兼并其他一个或几个相对不太稳定的角点，表达了角点间的隶属关系。

为了确定尺度空间的树组织结构，还要对原始尺度空间图进行进一步的规范化处理，将角点在尺度空间中形成的不同形状的线模式规范为直线模式。用垂直线（垂直于 s 轴）代替原本在尺度空间中的连续线，以水平线连接有关联的角点。具体的做法如下：

（1）寻找最小尺度上的角点，以该尺度上的定位为起始点作向上垂直线，终止于此线模式消失的尺度上，或者是与其他角点的线模式合并为一点的尺度上，该直线模式为树叶或树根（ $\sigma = \sigma_{max}$），以合并点为起始点作向上垂直线，终止于此线模式消失的尺度上，或者是与其他角点的线模式合并为一点的尺度上。重复上述步骤，直到将所有的线模式用垂直线代替。

（2）考察相邻线模式，如果两条线合并为一点，用水平线连接它们，如图 7−10（a）

所示。

（3）如果最近的相邻线模式相互吸引，但没有合并成一个点，用水平线连接在较低尺度上中途终止的垂直线和相邻垂直线，如图 7-10（b）所示。

（4）如果最近的相邻线模式相互排斥，且两条线模式有相反的曲率符号，用水平线连接在较低尺度上中途终止的垂直线和相邻垂直线，如图 7-10（c）所示。

（5）对于不满足上述条件的线模式，用水平线连接与其最近的线模式。

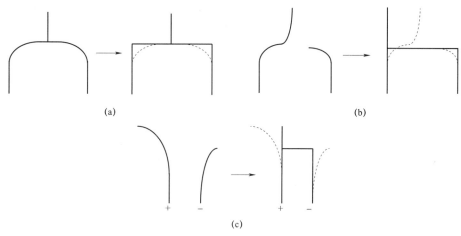

图 7-10　尺度空间规范化

采用上述做法的主要依据是前面提到的区域角点的表示和角点的定位以及对孤立角点的分析。通过上述的组织和规范，可将尺度空间转化为完整的树结构图，图 7-11 是原始尺度空间图图 7-8 经过整理以后得到的尺度空间树结构，其中灰色部分代表了大于 $\sigma_{max}/2$ 的粗糙尺度区域。

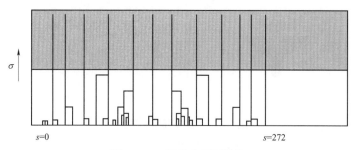

图 7-11　尺度空间树结构

在得到树结构之后，就可以求取边界曲线上的角点。首先定义角点的稳定性。一个稳定的角点是指该角点相对应的曲率极值能抵抗平滑带来的影响而持久地存在。一个真正的物理上的角点在所有尺度上是稳定的，因此，作为其量度的曲率极值应该在所有的尺度上都是可见的。但是在试验中，一幅图像边界的尺度空间图是通过高斯平滑之后再求曲率极值点来获得的，而非在各尺度上独立进行观察的结果。因此，角点的稳定性只能定义在相对的连续尺度上，也就是考察一个角点是否稳定要将该角点放到它所在的区域中，观察它自身及与其他角点的相互影响来确定。在我们得到的尺度空间树结构中，角点稳定性是通过角点相应的树根、树枝、树叶的长度来衡量的。稳定角点定义为在其父节点和其与所有子节点所占据的尺度范围内占有大部分（ ≥ 50% ）的角点。选用 50% 保证了在该角点和其父节点及子节点之中至少有一个是（但不会全都是）稳定的。如图 7−10 (a) 所示，两个角点合并为一个角点，如果两个角点所占尺度超过其父节点所占尺度，则两个角点皆为稳定角点，反之，它们的父节点为稳定点。

寻找稳定角点的算法描述如下：

（1）测量出每一棵树的树根、树枝、树叶的长度。

（2）选定一棵树，如果该树只由一个树根构成，则为稳定角点，角点定位在树根的终止点 $(s, 0)$ 。

（3）如果该树树根下有子孙，把树根长度与其子孙所占尺度（直到 $\sigma = 0$ ）相比较，如果树根较长，则树根代表的角点为稳定角点，对该树的查询结束。如果相比较短，则到其子孙中查找。

（4）如果子孙为叶节点，并且该叶节点长度比其父节点长度长，则该叶节点为稳定角点。

（5）如果子孙下面仍有子孙，其查找方式同对树根节点的查询，即返回（3），直到遍历整棵树。

（6）按上述方法查询每个树结构。

（7）将找到的所有稳定角点以链表连接，形成边界角点序列。

图 7−12 是稳定角点提取前后的原始目标图像和角点特征图像。

(a)   (b)

图 7−12　稳定角点的提取

（a）原始目标图像；（b）角点特征图像

5. 角特征的形成

由以上方法得出的图像边界支配点信息包括它们在目标图像中的坐标、在边界曲线上的位置等，其中并不包括角点的曲率，因为按照式（7−18）计算出来的曲率在不同的尺度下是不同的。为了进行分类试验，我们对角点进行了进一步的描述，以便形成特征量。根据对各种交会条件下目标图像的分析和模式分类的要求，形成的特征量应满足三个基本的不变性要求：① 平移不变性；② 放缩不变性；③ 镜像不变性。要满足平移不变性是因为如果我们将引信探测元编号，相同的交会条件下目标图像可能对应不同的探测元号码范围。满足放缩不变性是出于对在不同脱靶量下得到图像的考虑。满足镜像不变性则是考虑在以交会角为分类标准的条件下，相同的类别中会出现的镜像对称。同时，特征的形成还应当考虑方便不完整图像识别的问题。

（1）定义两个角点间的距离 $\|L(S_i,S_j)\|$ 为角点 S_i 和角点 S_j 之间的欧氏距离，即

$$\|L(S_i,S_j)\| = \sqrt{(x_i-x_j)^2 + (y_i-y_j)^2} \qquad (7-23)$$

式中，(x_i,y_i) 和 (x_j,y_j) 分别为角点 S_i 和角点 S_j 在目标图像中的坐标。

（2）定义长度比 $R(S_i,S_j,S_k)$ 是距离 $\|L(S_i,S_j)\|$ 和 $\|L(S_j,S_k)\|$ 的比值，即

$$R(S_i,S_j,S_k) = \frac{\|L(S_i,S_j)\|}{\|L(S_j,S_k)\|} \qquad (7-24)$$

（3）定义角点间的夹角 $A(S_i,S_j,S_k)$ 是向量 $\overrightarrow{S_iS_j}$ 和 $\overrightarrow{S_jS_k}$ 间的夹角，即

$$A(S_i,S_j,S_k) = \arccos \frac{\langle L(S_i,S_j),L(S_j,S_k)\rangle}{\|L(S_i,S_j)\| \, \|L(S_j,S_k)\|} \qquad (7-25)$$

式中，$\langle L(S_i,S_j),L(S_j,S_k)\rangle$ 是向量 $\overrightarrow{S_iS_j}$ 和 $\overrightarrow{S_jS_k}$ 的内积。

（4）将边界曲线的角点按时序重新排列。这样做一方面符合物理上对图像获取的时序关系，使部分图像的角点和完整图像的角点序列部分符合；另一方面使得镜像图像的角点特征相一致。

每一个角点的特征用一个二维向量 $\{S_i^\alpha, S_i^r\}$ 表示，S_i^α 和 S_i^r 分别为角点 i 的角度和长度比，i、j、k 按时序排列，且为相邻点。对所有角点计算其角特征，由此形成两组特征向量，如下式所示：

$$P^a = \{S_1^\alpha, S_2^\alpha, \cdots, S_m^\alpha\}$$

和

$$P^r = \{S_1^r, S_2^r, \cdots, S_m^r\}$$

上式中皆设共检测到 m 个角点。

根据上述对目标边界特征点提取原理的描述，可以建立图 7-13 所示的试验系统。

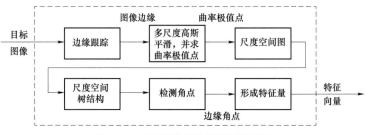

图 7-13　目标特征点提取试验系统

经过上述过程完成了由原始图像到特征提取的全过程，形成的特征量可直接用于后面的模式分类试验，如图 7 – 14 所示。从提取到的角点来看，一幅目标图像的边界角点数目为 2～20，集中在 10 左右，对边界点的压缩率在 95% 左右，而且提取的角点较为合理，很少出现我们前面使用的传统角提取方法所出现的问题，而且角点的提取过程无须人工干预，输入原始图像后便可自行完成，输出目标图像的特征量。

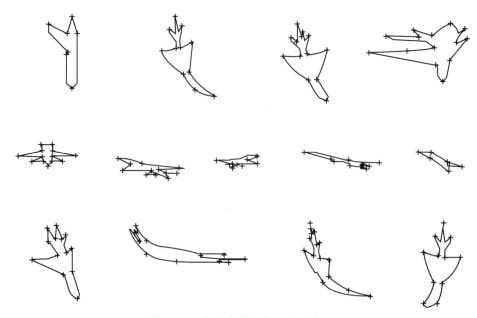

图 7 – 14　部分角特征提取试验结果

7.1.3　目标灰度图像的灰度特征提取

1. 驻点特征提取

当飞行器高速飞行时，由于激波与附面层的作用，在高速气流驻点附近，会产生较高的温度，使得机翼、尾翼前缘的蒙皮温度高于翼面的温度，即形成驻点区。驻点区一般出现在机翼、尾翼的前缘和机头的头锥尖部，可以作为机翼、尾翼和机头部位的辅助标识信号，增强图像处理器的抗干扰能力和识别能力。

驻点特征的提取是为了确定驻点是否存在，为后续识别模块的部位识别提供标识信息，直观地看，即是提取蒙皮灰度值随时间顺序增大（或减小）的趋势。由于引信所成图像有冲顶和冲底的分别，在冲顶图像中，位于机头的头锥尖部和机翼、尾翼前缘的驻点区比对应的机头和翼面部分先在扫描时刻中出现，因此，蒙皮的灰度值随扫描时刻顺序减小；在冲底图像中，则恰恰相反。因此，将驻点特征依据冲顶、冲底图像的不同区分为渐强驻点（G_point）和渐弱驻点（L_point）。

令灰度变化判别函数 $S_i(t)$ 为

$$S_i(t) = \begin{cases} 1, & g_i(t+1) - g_i(t) \geqslant m_1 \\ -1, & g_i(t) - g_i(t+1) \geqslant m_2 \\ 0, & \text{其他} \end{cases} \quad (7-26)$$

式中，$g_i(t)$ 表示第 i 个探测元在时刻 t 的灰度值，m_1、m_2 分别表示判定灰度值增长阈值和判定灰度值减小阈值，可以根据驻点灰度值变化的剧烈程度进行调节。在本节中，取 $m_1 = m_2 = 1$。

对 $S_i(t)$ 在空间范围内对连续多路信号进行积分，得到驻点甄别函数 $P(t)$：

$$P(t) = \begin{cases} 1, & \sum_{i \in U} \sum_{t=0}^{\infty} S_i(t) \geqslant n_1 \\ 0, & n_2 < \sum_{i \in U} \sum_{t=0}^{\infty} S_i(t) < n_1 \\ -1, & \sum_{i \in U} \sum_{t=0}^{\infty} S_i(t) \leqslant n_2 \end{cases} \quad (7-27)$$

式中，U 表示多路信号的积分范围，n_1 和 n_2 分别表示渐强驻点和渐弱驻点的判别阈值。当 $P(t)$ 的值为 1 时，表示出现渐强驻点；为 -1 时，表示出现渐弱驻点；为 0 时，则认为驻点不存在。本节中，$n_1 = 2$，$n_2 = -1$。

在硬件实现中，输入 64 路灰度数字图像信号，对每 U 路为一个部分进行判别，判别出的驻点同时带有位置信息。本节中取 $U = 8$，图 7-15 所示为 U 路图像驻点特征提取电路框图。

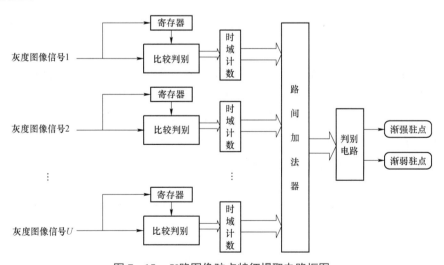

图 7-15　U 路图像驻点特征提取电路框图

在电路实现中，利用比较判别电路实现灰度变化判别函数 $S_i(t)$，利用时域计数和路

间加法器实现 $S_i(t)$ 在时域和空域上多路信号的积分，由判别电路实现驻点甄别函数 $P(t)$，得到渐强驻点（G_point）和渐弱驻点（L_point）。在完整的驻点特征提取模块中，共有 8 个图 7-15 所示的 U 路图像驻点特征提取电路，输出带有位置信息的驻点向量 G_point 和 L_point，每个向量中包括8个元素，共2×8路信号。

2. 渐变点特征提取

渐变点特征的提取主要是为了满足尾喷焰识别的需要。有关尾喷焰图像的知识是：每行图像灰度值都具有渐变性，从行左到行右，灰度值先由背景的灰度值大小逐渐变到最大，再由最大逐渐变为背景灰度值大小。所以，定义以下类似于 Roberts 算子的交叉算子来计算梯度幅值，提取渐变点特征，以用于尾喷焰的识别。

$$G_x = g_i(t) - g_{i+1}(t-1) \qquad (7-28)$$

$$G_y = g_i(t-1) - g_{i+1}(t) \qquad (7-29)$$

G_x 和 G_y 也可由下面的卷积模板表示：

$$G_x = \begin{array}{|c|c|} \hline -1 & 0 \\ \hline 0 & 1 \\ \hline \end{array} \qquad G_y = \begin{array}{|c|c|} \hline 0 & 1 \\ \hline -1 & 0 \\ \hline \end{array}$$

取渐变点判别阈值 $T_{\min}$，当 G_x 或者 G_y 计算值小于或者等于阈值 $T_{\min}$ 时，则认为出现渐变点。设定渐变点特征判别函数 $\lambda(t)$，可以用下式表示：

$$\lambda(t) = \begin{cases} 1, & G_x \leqslant T_{\min} 或 G_y \leqslant T_{\min} \\ 0, & 其他 \end{cases} \qquad (7-30)$$

当 $\lambda(t)$ 的值为 1 时，出现渐变点特征；为 0 时，则渐变点特征不存在。在本节中，取 $T_{\min} = 1$。

在硬件实现中，输入 64 路灰度数字图像信号，在每个采样时刻同时对多路进行模板处理，每两个相邻的灰度图像信号输入同一模板。为增强抗干扰能力，对 $\lambda(t)$ 在空间范围内对连续多路信号进行积分，和提取驻点特征模块一样，多路信号的积分范围定义为 $U = 8$。则 U 路图像渐变点特征提取电路框图如图 7-16 所示。

电路实现中，利用阈值判别电路实现渐变点特征判别函数 $\lambda(t)$，利用路间加法器实现空间范围内多路信号的积分，通过判别电路得到渐变点信号。在整个渐变点特征提取模块中，共有 8 个图 7-16 所示的 U 路图像渐变点特征提取电路，输出带有位置信息的渐变点信号 P_point，每个向量中包括 8 个元素。

3. 热区特征提取

热区特征的提取主要是为发动机影响区的识别提供信息。热区的定义是蒙皮表面温度相对较高的区域。其包含两个意义：① 热区的温度较高，在引信所成目标灰度图像中灰度值较大；② 热区需要具有一定的尺寸，需要占有一定的面积，才认为热区特征出现。对大量的成像图像数据进行分析，发现在蒙皮图像的灰度值中，发动机影响区的灰度值是除喷口外蒙皮处的最高灰度值，尤其在飞机加力飞行状态下，这个特征显得尤为明显。因此热区特征的提取对于识别目标的部位起着重要的作用。

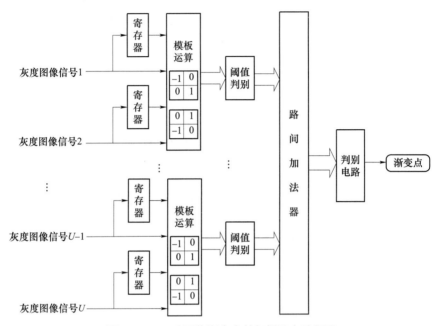

图 7-16　U 路图像渐变点特征提取电路框图

采用模板匹配的方法来对热区特征进行提取。具体方法如下：

（1）选择一定形状、大小的模板 R，将模板内元素依次与阈值 D_r 比较，比较函数 $f(t,i)$ 的定义如式（7-31）所示，式中 $g(t,i)$ 表示模板 R 内各点的灰度值：

$$f(t,i) = \begin{cases} 1, & g(t,i) \geq D_r, (t,i) \in D \\ 0, & g(t,i) < D_r, (t,i) \in D \end{cases} \qquad (7-31)$$

（2）利用模板内各点的 $f(t,i)$ 值替换该点灰度值。

（3）对模板内的元素求和，当大于面积阈值 S_r 时，认为热区特征出现。

可以看出，需要确定 4 个因素：模板的形状、尺寸、阈值 D_r 和面积阈值 S_r。在热区特征提取模块中，根据图像分析和试验修正，选取模板为 3×3 方形模板，取 $D_r = 6$，$S_r = 8$。

硬件实现中，可将（1）、（2）视为灰度图像条件二值化的过程，D_r 可视为图像二值化的门限。因此在电路实现中，先对 64 路输入灰度图像信号作二值化处理，再利用 3×3 模板对模板内数值进行累加，当累加值大于 S_r 时，则认为热区特征出现。热区特征提取的电路框图如图 7-17 所示，输出热区特征信号 Hot_block。

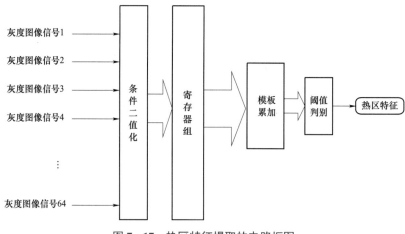

图 7-17　热区特征提取的电路框图

7.2　基于线性优化技术的多层感知机神经网络模型

对于成像引信而言，运用神经网络的前提是结构简单，便于硬件化实现。基于线性优化技术的多层感知机训练算法不断地推出，这一类算法的收敛速度一般来说要大大超过 BP 算法，而且计算复杂度与内存需求都不高。其中颇具代表性的有 LSB（Linear least Squares Based）、ELSB（Extended Least Squares Based）与 OLL（Optimization Layer by Layer）算法。

在 LSB 算法中，网络的每层被分解为线性和非线性两部分。线性部分通过最小二乘方法求解。误差信号通过转换函数的反函数和一个转移矩阵反传到网络的前一层。这种算法的优点是网络误差能够经过很少的循环次数迅速减小。但是这种算法常常在 10 次循环以后就出现"麻痹"，网络误差不能通过进一步的训练而减小，而且在确定合适的转移矩阵方面也存在困难。

相对而言，ELSB 算法与 OLL 算法要显得更成功一些，但是由于它们所采用的线性方法本身具有缺陷，有时将不可避免地导致训练失败，下面对上述两种算法提出了改进，取得了非常好的效果。

7.2.1　ELSB 算法

在 ELSB 算法中，输出层的连接权重通过线性最小二乘的方法计算，而其他层的连接权重则用一种改进的梯度下降算法计算。

假定一个 L 层的相邻层全连接的多层感知机，第 l 层有 $n_l +1$ 个神经元（$l = 1$，…，$L-1$），最后一个神经元作为偏移节点，输出为常数 1.0。共有 P 个训练样本，所有的输入样本可以用一个 P 行 n_1+1 列的矩阵 $\boldsymbol{A}_1$ 来表示。矩阵 $\boldsymbol{A}_1$ 的最后一列的所有元素都为常数 1.0。而输出层没有偏移节点，网络输出可以用 P 行 n_L 列的矩阵 $\boldsymbol{A}_L$ 来表示。同样，所有的目标样本也可以用 P 行 n_L 列的矩阵 $\boldsymbol{T}$ 来表示。从第 $l-1$ 层到第 l 层的连接权重组成矩阵 $\boldsymbol{W}_l$，矩阵项 $w_{l,i,j}$ 连接第 $l-1$ 层的 j 单元和第 l 层的 i 单元。

定义矩阵

$$S_l = A_l W_l \tag{7-32}$$

矩阵 $\boldsymbol{A}_{l+1}$ 的项 $a_{l+1,i}^p$ 由下式获得：

$$a_{l+1,i}^p = f(s_{l+1,i}^p) \qquad p=1,\ \cdots,\ P;\ i=1,\ \cdots,\ n_{l+1} \tag{7-33}$$

其中，$f(x)$ 是转换函数。隐层的转换函数为传统的值域为（0，1）的 *sigmoid* 函数，而输出单元的转换函数为线性函数。

误差函数定义为

$$E = \frac{1}{2P} \sum_{p=1}^{P} \sum_{j=1}^{n_L} (a_{L,j}^p - t_j^p)^2 \tag{7-34}$$

1. 输出层优化

求解输出层权重 $\boldsymbol{W}_L$ 的问题可以写成如下的线性优化问题：

$$\min \|A_{L-1} W_L - T\|_2 \quad （关于\ W_L） \tag{7-35}$$

A_{L-1} 为 $P \times (n_{L-1}+1)$ 的矩阵。一般来说，$P \gg n_{L-1}$。

线性最小二乘问题可以用 QR 分解或者奇异值分解（SVD）的方法求解。因为 QR 分解方法与 SVD 分解方法求解的结果相同，而通过 Householder 转换实现的 QR 分解的计算复杂度更低，所以 Yam 和 Chow 选用 QR 分解。

2. 隐层优化

优化的权重 $\boldsymbol{W}_L$ 求出以后，就得到新的网络输出 $\boldsymbol{A}_L$。然后通过误差信号的向后传递计算其他层的权重变化。对于第 l 层，负的误差梯度和该层上一次的权重更新之间的相关系数为

$$r_l(t) = \frac{\displaystyle\sum_i \sum_j \left(-\nabla E_{l,i,j}(t) - \overline{-\nabla E_{l,i,j}(t)}\right)\left(\Delta w_{l,i,j}(t-1) - \overline{\Delta w_{l,i,j}(t-1)}\right)}{\left[\displaystyle\sum_i \sum_j \left(-\nabla E_{l,i,j}(t) - \overline{-\nabla E_{l,i,j}(t)}\right)^2\right]^{\frac{1}{2}} \left[\displaystyle\sum_i \sum_j \left(\Delta w_{l,i,j}(t-1) - \overline{\Delta w_{l,i,j}(t-1)}\right)^2\right]^{\frac{1}{2}}} \tag{7-36}$$

其中

$$\nabla E_{l,i,j}(t) = \frac{\partial E(t)}{\partial w_{l,i,j}} \tag{7-37}$$

根据相关系数 $r_l(t)$，可以确定以下三种不同的情况：

（1）当相关系数接近于 1 时，误差函数下降的方向没有变化，连接权重在平坦区变化。可以增加学习步长来加快收敛速度。

（2）当相关系数接近于 -1 时，误差函数下降的方向产生突变，可能处在"山谷"的"峭壁"上。降低学习步长能够阻止误差函数在"峭壁"间振荡。

（3）如果相关系数接近于 0，则学习步长保持不变。

因此，修正学习步长的公式为

$$\eta_l(t) = \eta_l(t-1)\left[1 + \frac{1}{2}r_l(t)\right] \tag{7-38}$$

而修正动量因子的公式为

$$\alpha_l(t) = \lambda_l(t)\,\eta_l(t)\,\frac{\|-\nabla E_l(t)\|_2}{\|\Delta w_l(t-1)\|_2} \tag{7-39}$$

其中

$$\|-\nabla E_l(t)\|_2 = \left(\sum_i\sum_j\left[-\nabla E_{l,i,j}(t)\right]^2\right)^{\frac{1}{2}} \tag{7-40}$$

$$\|\Delta w_l(t-1)\|_2 = \left\{\sum_i\sum_j\left[\Delta w_{l,i,j}(t-1)\right]^2\right\}^{\frac{1}{2}} \tag{7-41}$$

$$\lambda_l(t) = \begin{cases} \eta_l(t), & \eta_l(t) < 1 \\ 1, & \eta_l(t) \geq 1 \end{cases} \tag{7-42}$$

在计算出第 l 层（$l = L-1$，…，2）之后，就可以得出新的权重。然后，计算新网络的输出和误差，这样一个循环就结束了。因为对于某些问题，学习步长的快速增长可能导致神经元进入饱和区，所以采用下面的方法来改进算法的稳定性：如果误差 $E(t) > 1.1 \cdot E(t-1)$，则取消本次权重更新，$\eta_l(t)$ 减半。这样能够加强训练过程的鲁棒性。

训练算法可以归纳如下：

（1）用小的随机数初始化网络权重。

（2）将所有给定输入样本分别输入网络，获得各层的输出 A_l，$l = 2$，…，L。如果 A_L 与 T 之间的误差小于给定值，则训练结束。

（3）解最小二乘问题（7-35），得到新的权重 W_L。

（4）根据 A_L 和新权重 W_L 计算新的 A_L。如果 A_L 与 T 之间的误差小于给定值，则训练结束。

（5）根据新的 W_L 和 A_L，计算第 l 层（$l = L-1$，…，2）的误差信号。

（6）循环：$l = L-1$，…，2。

① 由式（7–38）～式（7–42），计算学习步长和动量因子。

② 计算权重修正量 $\Delta w_{l,i,j}$。

③ 计算新权重 W_l。

（7）根据 A_1 和 $W_2, W_3, \cdots, W_L$ 计算新的 A_L。如果 A_L 与 T 之间的误差小于给定值，则训练结束。

（8）如果 $E(t) > 1.1 \cdot E(t-1)$，则取消本次权重更新，$\eta_l(t)$ 减半，返回（6）②。

（9）返回（2）。

3. ELSB 算法存在的问题

ELSB 算法在计算输出层权重 W_L 时，采用求解标准最小二乘问题的方法，如 QR 分解或者奇异值分解（SVD）来求解：

$$\min \| A_{L-1} W_L - T \|_2 \quad （关于 W_L） \tag{7–43}$$

当训练样本数 P 比较大时，经常出现矩阵 A_{L-1} 的条件数"很大"的情况，此时线性方程问题称为病态的。如果采用求解标准最小二乘问题的方法，计算出来的 W_L 的数量级将会大得十分惊人。以 SVD 分解方法为例：

$$A_{L-1} = U \, diag(\sigma_i) V^T, \quad V = \left\{ v_{i,j} \right\} \tag{7–44}$$

于是

$$diag(\sigma_i) V^T W_L = U^T T \tag{7–45}$$

令 $\tilde{T} := U^T T$，$r := rank(A_{L-1})$，一般 $rank(A_{L-1}) = n_{L-1} + 1$，则

$$w_{L,i,j} := \sum_{k=1}^{r} \left(\frac{\tilde{t}_{k,i}}{\sigma_k} \right) v_{k,j} \tag{7–46}$$

如果 A_{L-1} 的条件数很大，即

$$cond(A_{L-1}) = \sigma_1 / \sigma_r \gg 1$$

$$|\det A_{L-1}| = |\det[diag(\sigma)]| = \sigma_1 \sigma_2 \cdots \sigma_r \text{ 趋于 } 0$$

则 σ_r 是一个很小的趋于 0 的数。

所以，$|w_{L,i,j}|$ 在一般情况下将是一个非常大的数。

在试验中 W_L 数量级可达到 10^6，在这种情况下，不但训练将出现"麻痹"，而且如果 A_{L-1}（$0 < a_{L-1,i} < 1$）产生一点很小的扰动，将导致 $A_{L-1} W_L$ 的结果发生非常大的变化，因此网络已不具有推广能力。

7.2.2　ELSB 改进算法

针对 ELSB 算法存在的问题，提出一种改进算法。

ELSB 算法的缺陷在于，当 A_{L-1} 的条件数很大时，将导致 W_L 的数量级非常大而使训

练失败。如果能够保证 W_L 在一个合适的有限范围内变化，便可以有效地解决这个问题。

约束最小二乘问题求解算法正好能够满足这个要求。

1. 约束最小二乘问题求解算法

给定 $A \in \mathbf{R}^{m \times n}$（$m \geqslant n$），$\boldsymbol{b} \in \mathbf{R}^m$ 和 $\alpha > 0$，下述算法计算向量 $\boldsymbol{x} \in \mathbf{R}^n$，使得 $\|A\boldsymbol{x} - \boldsymbol{b}\|_2$ 是极小的，并且满足约束条件 $\|\boldsymbol{x}\|_2 \leqslant \alpha$。

计算 A 的 SVD，

$$A = U diag(\sigma_i) V^{\mathrm{T}}$$

保存

$$V = [\boldsymbol{v}_1, \cdots, \boldsymbol{v}_n]$$
$$\boldsymbol{b} := U^{\mathrm{T}} \boldsymbol{b}$$
$$r := rank(A)$$

若 $\sum\limits_{i=1}^{r} (b_i/\sigma_i)^2 \leqslant \alpha^2$，则

$$\boldsymbol{x} := \sum\limits_{i=1}^{r} (b_i/\sigma_i) v_i$$

否则：

（1）求 $\lambda^* > 0$ 时，使得 $\sum\limits_{i=1}^{r} [\sigma_i b_i/(\sigma_i^2 + \lambda^*)]^2 = \alpha^2$。$f(\lambda^*) = \sum\limits_{i=1}^{r} [\sigma_i b_i/(\sigma_i^2 + \lambda^*)]^2 - \alpha^2$ 对于 λ^* 是单调递减的，且 $f(0) > 0$，因此 $f(\lambda^*) = 0$ 有唯一正解，这就是我们所期望的根。

通过牛顿（Newton）法：$\lambda_{n+1} = \lambda_n - f(\lambda_n)/f'(\lambda_n)$，便可以很快地求出 λ^*。

（2）$\boldsymbol{x} := \sum\limits_{i=1}^{r} [\sigma_i b_i/(\sigma_i^2 + \lambda^*)] v_i$。

这个算法需要 $mn^2 + \dfrac{17}{3} n^3$ 次运算。

2. 算法实现

ELSB 算法的另一个缺陷是，它要求输出层神经元转换函数必须为线性函数，而不适合于一般的多层感知机。在 B. Verma 的文章中，提出了一种解决这个问题的办法。

令 $S = f^{-1}(T)$，通过求解下列的线性优化问题计算输出层的权重：

$$\min \|A_{L-1} W_L - S\|_2 \quad （关于 W_L） \tag{7-47}$$

即通过 $A_{L-1} W_L$ 对 S 的逼近，得到 $f(A_{L-1} W_2)$ 对 T 的逼近。

改进算法（可称之为 Cons-ELSB 算法）除了采用了求解约束最小二乘问题的方法外，为了适合于一般的多层感知机模型，同时也使用了 B. Verma 的这种方法。而计算隐

含层权重仍然沿用 ELSB 的方法，在此不作赘述。

必须指出的是，虽然在大多数情况下，$\|A_{L-1}W_L-S\|_2$ 越小，$\|f(A_{L-1}W_L)-T\|_2$ 也越小，但是当 $\|A_{L-1}W_L-S\|_2$ 的值已经比较小的时候，可能会出现 $\|AW_1-S\|_2<\|AW_2-S\|_2$，而 $\|f(AW_1)-T\|_2>\|f(AW_2)-T\|_2$ 的情况。因此，在 Cons–ELSB 算法中，输出层神经元采用线性转换函数的效果应该更好一些。

为了与 ELSB 算法更好地对比，Cons–ELSB 算法仍采用非线性的输出层神经元转换函数，在试验中仍然取得了比 ELSB 算法好得多的效果。

由于采用了求解约束最小二乘问题的方法，Cons–ELSB 的计算复杂度比 ELSB 算法要高一些。用 QR 分解方法求解标准最小二乘问题需要 $mn^2-\dfrac{1}{3}n^3$ 次运算。因此当 $m\gg n$ 时，Cons–ELSB 的计算复杂度与 ELSB 算法非常接近。

7.2.3　成像引信弹目交会方位识别

成像引信弹目交会方位识别系统主要由以下三部分组成（见图 7–18）：

（1）目标图像获取。

（2）目标图像边界特征点提取。

（3）神经网络分类器。

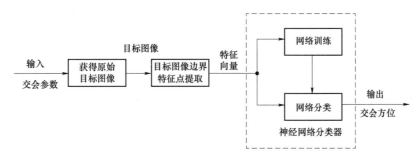

图 7–18　成像引信弹目交会方位识别系统

成像引信的任务之一是识别弹目交会状态和目标特定部位，最终实现对炸点和引爆方向的控制。采用多层感知机作为分类器，以 Cons–OLL 算法为网络学习算法，对前面得到的目标图像进行了以交会角为基准的弹目交会状态的识别方法研究。

1. 分类准则

从特征空间向类型空间转化的前提是确定分类准则，也就是提供划分类型的标准。成像引信对目标图像类型的划分有其自身的要求，主要由要求其完成的任务决定。成像引信的基本任务之一是识别弹目交会状态，给出目标方位信息。因此分类准则可定位在划分各种弹目交会状态上。

通常，交会状态以导弹是从目标的前半球还是后半球进入来划分，也就是要区分迎头攻击和尾追攻击两种状态。在由脱靶量 R 形成的球面中（见图 7-19），过脱靶中心 F 作垂直于飞机轴线的平面 H 将球面分割成两部分。其中，包含机头的半球面为目标前半球，包含机尾的半球面为目标后半球。我们将 H 面看作具有正、反面的平面，并规定面向前半球的为 N 面，面向后半球的为 $-N$ 面，如果导弹轴线（与导弹速度方向相同）从 $-N$ 面进入，从 N 面穿出，则此时为尾追攻击，如果导弹轴线从 N 面进入，从 $-N$ 面穿出，则此时为迎头攻击。由此可见，这种对弹目交会状态的类别划分是以 H 面为依据进行的。在 SKS 坐标中，H 面由交会角 θ、三个目标姿态角（目标滚动角 ω、目标迎面角 ϕ_K、目标侧滑角 ϕ_C）共同决定。在一般情况下，三个目标姿态角变化范围不大，对确定 H 面作用较小，可予以忽略。因此，对弹目交会状态的分类简化为只由交会角 θ 确定。当交会角为 $0°\sim90°$ 时，属于尾追攻击，交会角为 $90°\sim180°$ 时，属于迎头攻击。根据识别精度的要求不同，可以进一步划分交会角，形成判决准则。在本试验中，将迎头攻击和尾追攻击又分别划分为两个等区间，即 $0°\sim45°$、$45°\sim90°$、$90°\sim135°$ 和 $135°\sim180°$。

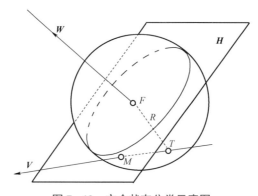

图 7-19　交会状态分类示意图

F—脱靶中心；R—脱靶量；H—划分平面；W—飞机轴线矢量（指向机头）；V—导弹轴线矢量（与速度矢量同向）；
T—导弹轴线矢量与脱靶量球面的切点；M—导弹轴线矢量与 H 面的交点

2. 分类识别过程及结果

1）训练样本与测试样本的选取

与训练有关的另外一个问题是确定训练样本集和测试样本集。训练样本用于网络训练，测试样本用于验证网络训练效果。一个较理想的网络分类器应当具有较强的推广能力，即对大量的未经过训练的测试样本也能作出正确的识别。如果网络只能够对训练过的样本表现得好，即过度拟合，那么这个网络就没有什么实际价值。

为了使网络获得比较好的推广能力，训练样本必须足够多并且分布均匀、具有足够的代表性。一般来说，如果训练样本数超过网络连接数的 30 倍，网络产生过度拟合的现象的可能性很小；而对于没有噪声的样本，5 倍也许就足够了。但另一方面，训练样本数目的增大也将导致训练时间的明显增加。

在模式分类试验中，网络连接总数为 1 528，共选取了均匀分布的 21 720 个训练样本，10 920 个测试样本。

2）训练控制

评价网络性能的好坏，即网络是否具有比较好的推广能力，一般是基于它对未训练样本的表现。也就是说，网络的训练误差越小，并不意味着网络的性能就越佳，如图 7-20 所示。

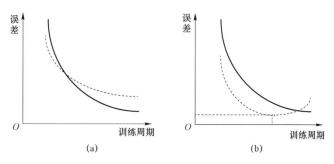

图 7-20　训练周期与误差示意图

（a）测试误差随训练误差减小而减小；（b）测试误差减小到某个极小值后逐渐增大

图中实线代表训练误差，虚线代表测试误差。随着训练误差逐步减小，测试误差的变化会有两种趋势，第一种是随训练误差减小而减小，第二种是在到达某个极小值后逐渐增大。这就是说，网络的输出随训练周期数的增加，有时反倒会使其推广能力降低，从而导致网络总体性能的下降。因此，一般的训练策略是在训练过程中同时监视测试误差，在训练基本收敛后，选取测试误差的最小点。如果还不能满足要求，则必须重新设计网络结构。

另外，为了加快网络收敛速度，还采用了先使用较小的训练集、再逐步增大训练样本数目的训练策略。

通过多次试验，获得一个比较合适的多层感知机。网络参数确定如下：

（1）网络层数：4。

（2）输入层节点（特征向量维数）：52。

（3）输出节点（识别目标类型）：4。

（4）隐层节点：第一层为 24，第二层为 10。

（5）Cons-OLL 算法中惩罚项权值 $\mu = 0.01$。

3. 分类识别结果

经过 52 000 次左右的训练，网络基本稳定，训练误差和测试误差都达到较小，分别为 0.136 292 和 0.162 316。此后，训练误差和测试误差减小的速度明显变慢。

神经网络对于训练样本和测试样本的识别结果列于表 7-1 中。

表 7-1　神经网络分类结果

样本类别		样本数	正确识别样本数	识别率
训练样本	0°～45°	5 430	5 176	95.32%
	45°～90°	5 430	5 228	96.28%
	90°～135°	5 430	5 124	94.36%
	135°～180°	5 430	5 189	95.56%
	所有样本	21 720	20 717	95.38%
测试样本	0°～45°	2 730	2 498	91.50%
	45°～90°	2 730	2 571	94.18%
	90°～135°	2 730	2 517	92.20%
	135°～180°	2 730	2 528	92.60%
	所有样本	10 920	10 114	92.62%

7.3　径向基函数神经网络模型

径向基函数神经网络（Radial Basis Function Neural Networks）的特点是结构简单、训练速度快、概念清晰。径向基函数神经网络的基本思想是把输入特征空间 $[0，1]^N$ 用 M 个超球体覆盖，每个超球体用一个连续的径向基函数（RBF）表示，并且该函数的最大响应值在超球体的中心，而在球体以外函数的响应趋于零。每个超球体有一个代表神经节点的中心向量 $V^{(m)}$，与中心向量 $V^{(m)}$ 有同样距离的向量 x 在神经节点上有相同的响应值。

径向基函数神经网络模拟了人脑中局部调整、相互覆盖接收域（或称为感受野，Receptive Field）的神经网络结构，能够实现分类和函数逼近。对于分类，通过相应隐层节点的响应网络能够判断给定输入模式与节点中心的近似程度。如果只有一个隐层节点是激活的，判决区域就是圆。从这个角度来说，径向基函数神经网络适于执行有效的模式分类任务。使用非线性基函数，径向基函数神经网络能够实现任意映射的逼近。

7.3.1　径向基函数神经网络结构

径向基函数神经网络一般由三层组成：输入层、RBF 层和输出层，相邻两层之间一般采用全连接的方式，如图 7-21 所示。

RBF 层（隐层）的神经节点又称为 RBF 神经元，它的输入/输出函数称为径向基函

数，一般主要采用高斯函数，即隐单元 j 的激活值 O_j 为

$$O_j = \exp[-(X - W_j)^2 / 2\sigma_j^2] \tag{7-48}$$

式中，X 是输入向量；W_j 是隐单元 j 的连接权值；σ_j 是归一因子。隐单元的输出值为 0～1，并且输入与高斯函数中心越近，节点的响应也就越大。

径向基函数神经网络的关键之处是径向基函数的中心同时也代表一个模式类别的聚类中心。中心为 $\{V^{(m)}\}$ 的 M 个聚类集由 M 个具有合适的分布参数 σ^2 的径向基函数覆盖，分布参数 σ^2 代表隐单元聚类里数据的分布状况，因此大的参数意味着径向基函数伸展很大，代表一个更大的聚类，覆盖了模式空间里较大的区域。通常分布参数 σ^2 由聚类中心和该类中训练数据的平均距离决定。对隐单元 j 有

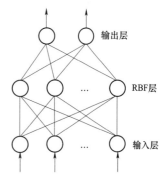

图 7-21　径向基函数神经网络结构

$$\sigma_j^2 = \frac{1}{M} \sum (X - W_j)^2 \tag{7-49}$$

式中，X 是聚类中的训练样本；W_j 是隐单元 j 的聚类中心；M 是该聚类中训练样本的数量。

输出单元的激活值 O_j 为

$$O_j = \sum W_{ji} O_i \tag{7-50}$$

式中，W_{ji} 是隐单元 i 到输出单元 j 的权值，O_i 是隐单元 i 的输出值。类似于感知机，在此也可以加入阈值。输出单元构成了非线性基函数的线性组合，因此整个网络表现为输入向量的非线性映射变换。

7.3.2　径向基函数神经网络的基本训练算法

现有的径向基函数神经网络学习策略可以分成以下三类：

（1）从训练数据中随机选择 RBF 函数中心的策略。

（2）使用无监督算法选择 RBF 函数中心的策略。

（3）使用有监督算法选择 RBF 函数中心的策略。

径向基函数神经网络的学习过程可以分成两个阶段：隐层的学习和随后的输出层的学习。典型地，隐层的学习使用无监督算法如 $k-$ 均值聚类算法，输出层的学习使用有监督算法如 LMS 算法。径向基函数神经网络的性能取决于 RBF 函数的位置和数量、它们的形状以及网络学习输入输出映射的方法。由于径向基函数神经网络包含一系列局部调整单元使得它比较适合用于提取规则和解释生成。RBF 神经元能够计算输入模式和内

置中心向量间的距离，当这两个向量完全相等时，RBF 神经元达到最大输出值 1。因此，RBF 神经元能够用圆、球和超球对输入空间的模式进行分割，这种特性使得径向基函数神经网络结构简单同时又有很强的模式识别能力。

径向基函数神经网络基本训练算法如下：

设有 p 组输入/输出样本：u_p/d_p，$p=1,2,\cdots,L$，定义目标函数（L_2 范数）：

$$J = \frac{1}{2}\sum_p \left\| d_p - y_p \right\|^2 = \frac{1}{2}\sum_p \sum_k \left(d_{kp} - y_{kp} \right)^2 \tag{7-51}$$

学习目的是使

$$J \leqslant \varepsilon \tag{7-52}$$

式中，y_p 为在 u_p 输入下网络的输出向量。

1. 权值初始化

RBF 层权值由聚类算法决定，对所有样本的输入进行聚类，求得各隐层节点的 RBF 的中心 c_i。这里介绍用 k-均值聚类算法调整中心，算法步骤如下：

（1）给定各隐节点的初始中心 $c_i(0)$。

（2）计算距离（欧氏距离）并求出最小距离的节点：

$$d_i(t) = \left\| u(t) - c_i(t-1) \right\|, 1 \leqslant i \leqslant m \tag{7-53a}$$

$$d_{\min}(t) = \min d_i(t) = d_r(t) \tag{7-53b}$$

（3）调整中心：

$$\begin{aligned} c_i(t) &= c_i(t-1), 1 \leqslant i \leqslant m, i \neq r \\ c_r(t) &= c_r(t-1) + \beta[u(t) - c_r(t-1)] \end{aligned} \tag{7-54}$$

式中，β 为学习速率，$0 < \beta < 1$。

（4）计算节点 r 的距离：

$$d_r(t) = \left\| u(t) - c_r(t) \right\| \tag{7-55}$$

输出层权值初始化为小的随机值。

2. 节点激活值的计算

RBF 神经元 i 的激活值：

$$q_i = R\left(\left\| \boldsymbol{u} - c_i \right\| \right) \tag{7-56}$$

式中，$\boldsymbol{u}$ 为 n 维输入向量；c_i 为第 i 个隐节点的中心，$i=1,2,\cdots,m$；$\|\bullet\|$ 通常为欧氏范数；$R(\bullet)$ 为 RBF 函数，具有局部感受的特性，它有多种形式，体现了 RBF 网络的非线性映射能力。

网络输出层第 k 个节点的输出，为隐节点输出的线性组合：

$$y_k = \sum_i w_{ki} q_i - \theta_k \tag{7-57}$$

式中，w_{ki} 为 q_i 到 y_k 的连接权；θ_k 为第 k 个输出节点的阈值。

3. 输出层权值学习过程

当 c_i 确定后，由以上可知，训练由隐层至输出层直接的权值是一线性方程组，则求权值就成为线性优化问题，可利用各种线性优化算法求得，如 LMS 算法、最小二乘递推法、镜像映射最小二乘法等。

LMS 算法简述如下：

（1）权值调整：

$$W_{ji}(t+1) = W_{ji}(t) + \Delta W_{ji} \qquad (7-58)$$

式中，$W_{ji}(t)$ 为节点 i 到节点 j 在时刻 t（或者第 t 个迭代周期）的权值；ΔW_{ji} 为权值调整量。

（2）权值调整量的计算：

$$\Delta W_{ji} = \eta \delta_j O_i \qquad (7-59)$$

其中 η 是学习率，δ_j 是节点 j 的误差：

$$\delta_j = T_j - O_j \qquad (7-60)$$

式中，T_j 为理想（目标）输出值；O_j 为输出节点 j 的实际激活值。

（3）重复迭代直到网络收敛。

7.3.3　径向基函数神经网络改进方案

针对径向基函数神经网络和处理问题的不同，可以对网络进行针对性的改进。网络的改进方案包括如下内容：输入模式的变换、基函数的选择、RBF 层的聚类算法改进等。

1. 输入模式的变换

对输入模式进行变换，使低维的非线性划分问题变换成高维的线性划分问题，便于网络的学习及降低网络的规模。模式变换方案是把输入模式维数加一，增加的一维是原有维数的线性组合。

前人指出，如果维数增加，非线性问题就可能用线性方法解决。可以证明，只需简单地把问题维数增加一，输入空间的模式就可以用圆、球或超球体进行划分。一种较方便的变换为保留原有的全部输入不变，另外增加一个输入：

$$\left. \begin{aligned} z_1 &= x_1 \\ z_2 &= x_2 \\ &\cdots \\ z_n &= x_n \\ z_{n+1} &= \sqrt{r^2 - \sum_{i=1}^{n} x_i^2} \end{aligned} \right\} \qquad (7-61)$$

式中，x 是原有输入空间的 n 维模式；z 是变换后的 $n+1$ 维模式，r 是超球体半径，$r > \sqrt{n} \max\{x_i\}$。变换后的模式在 $n+1$ 维超球体 z 空间里有与 n 维空间同样的幅值。每个聚类在 $n+1$ 维空间里可以用一个超平面分割，该平面垂直于聚类中心向量 zc_k。第 k 个聚类的分割平面可以由下式得到：

$$zc_k^{\mathrm{T}}(z - ze_k) = 0 \tag{7-62}$$

其中，ze_k 是聚类边缘的点变换得到的。

2. 基函数的选择

由于径向基函数神经网络模拟的是人脑中局部调整、相互覆盖接收域的特性，所以 RBF 层采用的激活函数具有局部响应的特性，而不能采用具有全局响应特性的激活函数（如 S 型函数等）。虽然常用的 RBF 基函数是高斯函数，但是也可以采用其他类型的映射函数。

1）高斯函数

$$R(v) = \exp\left(-\frac{v^2}{\beta^2}\right) \tag{7-63}$$

式中，β 为实常数。

高斯函数当 $v = 0$ 时取最大值 1，当 $v \to \infty$ 时，$R(v) \to 0$。分布参数 β 决定了曲线形状。

2）薄板样条函数

$$R(v) = v^2 \lg(v) \tag{7-64}$$

很显然，样条函数与高斯函数截然不同，当 $v \to \infty$ 时，$R(v) \to \infty$，当 $v \to 0$ 时，$R(v) \to 0$。

3）RMQ 函数

$$R(v) = (v^2 + \beta^2)^{\frac{1}{2}} \tag{7-65}$$

式中，β 为实常数。

RMQ 函数与薄板样条函数相似，但是它的曲线形状可以由参数 β 调整。

4）逆 RMQ 函数

$$R(v) = (v^2 + \beta^2)^{-\frac{1}{2}} \tag{7-66}$$

式中，β 为实常数。

逆 RMQ 函数与高斯函数相似，但是它的峰值可以由参数 β 进行调整。

3. 聚类算法的选择

RBF 网络采用三层结构（输入层、RBF 层、输出层），RBF 节点的激活函数采用高斯函数，采用基于参数学习的全局机制，使用最大近邻分类方法决定 RBF 节点的中心向量和分布参数。网络的训练首先采用 RBF 层的 $k-$均值聚类算法和输出层的 LMS 算法结合，然后使用整个网络的梯度下降算法进行训练。

　　径向基函数神经网络的性能取决于 RBF 函数的位置和数量、它们的形状以及网络学习输入/输出映射的方法。RBF 网络隐层的学习策略在很大程度上决定了网络的整体性能，因此对隐层学习算法的改进是我们研究的中心内容。实际应用中一般训练模式的数量和输入空间维数都相当大，通常采用 $k-$均值、迭代自组织数据分析法 ISODATA 或 SOFM 算法对训练模式进行聚类，然后每一类对应一个神经元。当每个训练模式的类别未知时，一般采用无监督方法选择聚类中心，但径向基函数神经网络是有监督学习网络，需要预先已知每个训练模式的类别，当对训练模式进行聚类时就可以利用这些类别信息。

　　另一种可采用的聚类算法是 APC 算法。

　　首先决定聚类半径 R_0，设 R_0 为训练模式间的最小距离的平均值乘以常数 α，公式如下：

$$R_0 = \alpha \frac{1}{P} \sum_{i=1}^{P} \min_{i \neq j} \left(\left\| x_i - x_j \right\| \right) \tag{7-67}$$

式中，P 是训练样本数，若 P 太大，可以利用 P 的子集得到近似的 R_0，这将加速 R_0 的计算。

　　下一步是重复聚类，如果一个给定的训练模式落在任一个存在的类半径 R_0 区域内，就把它包含在该类，并调整类的中心，保持包含在类内的样本数，可以稳定地计算出新的类中心。若样本没有落在存在的类半径内，就产生一个新类，类中心为给定的训练模式。如下为 APC 聚类算法。

input：训练模式 $x = x_1, x_2, \cdots, x_P$。

output：聚类中心。

变量：

C：聚类数；

c_j：第 j 个聚类中心；

n_j：第 j 个聚类的样本数；

d_{ij}：模式 x_i 到第 j 个聚类的距离。

begin

　　$C = 1$；$c_1 \leftarrow x_1$；$n_1 = 1$；

　　for i：$= 2$ to P do

　　　　for j：$= 1$ to C do

　　　　　　compute d_{ij}；

　　　　　　if $d_{ij} \leqslant R_0$ then　（模式 x_i 在第 j 个聚类中）

$$c_j \leftarrow (c_j n_j + x_j)/(n_j + 1);$$

$$n_j = n_j + 1;$$

   endif

  endfor

  if 模式 x_i 不在任何一个聚类中 then

   $C: = C + 1$；$c_C \leftarrow x_i$；$n_C = 1$；

  endif

  endfor

 end

  APC 算法用来构造中间层的神经元数目非常有效，因为只需对整个训练样本进行一次计算，即可完成对所有样本的聚类，另外，因为 APC 算法能够基于训练样本的分布，确定聚类的半径，所以它能产生合适的聚类数。

  4. 输出层训练算法

  当网络隐层神经元聚类中心和参数用某种聚类算法确定以后，网络的训练任务就是学习得到合适的输出层权值。在 RBF 网络中，输出层和隐层所完成的任务是不相同的，因而它们学习的策略也不相同。隐层是对作用函数的参数进行调整，采用的是非线性优化策略；而输出层是对线性权值进行调整，采用的是线性优化策略。

  本节采用正交最小二乘法（Orthogonal Least Square，OLS）进行输出层权值的训练。不失一般性，假定输出层只有一个单元。令网络的训练样本对为 $\{X_n, d(n)\}(n=1,2,\cdots,N)$。其中，$N$ 为训练样本数；$X_n \in \mathbf{R}^{n_i}$ 为网络的输入数据向量；$d(n) \in \mathbf{R}^1$ 为网络的期望输出响应。根据线性回归模型，网络的期望输出响应可以表示为

$$d(n) = \sum_{i=1}^{M} p_i(n) w_i + e(n) \quad (n=1,2,\cdots,N) \tag{7-68}$$

式中，M 为隐层单元数，$M < N$；$p_i(n)$ 是回归算子，它实际上是隐层 RBF 在某种参数下的响应，可表示为

$$p_i(n) = G(\| X_n - t_i \|) \quad (n=1,2,\cdots,N; \ i=1,2,\cdots,M) \tag{7-69}$$

w_i 是模型参数，它实际上是输出层与隐层之间的连接权值；$e(n)$ 是残差。写成矩阵方程形式，有

$$d = PW + e \tag{7-70}$$

$$d = [d(1), d(2), \cdots, d(N)]^{\mathrm{T}} \tag{7-71}$$

$$W = [w_1, w_2, \cdots, w_M]^{\mathrm{T}} \tag{7-72}$$

$$P = [p_1, p_2, \cdots, p_M] \tag{7-73}$$

$$p_i = [p_i(1), p_i(2), \cdots, p_i(N)]^{\mathrm{T}} \tag{7-74}$$

$$\boldsymbol{e} = [e(1), e(2), \cdots, e(N)]^{\mathrm{T}} \tag{7-75}$$

式中，$\boldsymbol{P}$ 为回归矩阵。求解回归方程式的关键问题是回归算子向量 $\boldsymbol{p}_i$ 的选择。一旦 $\boldsymbol{P}$ 已定，模型参数向量就可以用线性方程组求解。RBF 的中心 $\boldsymbol{t}_i$（$1 \leqslant i \leqslant M$），一般是选择输入样本数据向量集合 $\{\boldsymbol{X}_n \mid n = 1, 2, \cdots, N\}$ 中的一个子集。每定一组 $\boldsymbol{t}_i$，对应于输入样本就能得到一个回归矩阵 $\boldsymbol{P}$。回归模型中的残差 $\boldsymbol{e}$ 是与回归算子的变化及其个数 M 的选择有关的，每个回归算子对降低残差 $\boldsymbol{e}$ 的贡献是不相同的，要选择那些贡献显著的算子，剔除贡献差的算子。

OLS 法的任务是通过学习选择合适的回归算子向量 $\boldsymbol{p}_i$（$1 \leqslant i \leqslant M$）及其个数 M，使网络输出满足二次性能指标要求。OLS 法的基本思想是：通过正交化 $\boldsymbol{p}_i$，$1 \leqslant i \leqslant M$，分析 $\boldsymbol{p}_i$ 对降低残差的贡献，选择合适的回归算子，并根据性能指标，确定回归算子数 M。

首先将 $\boldsymbol{P}$ 进行正交三角分解

$$\boldsymbol{P} = \boldsymbol{U}\boldsymbol{A} \tag{7-76}$$

式中，$\boldsymbol{A}$ 是一个 $M \times M$ 的上三角阵，且对角元素为 1，即

$$\boldsymbol{A} = \begin{bmatrix} 1 & \alpha_{12} & \alpha_{13} & \cdots & \alpha_{1M} \\ 0 & 1 & \alpha_{23} & \cdots & \alpha_{2M} \\ 0 & 0 & 1 & \cdots & \vdots \\ \vdots & \vdots & \vdots & 1 & \alpha_{M-1,M} \\ 0 & 0 & 0 & \cdots & 1 \end{bmatrix} \tag{7-77}$$

$\boldsymbol{U}$ 是一个 $N \times M$ 矩阵，其各列 $\boldsymbol{u}_i$ 正交，即

$$\boldsymbol{U}^{\mathrm{T}}\boldsymbol{U} = \boldsymbol{H} \tag{7-78}$$

$\boldsymbol{H}$ 是一个对角元素为 h_i 的对角阵，即

$$h_i = \boldsymbol{u}_i^{\mathrm{T}}\boldsymbol{u}_i = \sum_{n=1}^{N} u_i^2(n) \tag{7-79}$$

将式（7-76）代入式（7-70），有

$$\boldsymbol{d} = \boldsymbol{U}\boldsymbol{A}\boldsymbol{W} + \boldsymbol{e} = \boldsymbol{U}\boldsymbol{g} + \boldsymbol{e} \tag{7-80}$$

$$\boldsymbol{g} = \boldsymbol{A}\boldsymbol{W} \tag{7-81}$$

式（7-81）的正交最小二乘解为

$$\hat{\boldsymbol{g}} = \boldsymbol{H}^{-1}\boldsymbol{U}^{\mathrm{T}}\boldsymbol{d} \tag{7-82}$$

或

$$\hat{g}_i = \frac{\boldsymbol{u}_i^{\mathrm{T}}\boldsymbol{d}}{\boldsymbol{u}_i^{\mathrm{T}}\boldsymbol{u}_i} \quad (1 \leqslant i \leqslant M) \tag{7-83}$$

式中，$\hat{g}_i$ 为向量 $\hat{\boldsymbol{g}}$ 的分量。$\hat{\boldsymbol{g}}$ 和 $\hat{\boldsymbol{W}}$ 应满足下面的三角方程组：

$$\boldsymbol{A}\hat{\boldsymbol{W}} = \hat{\boldsymbol{g}} \tag{7-84}$$

上述的正交化可以用 Gram－Schmidt 正交化方法实现。该方法是每次计算 A 的一列，并作如下正交化：

$$\left.\begin{aligned} u_i &= p_i \\ \alpha_{ik} &= \frac{u_i^{\mathrm{T}} p_k}{u_i^{\mathrm{T}} u_i} \\ u_k &= p_k - \sum_{i=1}^{k-1} \alpha_{ik} u_i \\ (1 &\leqslant i \leqslant k; k = 2, \cdots, M) \end{aligned}\right\} \qquad (7-85)$$

假定式中的向量 Ag 和 e 互不相关，则输出响应的能量可表示为

$$d^{\mathrm{T}} d = \sum_{i=1}^{M} g_i^2 u_i^{\mathrm{T}} u_i + e^{\mathrm{T}} e \qquad (7-86)$$

上式两边除以 $d^{\mathrm{T}} d$，得

$$1 - \sum_{i=1}^{M} \varepsilon_i = q \qquad (7-87)$$

$$\varepsilon_i = \frac{g_i^2 u_i^{\mathrm{T}} u_i}{d^{\mathrm{T}} d} \qquad (1 \leqslant i \leqslant M) \qquad (7-88)$$

$$q = \frac{e^{\mathrm{T}} e}{d^{\mathrm{T}} d} \qquad (7-89)$$

q 是相对二次误差，ε_i 越大，则 q 越小。而 g_i 仅与 d 和 u_i 有关，因而 ε_i 也仅与 d 和 u_i 有关，d 是已知的，这样就可以根据式（7-87）计算 $d^{\mathrm{T}} d$ 选择使 ε_i 尽可能大的回归算子 $u_i(p_i)$。

OLS 学习算法总结如下：

（1）预选一个隐层单元数 M。

（2）预选一组 RBF 的中心向量 t_i（$1 \leqslant i \leqslant M$）。

（3）根据上一步选定的 RBF 中心，使用输入样本向量 X_n（$n = 1, 2, \cdots, N$），按式（7-69）计算回归矩阵 P。

（4）按式（7-85）正交化回归矩阵各列。

（5）按式（7-83）及式（7-88）分别计算 g_i 和 ε_i。

（6）由式（7-77）计算上三角阵 A，并由三角方程 $AW = g$ 求解连接权向量 W，式中

$$g = [g_1, g_2, \cdots, g_M]^{\mathrm{T}} \qquad (7-90)$$

（7）检查下式是否成立：

$$1 - \sum_{i=1}^{M} \varepsilon_i < \rho \qquad (7-91)$$

式中，$0 < \rho < 1$ 为选定的容差。如果式（7-91）成立，则停止计算；否则，转向步骤
（2）。

7.3.4　成像引信识别

利用径向基函数神经网络进行了成像引信弹目交会图像的识别研究。网络输入层有
52 个节点，即对目标图像提取的特征向量维数为 52，输出层有 4 个节点，即把输入图
像按交会角分为四类（0°～45°、45°～90°、90°～135° 和 135°～180°）。

网络的训练模式仅用了均匀分布的 1 350 个样本，经过 300 余次循环，训练误差为
0.247 706 91，训练误差曲线如图 7-22 所示，训练样本识别率见表 7-2。

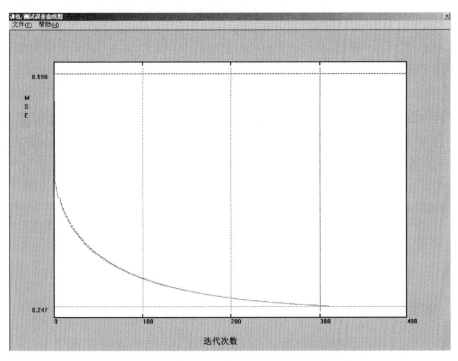

图 7-22　目标图像识别 RBF 网络训练误差曲线

表 7-2　RBF 网络对 1 350 个训练样本的识别率

项目 模式类别	样本数	正确识别数	错误识别数	识别率/%
一	360	296	64	82.22
二	315	239	76	75.87
三	360	291	69	80.83
四	315	234	81	74.29

测试样本集是一个非常庞大的样本集合，共包含 23 070 个未经训练的样本，测试误差为 0.290 309 29，测试样本识别率见表 7－3。

表 7－3　RBF 网络对 23 070 个测试样本的识别率

项目 模式类别	样本数	正确识别数	错误识别数	识别率/%
一	5 790	4 407	1 383	76.11
二	5 745	3 978	1 767	69.24
三	5 790	4 449	1 341	76.84
四	5 745	3 804	1 941	66.21

由此可见，RBF 网络仅用较少的训练样本集和很少的训练迭代次数，却能对近 20 倍训练样本数的测试样本集保持识别误差下降不大。

经过分析认为，聚类算法的效果对网络的训练识别结果影响很大，因为 RBF 网络的分类能力主要靠 RBF 单元对输入空间的分割。一般来说，RBF 网络隐层节点数与输入层节点数成指数关系，才能获得较好的效果。由于本节网络输入层特征向量多达 52 个节点，数据量很大，目前的聚类算法得到的聚类类别数很大，导致网络规模极为庞大，对网络的训练识别很不利，这是无法接受的。寻找更好的数据聚类算法使 RBF 单元对输入空间实现有效分割有助于解决这个问题。

7.4　基于模糊聚类的 RBF 网络

7.4.1　模糊聚类理论

聚类就是按照事物间的相似性进行区分和分类的过程，在这一过程中没有教师指导，因此是一种无监督的分类。聚类分析则是用数学方法研究和处理所给定对象的分类。"人以群分，物以类聚"，聚类是一个古老的问题，它伴随着人类社会的产生和发展而不断深化，人类要认识世界就必须区别不同的事物并认识事物间的相似性。

传统的聚类分析是一种硬划分，它把每个待辨识的对象严格地划分到某个类中，具有非此即彼的性质，因此这种分类的类别界限是分明的。而实际上大多数对象并没有严格的属性，它们在性态和类属方面存在中介性，适合进行软划分。Zadeh 提出的模糊集理论为这种软划分提供了有力的分析工具，人们开始用模糊的方法来处理聚类问题，并称之为模糊聚类分析。由于模糊聚类得到了样本属于各个类别的不确定性程度，表达了样本类属的中介性，即建立起了样本对于类别的不确定性的描述，能更客观地反映现实世界，从而成为聚类分析研究的主流。

模糊划分的概念最早由 Ruspini 提出，利用这一概念人们提出了多种聚类方法，比较典型的有：基于相似性关系和模糊关系的方法（包括聚合法和分裂法）、基于模糊等价关系的传递闭包方法、基于模糊图论最大树方法，以及基于数据集的凸分解、动态规划和难以辨识关系等方法。然而由于上述方法不适用于大数据量情况，难以满足实时性要求高的场合，因此其实际的应用不够广泛，在该方面的研究也就逐步减少了。实际中受到普遍欢迎的是基于目标函数的方法，该方法设计简单、解决问题的范围广，最终还可以转化为优化问题而借助经典数学的非线性规划理论求解，并易于计算机实现。因此，随着计算机的应用和发展，该类方法成为聚类研究的热点。

模糊聚类问题可以用数学语言描述为：把一组给定的模式 $O = \{o_1, o_2, \cdots, o_N\}$ 划分为 C 个模糊子集（聚类）$S_1, S_2, \cdots, S_C$。如果用 $\mu_{ik}(1 \leqslant i \leqslant C, 1 \leqslant k \leqslant N)$ 表示模式 O_k 隶属于模糊子集 S_i 的程度，那么就得到了这组模式的模糊 C – 划分 $U = \{\mu_{ik} \mid 1 \leqslant i \leqslant C, 1 \leqslant k \leqslant N\}$。完成这样一组无类别标记模式集模糊划分的操作就是模糊聚类分析。为了获得有意义的分类，需要定义划分的准则，如相似性或相异性准则 $D(\bullet)$ 等。假定每个模糊子集 $S_i(1 \leqslant i \leqslant C)$ 都有一个典型模式 p_i，常被称作聚类原型，这样任一模式 o_k 与模糊子集 S_i 的相似性可以通过模式 o_k 与聚类原型 p_i 间的失真度 $d_{ik} = D(o_k, p_i)$ 来度量。

基于目标函数的模糊聚类主要是利用模式集 O 的观测值 $X = \{x_1, x_2, \cdots, x_N\}$，与原型特征值 $B = \{\beta_i, 1 \leqslant i \leqslant C\}$ 之间的距离构造一个目标函数，然后通过优化非线性规划问题获得最佳的模糊 C – 划分：

$$J(s) = \sum_{k=1}^{N} (\mu_{ik})^m D(x_k, \beta_i) + \xi \qquad (7-92)$$

式中，ξ 为惩罚项；m 为加权指数。这样，模糊聚类的目标函数就由参量集 $\{U, D(\bullet), m\}$ 确定。

传统的聚类分析为一种硬划分，$\mu_i(x_k) \in \{0,1\}$ 为样本 x_k 类属的指示函数，而类别标记向量 $\boldsymbol{\mu}(x_k) = (\mu_{1k}, \mu_{2k}, \cdots, \mu_{Ck})^T$ 则成为欧氏 C – 空间的基向量。为了表达模式间的相近信息，Ruspini 引入了模糊划分的概念，令 $\mu_i(x_k) \in [0,1]$，把标记向量 $\boldsymbol{\mu}(x_k)$ 扩展为欧氏 C – 空间中的超平面，这样标记向量既可称为模糊标记又可称为概率标记。由于存在概率约束，使得隶属函数只能表示模式在模糊类间的分享程度，而不能反映典型性，为此 Krishnapuram 等人提出可能性划分的概念，放松了概率约束，从而使标记向量 $\boldsymbol{\mu}(x_k)$ 变为除去原点的单位超立方体。由此而产生的可能性聚类算法具有良好的抗噪性能，但收敛速度慢，容易陷入局部极值点而得不到最优分类。为了结合传统硬聚类的收敛速度和模糊聚类对初始化的不敏感（获得全局最优解的概率大）而且能反映样本间相近信息等优点，Selim 和 Ismail 提出了半模糊划分的概念，只保留划分矩阵中较模糊的元素，其余的元素作去模糊处理。这样使划分矩阵 U 既具有一定的明晰性，又保持了样本在空间分布的模糊性，从而提高了分类识别的正确性。

7.4.2 基于模糊聚类的 RBF 网络的构建与泛化能力分析

1. 网络的构建

本节采用了基于最小化类内均方误差准则的模糊 $C-$ 平均聚类法，确定了 RBF 层，并利用隶属度来确定其形状因子 σ_j。该算法的具体步骤如下：

假设有 n 个模式 x_k（$k=1,2,\cdots,n$）可分成 s 个模式。用 u_{ik} 代表 x_k 属于模式类 i 的隶属度，则模糊 $C-$ 平均法就是要求取 $U=\{u_{ik}\}$ 矩阵，且 u_{ik} 满足下列条件：

$$\sum_{i=1}^{s} u_{ik}=1, \quad k=1,2,\cdots,n \tag{7-93}$$

模糊 $C-$ 平均法的算法如下：

第一步，设定 U 的初值 $U^{(l)}$，$l=1$。

第二步，计算各类的中心值 v_i：

$$v_i=\frac{\sum_{k=1}^{n}(u_{ik})^m x_k}{\sum_{k=1}^{n}(u_{ik})^m}, \quad i=1,2,\cdots,s \tag{7-94}$$

m 是加权指数，一般取 $1.1\leqslant m\leqslant 5$，本节中 $m=2$。

第三步，计算 $U^{(l)}(l=l+1)$，按下式更新 u_{ik}：

$$u_{ik}=\frac{1}{\sum_{j=1}^{s}\left(\dfrac{d_{ik}}{d_{jk}}\right)^{2/(m-1)}} \tag{7-95}$$

第四步，检查 $\|U^{(l-1)}-U^{(l)}\|$ 是否小于预先设定的阈值。如果小于，则停止，否则转至第二步。

对于模糊聚类有效性的研究即最佳类别数 C 的确定，我们采用了下式的指标函数：

$$J(s)=\sum_{k=1}^{n}\sum_{i=1}^{s}(u_{ik})^m(\|x_k-v_i\|^2-\|v_i-\bar{x}\|^2) \tag{7-96}$$

取 $J(s)$ 最小值时的 s，即为最佳类别数。

用模糊 $C-$ 平均法得到的隶属度矩阵来确定 RBF 函数的形状因子 σ_j。该参数的作用是衡量在多大范围内可以认为输入样本与典型样本相似。

$$\sigma_j=\sum_{i=0}^{n}\|x_i-v_j\|\cdot u_{ji} \tag{7-97}$$

这样，确定了 RBF 网络的隐层连接权值，对于输出层权值采用 LMS 或 SVD 算法调整。

2. 网络的泛化能力分析

泛化能力是多层前馈网络性能的一个重要指标。一般地说，网络的泛化能力是指网络识别非训练样本的能力。就分类问题而言，泛化能力则意味着对于新输入的样本案例，网络也能给出正确的分类结果。网络的泛化能力与网络的拓扑结构、训练样本数目和分布及网络的训练算法有关。从隐节点数的角度来看，要改善网络的泛化能力，则应限制隐节点的数目，以防止对训练样本过分精确的描述。由此而发展了一些限制隐节点数目、删除网络中冗余隐节点的方法。本书则从另一个角度来研究改善网络泛化能力的方法，即：如果能够预先在样本数据中发现某种规律性的东西，并且把它输入网络，那么学习的仅仅是样本数据中那些还不知道的规律，这样既可以减少网络的学习时间，同时也能使学习后的网络具有较好的泛化能力。

基于模糊聚类的径向基函数神经网络，从以下两个方面提高了泛化能力。第一，模糊聚类降低了隐节点的数目和网络的冗余度；第二，聚类的结果获得了样本数据的某些规律，使以聚类确定的 RBF 网络有了更好的泛化能力。模糊聚类方法比一般聚类方法具有更强的适应性，对于未学习过的样本，尤其是非典型样本的判断更精确，从这个意义上讲，基于模糊聚类的径向基函数神经网络具有比一般径向基函数神经网络更强的泛化能力。

7.4.3　成像引信识别

上面从理论上分析了基于模糊聚类的径向基函数神经网络泛化能力的优越性，下面采用该网络进行了红外目标图像的交会状态识别，其试验结果也说明了这一点。

选取由引信环视阵列探测器扫描获得的目标图像，根据交会角状态分为四类：0°～50°、40°～95°、85°～140°、130°～180°。对这些图像进行特征提取得到 52 维输入、4 维输出的训练数据。采用 1 350 个数据作为训练样本，522 个测试样本。试验结果见表 7-4。

表 7-4　隐单元数为 200 的基于模糊聚类的 RBF 神经网络分类结果

样本类别/（°）	测试样本数/个	正确识别数/个	识别率/%
0～50	144	134	93.06
40～95	123	100	81.30
85～140	136	102	75.00
130～180	119	106	89.07

同时，还用相同的网络结构用一般 k-均值聚类的 RBF 神经网络进行了试验。结果

见表 7-5。

表 7-5 隐单元数为 200 的一般 RBF 神经网络分类结果

样本类别/(°)	测试样本数/个	正确识别数/个	识别率/%
0～50	144	132	91.67
40～95	123	68	55.28
85～140	136	95	69.85
130～180	119	104	87.39

由试验结果可以看出，对于相同的 RBF 层节点数的网络，采用模糊聚类的方法，其识别率高于一般 RBF 神经网络，尤其对大交会角（40°～95°）的识别有显著的提高。

7.5 成像探测交会分类识别的神经网络软件包设计

7.5.1 神经网络设计原理

神经网络的设计可分为概念设计、结构设计和训练设计，如图 7-23 所示。下面分别进行讨论。

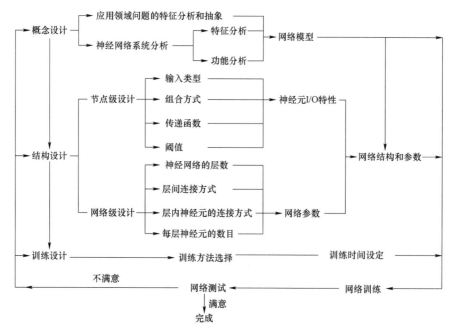

图 7-23 神经网络设计过程

1. 概念设计

概念设计由以下几部分组成。

1）应用领域问题的特征分析和抽象

应用领域问题的特征分析和抽象的主要任务是，对应用问题及求解对象作深入分析，概括和说明最本质的问题特征，提炼成适合网络求解的典型问题范式。

例如对目标图像识别，经过特征提取后，就成了一个从目标特征空间到目标类别空间的映射问题，是一个典型的模式识别问题，该模式识别问题的特点是要求识别时间短、容错性好、抗噪能力强以及能够识别旋转、平移和比例变化的模式；接下来的任务是要寻找能够实现上述功能的神经网络。

2）神经网络系统分析

根据实际领域问题所属的典型范式，对各类可能使用的网络模型进行网络系统分析，从中选择出合适的网络模型，将问题转化为网络所能表达的形式，赋予网络实际物理意义。系统分析是网络设计的基础，它包括特性分析和功能分析两个方面。

（1）特性分析包括：拓扑结构、网络容量、算法分析，以及稳定性、收敛性和计算复杂性分析等。

（2）功能分析包括：联想记忆功能，自组织、自学习和自适应能力，处理模糊、随机、缺损信息能力以及识别各类模式的能力等。

系统分析工作可使人们对网络模型有更清楚更全面的认识，系统分析的目的是根据问题的特征优选出适合于解决所遇应用问题的某种网络模型。

实际上，由于各网络模型的差别很大，各种性能指标难以定量衡量，实际选择模型大都凭经验和试验的方法。

2. 结构设计

结构设计主要包括节点级设计和网络级设计。

1）节点级设计

节点级设计要决定使用什么样的节点或处理元素，即决定输入类型、组合方式和传递函数。组合方式通常是对输入求加权和；传递函数是根据输入和输出类型以及所用的学习算法选择的，通常有线性函数、非线性函数、阶跃函数、S 型函数、双极型函数等。有一些学习算法将限制所用的传递函数，如 BP 算法要求函数在所有的点上都是可微的，因此，要采用 S 型传递函数。节点级设计要确定神经元的 I/O 特性，包括神经元的阈值。

2）网络级设计

网络级设计要确定网络的拓扑结构和有关网络参数。

主要考虑的项目有以下几个。

（1）神经网络的层数。

（2）层间连接方式。

（3）层内神经元的连接方式。

（4）每层神经元的数目。

决定网络层数、隐层的节点数是困难的，人们经常使用试验法，或根据经验确定。神经网络输出的个数是由所使用的网络类型和期望输出的类型决定的。

网络的连接性（层间和层内）描述节点是如何连接在一起的。网络模型确定后，网络的连接性基本上也就确定了。前向网络中，将上一层的节点连到下一层的节点。在感知机中，输入和输出的连接是随机的，而双向联想记忆完全是双向相互连接的。一般地说，多层网络的全连接为训练算法提供了极大的灵活性。

3. 训练设计

训练设计包括训练方法和时间因素。

1）训练方法

训练方法取决于数据的可用性和计算时间。最常用的训练方法有有监督学习、无监督学习和强化学习。

有监督学习的训练实例是由输入模式和正确的输出结果组成的，因此，训练数据必须包含所希望的网络解。利用有监督学习方法训练神经网络所需的时间，取决于训练的样本数和问题的性质。

无监督学习是在网络内部将输入模式进行分类，并不一定要求是所希望的结果，无监督学习的数据很容易满足要求，成本也低。无监督学习的训练时间一般比有监督学习的少。

强化学习是介于有监督学习和无监督学习之间的一种折中方案。它需要一种强化输入信息。强化学习由于其复杂性和训练时间长，减弱了它的普遍性。但它对训练大型的、模块化的、已互连的神经网络系统有很大的潜力。强化学习对训练数据的要求不如有监督学习那样严格。另外，强化学习经常通过反馈方式动态地而不是静态地将训练数据传送给系统。

2）时间因素

时间因素包括训练时间和执行时间。训练时间是神经网络通过训练样本学习，正确地调整权值系数矩阵所需的时间。训练经常是脱机进行的，其训练时间不仅取决于训练样本的数量，而且与问题的性质有关。执行时间主要取决于计算机环境（或硬件环境）、网络动态性能以及实时的条件。

7.5.2　神经网络软件设计

1. 总体设计

神经网络软件的总体设计结构框图如图 7-24 所示。

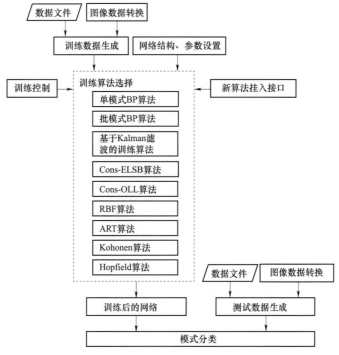

图 7-24　神经网络软件的总体设计结构框图

2. 主要模块描述

1）网络生成模块

功能：设置网络的层数、各层神经元数、神经元转换函数类型、网络训练参数、循环最大次数、预期的训练误差、训练及测试样本数据来源、测试样本的数目及分布，保存网络信息，显示网络拓扑结构图。

2）网络训练控制模块

功能：选择不同训练算法，训练网络，修改网络训练参数、循环最大次数、预期的训练误差，跟踪训练误差的历史记录，跟踪测试误差的历史记录，显示网络连接权重和各神经元输出值，显示训练时间及预期剩余时间，随时中断训练，保存网络训练结果。

3）网络测试模块

功能：选择网络，选择测试样本数据文件，计算测试误差，保存测试结果。

4）各训练算法模块

各训练算法模块共包含九种算法。

（1）单模式 BP 算法。

（2）批模式 BP 算法。

（3）基于 Kalman 滤波的训练算法。

（4）Cons-ELSB 算法。

（5）Cons－OLL 算法。

（6）RBF 算法。

（7）ART 算法。

（8）Kohonen 算法。

（9）Hopfield 算法。

3．面向对象程序设计

计算机软件开发一直被两大难题所困扰：一是如何超越程序复杂性障碍；二是如何在计算机系统中自然地表示客观世界，即对象模型。由 C＋＋语言编写的面向对象程序设计是软件工程中的结构化程序设计、模块化、数据抽象、信息隐藏、知识表示、并行处理等各种概念的积累与发展，是 20 世纪 90 年代解决上述两大难题的最有希望、最有前途的方法。

面向对象方法是当代计算机科学领域，特别是软件领域的发展主流。面向对象方法起源于 20 世纪 70 年代，在 80 年代出现了一大批面向对象的编程语言，标志着面向对象方法在编程领域走向成熟和实用。但是面向对象方法的作用和意义决不只局限于编程技术，它是一种新的程序设计范型，是一种具有深刻哲学内涵的认识方法学和系统构造理论。

传统的面向过程的编程语言包括一个主函数，一个或多个由主函数调用的子函数，这是一个自顶向下的方法。主函数一般较短，将工作分发到各个子函数，程序的执行从主函数顶开始，终止于这一函数的底部。在这种方法中，代码和数据是分离的。过程定义对数据的操作，但两者从不合而为一。过程化方法有很多不利之处，其中主要是维护。如当向一个数据库程序代码中添加或删除程序段时，整个程序必须重做以包含新例程，这一方法在开发和调试时将花费大量时间。

而在面向对象的编程中，程序包含一系列相关的对象。对象不仅拥有数据（成员数据），而且包含使用数据的方法（成员函数），这两项被结合成一个工作原理，即对象包括数据和操作这些数据的方法。使用面向对象设计，对程序员有三个直接好处：第一个好处是程序维护。程序易读、易理解，并且面向对象设计控制到程序员只能看到必要的细节。第二个好处是程序的修改。例如，如果要向一个数据库程序中添加或删除程序段时，可以仅通过增加或删除对象修改程序，新对象可以从父对象那里继承，仅需增删不同的条目。第三个好处是可以多次使用对象。可以将一个设计好的对象重复利用，只需少量的代码改动就可以用于多种有共性的对象中。

面向对象方法的主要特点和优势表现在以下几个方面：

（1）强调从现实世界中客观事物（对象）出发来认识问题领域和构造系统，大大减少了系统开发者对问题的理解难度，使系统能准确地反映问题。

（2）运用人类日常的思维方法和原则（体现于面向对象方法的抽象、分类、继承、封装、消息通信等基本原则）进行系统开发，有益于发挥人类的思维能力，并有效地控制了系统的复杂性。

（3）对象的概念贯穿于开发过程的始终，使各个开发阶段成分具有良好的对应，从而显著地提高了系统的开发效率与质量，并大大降低了系统维护的难度。

（4）对象的相对稳定性和对易变因素的隔离，增强了系统的应变能力。

（5）对象类之间的继承性关系和对象的独立性，为软件复用提供了强有力的支持。

在面向对象的设计中，对象类之间共有两种结构关系：分类结构和组装结构。分类结构表示一般和特殊之间的关系，组装结构则表示整体与部分之间的关系。神经网络软件中包含的主要对象类之间的结构关系如图 7−25 所示。

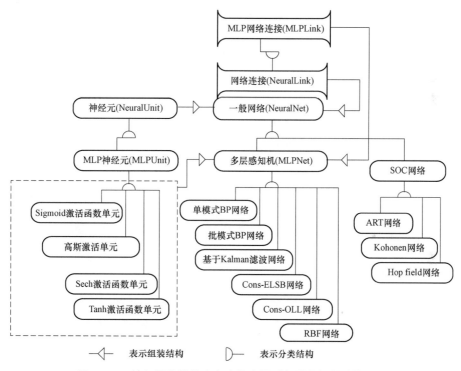

图 7−25　神经网络软件中包含的主要对象类之间的结构关系

神经网络软件的开发就是基于面向对象程序设计的方法，开发工具为目前广泛流行的 Microsoft Visual C++。

4. 系统的主要功能

（1）提供五种网络模型和九种网络训练算法。

（2）在训练数据和识别数据生成时，既可以具有特定格式的数据文件作为输入，也可以以图像数据直接作为输入。

（3）网络参数任选，可以设置的网络训练参数包括：最大循环次数、学习控制开始时间、自动保存速率、屏幕刷新速率、学习率、最大学习率、最小学习率、动量因子、最小误差限度，训练方式可选全模式训练和逐个模式训练。

（4）可以任意设置网络结构和规模，能以图形方式非常直观地显示网络结构，可以很方便地修改各层神经元激励函数及层间的连接。

（5）在进行网络训练期间，可以随时观察网络状态（训练数据、训练误差曲线、测试误差等）及修改各种训练参数，可以随时中止或继续训练，能够随时设置训练参数以达到更好的训练效果，可以随时保存当前的网络状态。

（6）预留二次开发接口。

（7）网络测试部分可以显示网络信息及测试模式总数，给出网络测试结果并保存。

7.5.3　成像引信弹目交会仿真识别系统结构

成像引信弹目交会仿真识别系统涵盖了从仿真图像生成到数据处理、识别的整个流程，主要包含成像引信弹目交会仿真数据生成子系统、特征提取子系统、人工神经网络模式分类子系统、交会图像动画程序和交会图像浏览程序。

1. 成像引信弹目交会仿真数据生成子系统

按照弹目交会 SKS 模型，对弹目交会过程进行仿真，重点在于得到红外成像引信扫描得到的目标图像。该子系统可以按照指定的交会条件生成一批交会图像，也可以输出一幅指定条件下的交会图像。这是整个系统的前提和基础，如图 7－26 所示。

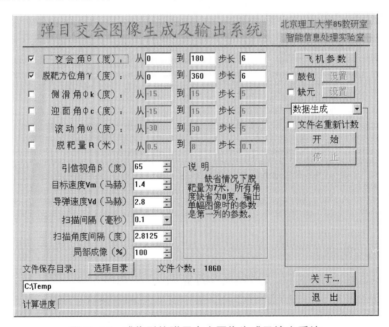

图 7－26　成像引信弹目交会图像生成及输出系统

2. 特征提取子系统

在得到弹目交会图像后，就需要对其进行特征提取工作，实质上这是一个数据压缩、降维过程，去掉了冗余信息，提取了最能代表图像本质的特征。本系统提取的特征就是前面提及的角点特征，如图7-27所示。

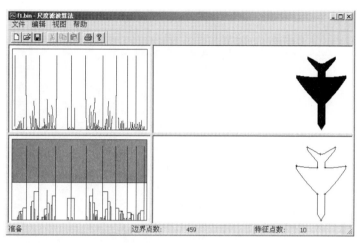

图7-27　交会图像特征提取

3. 人工神经网络模式分类子系统

在提取了图像特征以后，利用人工神经网络对其进行模式分类的试验，如图7-28所示。

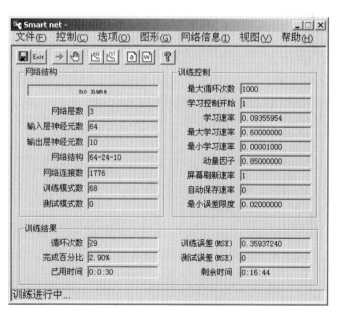

图7-28　人工神经网络模式分类试验

4. 交会图像动画程序

在某个交会参数持续步进的条件下，显示交会图像的变化情况。可以直观地看出哪些参数对交会图像的影响最大，以及哪些条件下引信获得的目标图像畸变最严重，如图7-29所示。

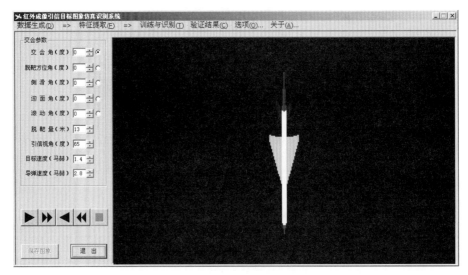

图7-29　交会图像动画仿真

5. 交会图像浏览程序

交会图像浏览程序用于显示弹目交会图像文件，可以控制显示倍数，从而方便地对图像进行像素级的细致分析，如图7-30所示。

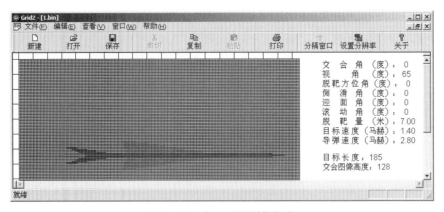

图7-30　交会图像浏览程序

参 考 文 献

[1] 崔占忠，宋世和，徐立新. 近炸引信原理 [M]. 3 版. 北京：北京理工大学出版社，2009.

[2] 潘爱民. 激光技术的军事应用 [J]. 飞航导弹，2013（3）：64-69.

[3] 赵岩，马洪远，南成根，等. 激光近炸引信技术 [J]. 中国科技信息，2011（8）：70-71.

[4] GARY BUZZARD.Advanced laser proximity fuzing [C]. First Annual International Missile&Rocket Symposium，2000，1-28.

[5] CHRISTIAN M，LIU J J. Optical fuzing technology [C]. Defense and Security Symposium，International Society for Optics and Photonics，2006：7-62.

[6] CHRISTIAN M，LIU T J，Keeler G A. Photonics technology development for optical fuzing [R]. Army Armament Research Development and Engineering Center Adelphi MD，2004.

[7] 张冀飞，邓方林，陈卫栋. 弹道导弹激光引信方案设计[J]. 红外与激光工程，2004，33（3）：248-252.

[8] 张合，张祥金. 脉冲激光近场目标探测理论与技术 [M]. 北京：科学出版社，2013.

[9] 陈慧敏，贾晓东，蔡克荣. 激光引信技术 [M]. 北京：国防工业出版社，2016.

[10] 谭笑. 脉冲激光精确测距及抗干扰技术 [D]. 北京：北京理工大学，2016.

[11] 甘德国. 调频连续波激光精确定距技术 [D]. 北京：北京理工大学，2015.

[12] 党明朝. 连续波相位激光精确定距技术 [D]. 北京：北京理工大学，2015.

[13] 杜小平，赵继广，曾朝阳，等. 调频连续波激光探测技术 [M]. 北京：国防工业出版社，2015.

[14] 段亚博. 调频连续波体制激光与无线电复合引信探测技术研究 [D]. 北京：北京理工大学，2017.

[15] 王炎. 用于精确起爆控制的空中目标红外成像建模及图像识别技术研究 [D]. 北京：北京理工大学，2002.

[16] 王克勇. 激光成像引信探测原理研究 [D]. 北京：北京理工大学，2004.

[17] 罗恒亮. 红外成像引信目标图像识别硬件实现技术研究 [D]. 北京：北京理工大学，2004.

［18］ 魏斌. 激光成像引信目标识别与图像识别技术研究［D］. 北京：北京理工大学，2006.

［19］ 潘程浩. 周视激光探测系统信号处理研究［D］. 北京：北京理工大学，2014.

［20］ 吴健，杨春平，刘建斌. 大气中的光传输理论［M］. 北京：北京邮电大学出版社，2005.

［21］ ZHANG Y，WANG Y. Research on the signal processing technique for semi—active laser proximity fuze for small caliber shell［J］. Journal of Detection&Control，2008：S1.

［22］ 张广军. 光电测试技术与系统［M］. 北京：北京航空航天大学出版社，2010.

索 引

Z

（王彦祥、张若舒　编制）